腰果

病虫害识别与防治图谱

张中润　王金辉　于永浩　高　燕　主编

中国农业出版社
北　京

图书在版编目（CIP）数据

腰果病虫害识别与防治图谱/张中润等主编．—北京：中国农业出版社，2023.12
ISBN 978-7-109-31660-7

Ⅰ.①腰…　Ⅱ.①张…　Ⅲ.①腰果-病虫害防治-图谱　Ⅳ.①S436.67-64

中国国家版本馆CIP数据核字（2024）第022452号

中国农业出版社出版
地址：北京市朝阳区麦子店街18号楼
邮编：100125
责任编辑：杨彦君　黄　宇
版式设计：杨　婧　责任校对：周丽芳　责任印制：王　宏
印刷：北京中科印刷有限公司
版次：2023年12月第1版
印次：2023年12月北京第1次印刷
发行：新华书店北京发行所
开本：787mm×1092mm　1/16
印张：22.25
字数：500千字
定价：258.00元

编 委 会

主　　编：张中润　中国热带农业科学院热带作物品种资源研究所

　　　　　王金辉　中国热带农业科学院

　　　　　于永浩　广西壮族自治区农业科学院植物保护研究所

　　　　　高　燕　广东省农业科学院植物保护研究所

副 主 编：黄海杰　中国热带农业科学院热带作物品种资源研究所

　　　　　黄伟坚　中国热带农业科学院热带作物品种资源研究所

　　　　　肖丽燕　中国热带农业科学院热带作物品种资源研究所

　　　　　董　伟　安徽省农业科学院农业经济与信息研究所

　　　　　白月亮　河南工业大学粮食和物资储备学院

　　　　　王助引　广西壮族自治区农业科学院植物保护研究所

　　　　　张　龙　海南大学外国语学院

　　　　　Americo Uaciquete　莫桑比克坚果研究所

参编人员（按姓氏笔画排序）：

　　　　　王　丁　海南省农业科学院南繁育种研究中心

　　　　　韦德卫　广西壮族自治区农业科学院植物保护研究所

　　　　　龙秀珍　广西壮族自治区农业科学院植物保护研究所

　　　　　吕朝军　中国热带农业科学院椰子研究所

　　　　　刘经贤　华南农业大学植物保护学院

江小冬　广西壮族自治区农业科学院植物保护研究所

李其利　广西壮族自治区农业科学院植物保护研究所

何　瞻　广西壮族自治区农业科学院植物保护研究所

高旭渊　广西壮族自治区农业科学院植物保护研究所

董易之　广东省农业科学院植物保护研究所

曾宪儒　广西壮族自治区农业科学院植物保护研究所

Nguyen Duc Tung　越南国立农业大学农学院

腰果（*Anacardium occidentale* L.）为漆树科（Anacardiaceae）腰果属（*Anacardium*）热带常绿乔木或灌木，是世界著名四大干果之一，在南北纬30°以内的地区均有分布，但主产区在南北纬15°以内。2022年全世界腰果栽培面积约为750万公顷，产量约为450万吨，其面积和产量在干果类作物中均为第一。世界腰果主产国主要有科特迪瓦、印度、柬埔寨、越南、菲律宾、坦桑尼亚、印度尼西亚、贝宁、布基纳法索、莫桑比克、几内亚比绍、尼日利亚、巴西、加纳等。腰果仁是腰果的主要产品，富含优质的蛋白质、不饱和脂肪酸、维生素和矿物质等，是公认的健康食品。

我国有60多年的腰果种植历史。1958年开始，我国广东、海南、广西、云南、福建、四川、江西等省份大范围引种腰果，但因寒害影响，除海南和云南西双版纳傣族自治州外，其他省份均未获得成功。现在，腰果主要分布在海南省三亚、乐东、东方、昌江、陵水、万宁等市县，其中乐东县是海南腰果主要种植区。在云南省，腰果主要分布在西双版纳傣族自治州、红河哈尼族彝族自治州、楚雄彝族自治州、普洱市、保山市等，其中西双版纳傣族自治州是主要种植区。

腰果病虫害是影响我国腰果产业健康发展的主要因素，做好病虫害的防治工作是腰果生产管理的重要环节。自20世纪70年代开始，中国热带农业科学院热带作物品种资源研究所腰果团队在海南省和云南省等腰果种植区开展了腰果病虫害种类调查、鉴定与防控研究，鉴定了一批腰果病虫害，集成了较为成熟的综合防控技术。

　　本书由中国热带农业科学院热带作物品种资源研究所腰果团队通过多年的研究和实践，汇集积累图片和参考相关的文献资料，集成相关技术并与各合作单位共同编写而成，旨在协助我国腰果从业者识别腰果病虫害种类并进行正确有效的防治。本书详细介绍了我国腰果病害31种，害虫212种，并附上了每种病虫害的图片，以便于识别，同时还描述了病害的病原、分布、为害症状、发病条件和防治方法以及害虫的发生为害、形态特征、生活习性和防治方法。本书在编写过程中得到了"中非现代农业技术交流示范和培训联合中心（海南）建设""国家热带植物种质资源库"和"海南热带优异果蔬资源收集、保存、评价与试种示范"等项目的支持。

　　由于编者水平所限，书中疏漏与不妥之处在所难免，敬请广大读者提出宝贵意见。

编　者

2023年12月

目 录

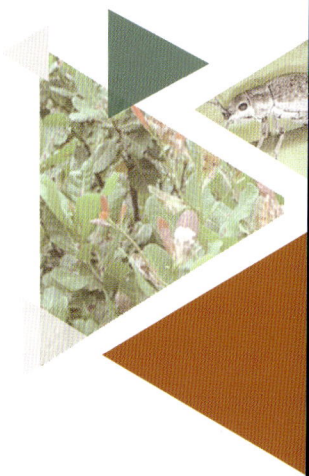

01 第一章
侵染性病害

（一）白粉病

病原

腰果白粉病首次发现于巴西圣保罗，其病原菌一开始被定为 *Oidium anacardii* Noack，之后有学者认为该病病原菌应为 *Pseudoidium anacardii* (F. Noack)。最近又有学者将腰果白粉病的病原菌定为子囊菌门白粉菌 *Erysiphe quercicola* 和 *E. necator* 2种，并认为病原菌 *E. quercicola* 主要为害腰果幼嫩组织，如嫩叶、花、幼果等，而病原菌 *E. necator* 仅为害成熟腰果叶片。

分布

腰果白粉病在世界各腰果种植区均有发生，但发生为害程度不同，受害最严重的是东非地区的莫桑比克、坦桑尼亚和肯尼亚腰果种植区，从1970年开始，白粉病就成为该地区腰果生产上的主要病害，对腰果生产造成了严重破坏。在巴西，白粉病很长一段时间被看作是次要病害，因为它仅为害成熟叶片，但自2017年开始，巴西的白粉病发病情况和东非类似，开始为害腰果的各种幼嫩组织，包括嫩叶、花、幼果等，严重影响腰果产量和质量。在中国，仅发现白粉病为害腰果成熟叶片，未见为害腰果幼嫩组织。在其他腰果种植区如西非、东南亚及澳大利亚等地，白粉病的发生为害相对较轻。东非地区的腰果白粉病被认为是从南美洲或印度通过腰果繁殖材料传入的，坦桑尼亚可能在1960年左右就有腰果白粉病发生，但1979年才首次报道，而此时腰果白粉病在坦桑尼亚已经大面积蔓延和传播。1983年和1989年莫桑比克和赞比亚也相继报道了腰果白粉病的发生和为害。

为害症状

白粉病可以为害腰果树所有的幼嫩组织，主要为害嫩叶和花，也为害幼果，对成熟叶片影响较小。腰果叶片表面的蜡质层有助于减少病原菌的侵染，特别是随着叶片成熟，其蜡质层也变厚，病原菌更难以侵染，所以成熟叶片受白粉病影响较小。而花的表面有不同形状和长度的毛状物，利于病原菌附着侵染，所以花受害较重。白粉病对花的为害给腰果生产造成极大影响，受害严重的植株甚至完全失收。

白粉病为害嫩叶

白粉病主要为害腰果嫩叶上表面，偶尔也为害下表面或叶柄，受害嫩叶表面覆盖白色或灰白色粉状物，之后病斑渐渐变为紫褐色，叶片皱缩畸形并延迟生长。受白粉病为害的花序上形成白色或灰白色粉状物，染病部位由绿色变为黑色，在2～3周后逐渐萎缩、干枯并脱落，导致大量花不能结果。

幼嫩果梨和坚果的受害部位为灰色，而成熟果梨和坚果的受害部位则为黑色。白粉病可导致幼嫩果梨表面粗糙、生长延迟，受害严重的果梨表面产生较深的裂缝，并逐渐皱缩干瘪。幼嫩坚果受害后会变形，虽然有些可以成熟，但果仁重量明显减轻，质量明显下降。

白粉病为害成熟叶

白粉病为害花

白粉病导致花序干枯

白粉病为害幼果

白粉病为害中期果

白粉病为害成熟果

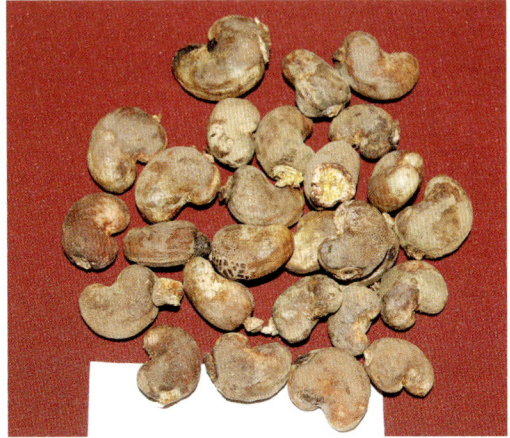

白粉病为害成熟坚果

白粉病也会为害腰果幼苗，导致幼苗叶片皱缩、生长不良，受害严重的整株死亡。

白粉病为害幼苗茎干

白粉病为害幼苗叶片

侵染循环

　　传染期：此期间白粉病病原菌清晰可见，侵染腰果嫩叶、嫩梢和花果，受侵染的组织出现灰白色粉状附着物。传染期多在1年中低温、湿度较大的时期。被侵染的花、叶可在数日内达90%，2～3周后叶片由绿色变为黑色，逐渐干枯死亡。

　　潜伏期：当嫩叶、花、果等易受侵染的组织减少时，白粉病病原菌也逐渐减少。雨季时，白粉病病原菌在树冠外侧消失，但在树冠内侧的嫩叶上还有存留，并可能成为白粉病病原菌传染源。此时对树冠内侧的嫩枝、嫩叶进行修剪，可减轻病原菌在下个季节的侵染为害。此时期被传染的植株比例及严重程度因植株形态和果园密集程度不同而有差异，树冠大且呈闭合形状的植株以及植株密集果园的白粉病病原菌较多。

蔓延期：当植株的嫩枝、嫩叶、花穗增多，温度降低且降水减少时，白粉病病原菌增多。潜伏期存活的孢子被释放，传染树冠外部组织，一般在7天后出现新孢子传染花、叶。蔓延期结束后，传染期到来。

发病条件

在新发病的腰果园中，四周植株发病较重，中心植株发病较轻。温度为26～28℃，湿度为90%～100%的条件下持续6个小时左右，植株极易感染白粉病。如果上述天气条件持续4～5天，病菌将产生新的分生孢子开始新的侵染循环。

白粉病每年在旱季发生流行，最初只在少量腰果树冠内的嫩叶和不合时令抽生的花序上发生，6—7月开始在不断抽发的嫩叶上出现，7—9月伴随大量易感病花序的抽发，白粉病的发生为害达到高峰。之后，随着感病组织的减少和湿度的降低，白粉病的发生逐渐减少。

一般认为导致白粉病流行的原因有两点：①5—10月，夜晚和清晨的腰果园小气候条件有利于白粉病的侵染循环。每天气温较高的时候，有一定持续性的强风，使白粉病的分生孢子分离并且传播。腰果植株有大量对白粉病敏感的组织（嫩叶和花序），有利于白粉病的侵染。②现存腰果园存在着大量易感白粉病的腰果品种，为病原菌的侵染提供了很好的条件。

防治方法

培育抗病品种：推广种植抗病或耐病品种是防治白粉病的一项重要措施，可对白粉病的为害起到长期控制的作用。但是迄今为止，除一些腰果无性系品种可对白粉病表现出一定的耐病性外，还未发现能自然抗病的品种，腰果耐病树种花序受白粉病侵染后发病缓慢。从1990年起，坦桑尼亚共培育出21个优良的对白粉病有一定耐病性的腰果无性系品种。在巴西，人们发现腰果品种AZA2和AC6对白粉病有一定抗性。

农业防治：白粉病没有休眠期，通过雨水传播，可常年在腰果树的树冠发生。通过果园修枝和清理枯枝落叶，在腰果花期前除去这些病残体，可以减轻和推迟白粉病的发生流行。研究表明，树冠荫蔽处没有阳光和雨水的影响，是白粉病病原菌潜伏的最佳部位，因此在花期前剪除腰果树干低处荫蔽枝叶和部分叶片繁茂的枝条，可以使白粉病流行推迟。

化学防治：①于腰果花期每隔2周喷洒1次硫黄粉，每棵树喷洒硫黄粉250～500克，共喷5～7次，可以取得最佳的防治效果，但有研究表明大量使用硫黄粉可能会使土壤酸化。②可用50%多菌灵可湿性粉剂500～1 000倍液、75%百菌灵可湿性粉剂500～1 000倍液、25%嘧菌酯悬浮剂1 000～1 500倍液、25%三唑酮乳油1 500～2 000倍液、50%醚菌酯水分散粒剂2 000～3 000倍液、70%丙森锌可湿性粉剂500～1 000倍液、5%己唑醇悬浮剂1 000～1 500倍液和10%戊菌唑乳油2 000～2 500倍液等杀菌剂进行防治。

但是无论是硫黄粉还是其他杀菌剂，在喷洒较高的腰果树时均存在较大困难，难以取得有效的防控效果。因此，培育和推广种植矮化腰果品种，不仅有利于白粉病防控管理，对于其他各类病虫害的防控以及腰果园田间管理等都有很大益处。目前，一些国家在矮化腰果品种的培育方面取得了较大进展，其中一些矮化腰果品种还进行了规模化种植，比如巴西的一些矮化腰果品种高度为4～6米，中国的一些矮化腰果品种高度为3～4米，这些矮化腰果品种是腰果未来大规模商业化种植的重要依托。

（二）炭疽病

病 原

病原菌为半知菌亚门毛盘孢属的盘长孢状刺盘孢（*Colletotrichum gloeosporioides* Penz.），其分生孢子堆粉红色，分生孢子梗无色，圆筒形或管状，尖端细小。分生孢子无色，单胞，长圆形至圆筒形，有时中间稍狭窄，两端钝圆，大小为（9.8～15.8）微米×（2.4～4.6）微米。

分 布

炭疽病在世界腰果生产国均有发生，是巴西腰果种植区最主要的病害，在非洲腰果种植区的为害程度仅次于白粉病，在中国腰果园也有发生，但是为害较轻。

为害症状

炭疽病可为害腰果的叶片、嫩枝、花序、幼果和果梨。如果发病条件适宜，炭疽病可使腰果减产50%，严重影响果梨和坚果产量。

炭疽病为害叶片

炭疽病为害果实

腰果树的所有幼嫩组织均可受炭疽病侵染。在高湿条件下，染病嫩叶叶缘出现红褐色、不规则病斑，之后受害严重的嫩叶皱缩、脱落。染病嫩梢初期产生红褐色水渍状病斑，之后病部溢出树脂，病斑纵向辐射状扩展，最终导致嫩梢干枯。干枯嫩梢下方的枝条上又萌发新梢，重复染病新梢又可枯死，结果常形成鹿角状的枝条。花序染病变黑、枯萎和脱落。坚果和果梨染病常导致果腐，果面呈同心轮纹状，病果不落。

腰果树感病的枝叶、坚果、果梨均可形成褐色至棕黑色的坏死斑点或病斑。在雨季炭疽病容易严重发生，受害严重的腰果植株嫩枝干枯、嫩叶脱落，出现"火烧"症状。

侵染循环

炭疽病病原菌存在于腰果树受害干枯的花序、枝条、僵果等组织或土壤中。在雨季或腰果树开花期，残留在组织或土壤中的病菌产生病菌孢子，孢子随风、雨水传播，侵入枝叶、果梨和坚果等组织中。

发病条件

炭疽病菌在腰果树的病枝、病叶等组织内越冬，成为主要初侵染源。在高湿条件下，感病组织常产生大量分生孢子，孢子由风雨和昆虫传播，从寄主伤口、皮孔侵入或直接侵入。在坦桑尼亚，炭疽病发生最适时间为5—9月，虽然该时期降水少，但是每天清晨和夜晚，在已发病腰果叶片上凝聚着的露水使腰果园湿度增大，促使分生孢子盘产生大量分生孢子，随后新生的分生孢子借助风雨传播。

炭疽病菌的侵染循环和湿度密切相关。当温度为22～28℃，空气湿度处于饱和状态10小时以上，最容易发病。昆虫在花序上为害造成的伤口也是诱发炭疽病的重要因素。

防治方法

培育抗病品种：矮化腰果品种1.12PA、12.8PA和1.18PA以及常规腰果品种NA7、MB77、1.5R和MCH-2对炭疽病均具有一定抗性。

农业防治：在腰果园周围建设防风林带，减少风害造成的伤口，避免为炭疽病菌侵染为害创造有利条件。收果后及时清除树上的病死枝叶和僵果及果园地面的枯枝、落果和落叶，并集中销毁。

化学防治：防治炭疽病的最佳时期是幼嫩组织较为敏感的时期，即在新梢抽发期、开花期和坐果期防治效果最好。可选用10%苯醚甲环唑水分散粒剂1 000～1 500倍液、70%代森锰锌可湿性粉剂1 000～1 500倍液、75%百菌清可湿性粉剂1 000～1 500倍液、45%咪鲜胺水乳剂1 000～1 500倍液、55%丙环唑微乳剂1 500～2 000倍液等进行防治。

（三）花枝回枯病

病　原

病原菌为半知菌亚门球二孢属的可可球二孢 [*Lasiodiplodia theobromae* (Pat.)]。有性世代为葡萄座腔菌（*Betryosphaeria rhodina* Berk. et Curt.），属子囊菌亚门格孢腔菌目。

分　布

花枝回枯病是世界腰果种植区发生普遍且为害较重的一种病害。在尼日利亚，花枝回枯病可造成腰果年产量损失40%～45%。在中国海南省腰果种植区也普遍严重发生，引起大量花枝回枯，严重影响腰果产量。

为害症状

花枝回枯病发病初期，部分花逐渐萎蔫，花梗陆续回枯，由顶端开始向下为害至主花枝，随后染病花枝变成褐色，所有花序萎蔫。纵剖主花梗可见髓部变褐色，蔓延到嫩梢和小枝后，可使染病嫩梢和小枝髓部变褐色且干枯。受害的幼嫩坚果和果梨变成黑色，最后干枯形成僵果，僵果可挂在病死花枝上经久不落。

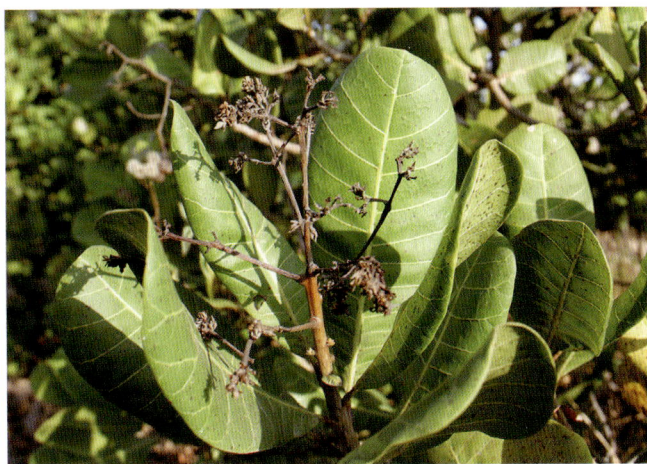

花枝回枯病为害花序

侵染循环

病原菌一般残存在腰果树感病干枯的花穗和枝条上，在腰果花期可随风或雨水传播。病原菌感染花序后可在花枝上蔓延为害，向上可侵染为害未成熟的果实，向下可蔓延为害嫩梢和幼枝，引起枝条回枯。

发病条件

花枝回枯病适宜发生温度为25～30℃。害虫在花序上取食为害造成的伤口是诱发花枝回枯病的重要因素，主要包括角盲蝽和蓟马等害虫。

防治方法

农业防治：腰果树开花前清除腰果园所有残留的病果、病枝和枯枝落叶，集中掩埋，以减少田间菌源。增施氮、磷、钾肥，促进腰果植株生长健壮，提高植株抗病力。

化学防治：腰果树花期喷施有效的杀菌、杀虫混合剂，杀菌剂可选用25%吡唑醚菌酯乳油1 500～2 000倍液、70%代森锰锌可湿性粉剂1 000～1 500倍液或75%百菌清可湿性粉剂1 000～1 500倍液，杀虫剂可选用25%噻虫嗪水分散粒剂2 500～3 000倍液、3%啶虫脒乳油2 000～2 500倍液、2.5%溴氰菊酯乳油1 000～1 500倍液、2.5%高效氯氟氰菊酯水乳剂1 500～2 000倍液、45%马拉硫磷乳油1 500～2 000倍液、20%呋虫胺可溶粉剂1 000～1 500倍液或10%联苯菊酯乳油3 000～5 000倍液，能有效防治角盲蝽为害，减少花枝回枯病的发生。

（四）流胶病

病　原

病原菌为半知菌亚门球二孢属的可可球二孢 [*Lasiodiplodia theobromae* (Pat.)]。一般认为可可球二孢是低致病性的病原菌，通常只会侵染受伤或者长势弱的植物，但在巴西长势良好的腰果也会受侵害。有人认为流胶病的病菌是通过种子和移植植株传播的，并且已经从未表现症状的种子和移植植株中分离出了该病病菌，但是具体传播机制目前还不清楚。

分　布

流胶病在世界各腰果种植区均有发生，特别是在巴西、中国及东南亚各国腰果种植区发病严重。在巴西东北部的半干旱地区，流胶病是最严重的腰果病害，该地区降水量低（<350毫米/年）、白天温度高（30～35℃）、晚上温度低（18～23℃）、相对湿度低，导致近几年该地区推广种植的对流胶病敏感的品种CP 76发生了严重病害。

为害症状

流胶病多发生在老龄树，幼龄树和壮年树也可发生，一般在发病几个月后才表现症状。受害植株除了叶片黄化和脱落外，树干渗出树脂是最明显的症状。被流胶病侵染的组织呈黑色且破裂，伤口深度可达木质部。流胶病可导致腰果植株水分减少，营养传输和光合作用受阻，枝叶枯萎，产量降低，严重时还可导致植株死亡。在有利于流胶病发生的环境条件下，腰果植株种植1年后即可表现出症状，2年后开始可造成严重损失。

流胶病为害幼龄植株

流胶病为害老龄植株

流胶病为害树干

防治方法

目前，还未有可满足实际应用的流胶病防治措施。有人尝试将腰果受害部位清除，然后涂上波尔多液以保护切除部位直到伤口愈合。但是用此方法处理后的枝条和树干在2～3个月后常再次感染病害。

培育抗性品种是防治流胶病的重要措施。人们发现在病菌生长条件适宜的田间，大多数腰果品种对流胶病敏感，只有腰果品种CAPC42对流胶病表现出了较为稳定的抗性。

（五）叶疫病

病　原

病原菌为半知菌亚门芍药盘多毛孢（*Pestalotia paeoniae* Serv.）。分生孢子堆暗色，垫状，在叶表皮下产生，分生孢子梗短，单生直立，大小为（4.0～4.7）微米×（1.0～1.5）微米。分生孢子纺锤形，5个细胞，中间3个细胞有色，两端的细胞无色，大小为（16.0～17.0）微米×（5.0～6.4）微米。在每个分生孢子的末端细胞上，长有2～3根附属丝，大小为（13.0～13.4）微米×1微米。

分　布

叶疫病主要在中国和尼日利亚腰果种植区发生。

为害症状

叶疫病主要侵染腰果幼苗，在幼苗的叶片表面产生小的褐色圆斑，此小斑多数先在叶尖发生，之后逐渐扩大，由叶尖向下扩展到叶面积一半以上。叶片两面均有分生孢子堆呈现。受害严重的腰果幼苗干枯死亡。

叶疫病为害幼苗

叶疫病导致幼苗枯萎死亡

防治方法

可喷洒80％波尔多液可湿性粉剂1 500～2 000倍液或75％百菌清可湿性粉剂500～1 000倍液进行防治。

（六）猝倒病

病　原

病原菌有镰刀菌（*Fusarium* sp.）、腐霉菌（*Pythium* sp.）、棕榈疫霉菌（*Phytophthora palmivora* Butler）、柱枝双孢霉菌（*Cylindrocladium scoparium* Morgan）、齐整小核菌（*Selerotium rolfsii* Sacc）和终极腐霉菌（*Pythium ultimum* Trow.）等。

分　布

猝倒病在世界各腰果种植区均有发生。

为害症状

猝倒病主要为害腰果幼苗，排水不良的苗圃或袋装的腰果幼苗极易感染该病。腰果感病植株生长停滞并逐渐凋萎，根茎部位出现环茎水渍状条带，有时根系完全腐烂并导致植株倒伏。

猝倒病为害幼苗

防治方法

保持苗圃或育苗袋排水良好，防止积水。也可选用80%波尔多液可湿性粉剂1 500～2 000倍液、98%噁霉灵可溶粉剂2 000～2 500倍液、3亿CFU/克*哈茨木霉菌可湿性粉剂300～600倍液或20%乙酸铜可湿性粉剂500～1 000倍液进行防治。

---

　*　CFU/克指的是每克样品中含有的细菌菌落总数。——编者注

（七）黑霉病

病 原

病原菌为子囊菌门腰果皮尔格里菌（*Pilgeriella anacardii* Von Arx and Muller），是专化寄生病原菌，目前仅发现为害腰果。

分 布

黑霉病是巴西腰果病害中仅次于炭疽病的腰果叶片病害，该病在世界多个腰果种植区均有发生。

为害症状

黑霉病发病初期，叶片上表皮有萎黄的斑点，之后病斑呈黑褐色，最后完全变为黑色。严重发生时叶片枯萎并且过早脱落。嫩叶对这种病害不敏感。

防治方法

种植抗性腰果品种可有效防控该病，巴西发现一些矮化腰果品种对黑霉病有一定的抗性。也有报道枝顶孢属真菌 *Acremonium* sp. 可作为黑霉病的生物防治因子，枝顶孢属真菌在巴西东北部的腰果种植园广泛分布，但要在果园间发挥作用还需要大量的研究。也可用70%代森锰锌可湿性粉剂1 000 ～ 1 500倍液、75%百菌清可湿性粉剂1 000 ～ 1 500倍液和70%甲基硫菌灵可湿性粉剂800 ～ 1 000倍液等保护性杀菌剂进行防治。

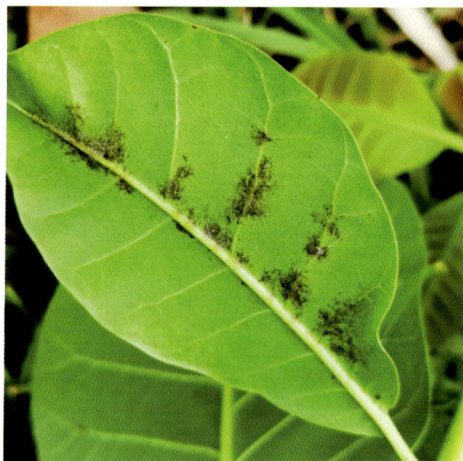

黑霉病为害叶片

（八）角斑病

病 原

病原菌为半知菌亚门壳针孢属的腰果壳针孢（*Septoria anacardii* Freire）。

分 布

在巴西腰果种植区为害较重，在世界多个腰果种植区均有发生。

为害症状

腰果幼苗和成龄树均可感染该病。被害叶片上、下表面呈现多角形病斑，病斑边缘呈黑褐色或浅棕色，中间带有奶油色的坏死组织。在成熟叶片上，病害症状表现为出现黑色角形斑，有淡黄色晕轮。病害发生严重时可致使大部分幼龄树大量落叶。成龄树对角斑病有一定的抗性。

角斑病为害叶片正面

角斑病为害叶片背面

防治方法

研究发现有11种腰果品种对角斑病有一定抗性，因此可通过种植抗性品种控制该病。一些保护性杀菌剂如70%代森锰锌可湿性粉剂1 000 ~ 1 500倍液或75%百菌清可湿性粉剂1 000 ~ 1 500倍液也可以有效控制该病。

（九）灰霉病

病　原

病原菌为灰葡萄孢菌（*Botrytis cinerea* Pers.），属半知菌门灰葡萄孢属真菌。分生孢子梗直立，褐色，有隔膜，顶部呈树状分枝，分枝顶端膨大呈球形。分生孢子聚生于分生孢子梗顶部，呈葡萄穗状；分生孢子卵形或椭圆形，无色至淡色，单胞，大小为（9 ~ 16）微米 ×（6 ~ 10）微米。菌核为黑色不规则形，大小为1 ~ 2毫米。

分　布

灰霉病在世界各腰果种植区均有发生。

为害症状

灰霉病主要为害腰果的花和幼果。初期病花逐渐变软，枯萎腐烂，然后整个花序上密生灰褐色霉层，最终病花脱落或残留在幼果上，引起幼果发病。

发病条件

感病组织产生的大量分生孢子是再侵染的主要来源，温暖、潮湿是灰霉病流行的主要条件。成熟的分生孢子借气流、雨水、灌溉水和农事操作等传播。空气

灰霉病为害花

湿度大时，病害发展迅速，空气干燥时，病害发展缓慢。腰果园株行距过密或枝叶繁茂重叠导致通风不良时，有利于田间病害的发生。

防治方法

农业防治：控制速效氮肥的使用，防止枝梢徒长，抑制营养生长，对过旺的枝梢进行适当修剪，改善果园的通风透光条件，降低田间湿度。

化学防治：可选用70%代森锰锌可湿性粉剂500～1 000倍液、65%代森锌可湿性粉剂500～1 000倍液、10%苯醚甲环唑水分散粒剂1 500～2 000倍液、40%嘧霉胺可湿性粉剂500～1 000倍液、50%腐霉利可湿性粉剂500～1 000倍液或50%异菌脲可湿性粉剂1 000～1 500倍液进行防治。

（十）烟煤病

病 原

病原菌为刺盾炱菌（*Chaetothyrium* sp.），属座囊菌目煤炱菌科刺盾炱菌属。病原菌丝体呈念珠状，断裂时常散为1～2个细胞，单胞大小为2.8微米×3.8微米，双胞为（7.2～7.5）微米×（2.8～3.8）微米，菌丝外生，少分枝，暗褐色。孢子多型，分生孢子器散生，近似细长棒形，膨大部位多在分生孢子器前端稍后处，偶见在后端近基部，暗褐色，长75～275微米，膨大部位宽12.5～25.0微米，棒部宽12.5～25.0微米。分生孢子聚生在分生孢子器膨大部位内，成熟后从顶端或孢子器破裂口中逸出，无色，单胞，卵圆形。尚未发现病原菌有性世代。

分 布

烟煤病在世界各腰果种植区均有发生。

为害症状

受烟煤病为害的腰果植株，在叶、果实和枝梢的表面，初生一薄层暗褐色或稍带灰色的霉层，后期于霉层上散生黑色小粒点或刚毛状突起物。烟煤病产生的霉层遮盖叶面，阻碍光合作用，并分泌毒素使植物组织中毒，受害严重时，腰果叶片卷缩、褪绿或脱落。

烟煤病为害叶片

烟煤病为害枝梢

发病条件

刺盾炱菌以菌丝体及闭囊壳或分生孢子器在病部越冬。翌年春季孢子由霉层飞散，借风雨传播，大部分以蚜虫、蚧类、粉虱的排泄物为营养生长繁殖、辗转为害。栽培管理不良或荫蔽、潮湿的环境均有利于此类病害的发生。

防治方法

防治烟煤病的关键在于防治蚧类、粉虱和蚜虫等刺吸式口器的害虫。加强果园管理，适当修剪，保持果园通风透光，增强树势，也可减少病害发生。用99%矿物油乳油200倍液混合50%多菌灵可湿性粉剂500倍液，再加1%煤油喷雾也可有效防控该病。

（十一）藻斑病

病 原

病原藻为茂盛头孢藻（*Cephaleuros virescens* Kunze），属橘色藻目橘色藻科头孢藻属。病原藻的营养体为叶状体，由对称排列的细胞组成。细胞从中间向四周呈放射状长出，病斑上的毛毡物是病原藻的孢子囊和孢囊梗。孢囊梗呈叉状分枝，长250～500微米，顶端膨大，近圆形，顶端着生8～10个黄色至黄褐色的孢子囊。孢子囊圆形或椭圆形，成熟的孢子囊直径通常为9.57～15.29微米。孢子囊成熟后遇水即萌发，释放出许多无色薄壁且带有2～4条等长鞭毛的圆形或椭圆形的游动孢子。

分　布

藻斑病在世界各腰果种植区均有发生。

为害症状

藻斑病主要为害腰果成熟叶和老叶，在叶片正面和背面均能发生，发生在叶片正面较多。发病初期，叶片表面先出现针头大小的淡黄褐色圆点，小圆点逐渐向四周作放射状扩展，呈圆形或不规则形稍隆起的毛状斑，表面呈纤维状纹理，边缘缺刻。随着病斑的扩展、老化，逐渐变为灰绿色或橙黄色，后期病斑色泽较深，但边缘保持绿色，藻斑直径1～10毫米不等。发病严重时，成熟叶和老叶布满病斑，影响植株光合作用，导致树势早衰。

藻斑病为害叶片

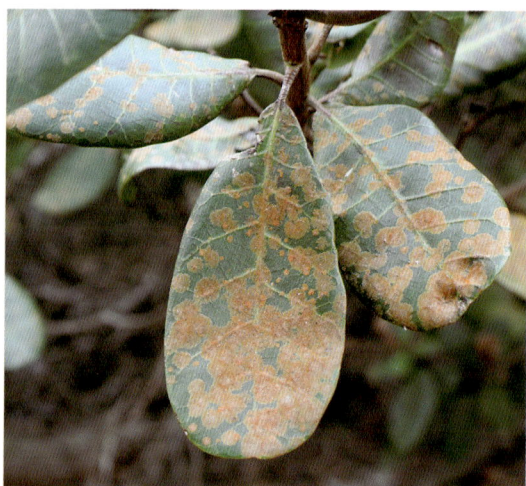

藻斑病为害严重的叶片

侵染循环

病原菌以营养体在病组织上越冬。翌年春季，当温、湿度适宜时，营养体产生孢囊梗和孢子囊，孢子囊成熟易脱落，并借风雨传播，孢子囊遇水即破裂散发出游动孢子，游动孢子落在寄主叶片上萌发芽管，从气孔侵入叶片组织，逐渐发展成为丝状营养体。营养体在叶片表面形成毛状物，有时也可穿过表层侵入叶片下层组织。在病部的营养体再产生孢囊梗和孢子囊，借风雨传播，辗转侵染为害。

发病条件

一般在温暖的条件下或在雨季，此病侵害蔓延迅速。枝叶密集荫蔽、通风透光差、土壤瘠薄、地势低洼、管理水平低的果园该病发生较为严重。

防治方法

农业防治：果园要有排灌设施，注意排水。坚持正常修剪，利于通风透光，降低果园湿度。有计划地对老衰树进行复壮，合理施肥，增施有机肥以增强树势，提高植株抗病力。

药剂防治：对发病较普遍的果园，可选用0.6%～0.7%石灰半量式波尔多液、0.2%～0.5%硫酸铜溶液或30%碱式硫酸铜悬浮剂500倍液进行防治。

（十二）地衣病

病 原

地衣是真菌和藻类的共生体，靠叶状体碎片进行营养繁殖，也可以以真菌的孢子及菌丝体与藻类产生的芽孢子进行繁殖，真菌菌丝体或孢子遇到自养生活的藻类即可形成地衣以营共生生活，真菌菌丝体吸收水分和无机盐，一部分提供藻类，而藻类依靠叶绿素合成有机物，一部分提供真菌。腰果园较常见的有叶状地衣和壳状地衣。叶状地衣为薄片状的扁平体，形似叶片，边缘卷曲，灰白色或灰绿色，有深褐色的假根，常多个连结成不定形的薄片，附着在枝条上，易剥离。壳状地衣的营养体形态不一，体扁平，灰绿色或灰白色，紧附在树干上，难以分离。

分 布

地衣病在全世界腰果种植区均有发生。

为害症状

由于地衣假根进入受害腰果植株皮层吸取营养，导致树势逐渐衰弱且产量下降，严重时枝条枯死。

发病条件

地衣以营养体在枝干上越冬，一般在温暖潮湿季节生长最盛，高温低湿条件下生长很慢。在生活条件适宜时迅速开始繁殖，产生的孢子经风雨传播，遇到适宜的寄主，又产生新的营养体。地衣的发生与环境条件、栽培管理及树龄密切相关。老龄腰果园和管理粗放、树势衰弱的腰果园发病重。

叶状地衣病为害枝条

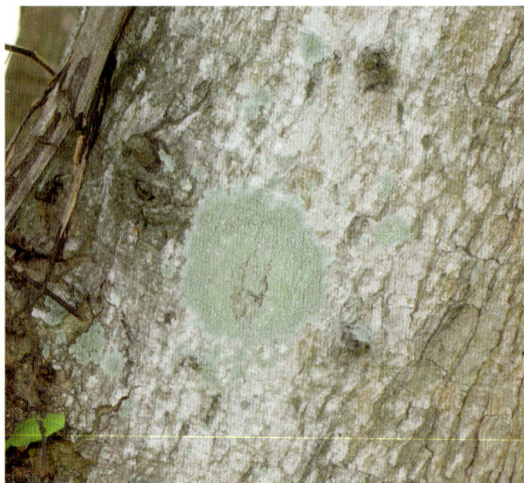

壳状地衣病为害树干

防治方法

农业防治：加强腰果园水肥管理，也可刮除树干上的地衣并集中掩埋，每年冬季用10%～15%石灰水涂抹整个树干。

化学防治：用1%石灰半量式波尔多液200倍液、50%氧氯化铜可湿性粉剂500倍液或2%硫酸亚铁溶液喷洒被寄生的树干和枝条。

（十三）瘿瘤病

病原

瘿瘤病由于病部粗糙肿大，又叫癌肿病。该病的病原菌尚未明确，可能由拟盘多毛孢属（*Pestalotiopsis*）、葡萄座腔菌属（*Botrysphaeria*）、拟隐孢壳属（*Cryptosporiopsis*）等的真菌引起，也可能由假单胞杆菌属（*Pseudomonas*）或农杆菌属（*Agrobacterium*）等的细菌侵染所致，还有可能是生理原因。

分布

瘿瘤病在世界腰果种植区均有分布。

为害症状

瘿瘤病多发生在腰果枝条上，瘤呈暗褐色，表面凹凸不平，初位于枝的一侧，后逐渐包围枝条。染病小枝变黄而枯死，后脱落。主干及大枝感染瘿瘤病后，虽不立即枯死，但植株长势日渐衰弱。

瘿瘤病为害枝条

瘿瘤病为害严重的植株

瘿瘤病导致枝条干枯死亡

　　各发病部位初期膨大呈现近圆形瘤状物，幼瘤色浅，质地柔软，表面光滑。之后肿瘤渐增大，质地变硬，并逐渐变为黄色、褐色至黑褐色，瘤状物表面粗糙、龟裂。肿瘤的大小形状各异。受害植株生长不良，叶片发黄，少开花早落叶，最后全株枯死。

▶ 发病条件

　　病原菌可在感病组织或土壤中的病残体上存活1年以上，可以通过灌溉水、雨水、修剪、采条、嫁接、耕作农具以及地下害虫等进行传播，远距离传播主要靠种苗。病原菌主要从伤口侵入，潜伏数月至1年，方可出现症状，瘿瘤病在腰果整个生长季节均可扩展蔓延。栽培管理粗放，如施肥不足、浇水不及时等，会导致腰果植株生长不良，树体抗病力减弱，加上春季干旱、土壤黏重、空气污染等外部不良环境因素的影响，发病更重。

防治方法

农业防治：增施有机肥，控施氮肥，合理追肥，增强植株抗病能力。结合修剪，去除腰果树体上的瘿瘤，消除侵染源。当病菌孢子尚未成熟和散放时，应砍除病枝，及时掩埋以免蔓延。挖除重病株和病死株，并及时掩埋，用50%福美双可湿性粉剂或70%五氯硝基苯粉剂撒于坑内杀菌消毒。

化学防治：切除枝条上的肿瘤后用0.08%～0.1%链霉素或土霉素涂抹伤口，发病初期可喷施46%氢氧化铜水分散粒剂1 000倍液，每7天喷施1次，连喷2～3次。

（十四）丛花病

病 原

丛花病的病原尚未明确，可能是由线状病毒引起的。

分 布

丛花病在世界腰果种植区均有分布。

为害症状

丛花病主要为害腰果花序，也可为害嫩梢。花序受害后不能开花结果，嫩梢受害后形成各种畸形叶，不久叶片干枯脱落，致使树势衰弱，生长不良。花序感病后，节间缩短，花枝畸形膨大，密集成团，致使整个花穗丛生成簇；花器不发育或发育不良，一般

丛花病为害嫩梢

丛花病为害花序

不能开花结果；感病花序干枯后，经久不落，仍在枝梢间。嫩梢感病后，叶片畸形，最终干枯脱落成为秃枝。

发病条件

丛花病主要通过接穗、介体昆虫和寄生植物传染，田间短距离传播的传毒媒介主要是角盲蝽和椰伪缘蝽等刺吸式口器害虫，树势衰弱的腰果树也容易感病。

防治方法

农业防治：对于病情较轻的植株，及时剪除感病枝梢和花序，如病情较重应及时砍伐并作销毁处理。加强栽培管理，施足有机肥。适当增施磷、钾肥，使树体生长健壮，提高抗病力。

化学防治：嫩梢期及时喷药防治角盲蝽和椰伪缘蝽等刺吸式口器害虫，减少传病媒介，可减轻病害传播。

02 第二章
非侵染性病害

（一）裂果病

裂果病是腰果果实生长期由于水分供应失调而导致的生理性病害。

分 布

裂果病在全世界腰果种植区均有分布。

为害症状

腰果开花结果期一般在旱季，如果腰果果梨在经历长时间的干旱后遇上暴雨，果皮较薄的易裂果。一般从果梨腰部向果蒂方向纵裂，也有从果梨端部向果蒂方向纵裂及不规则开裂。裂果在易干旱的向阳坡地、土壤贫瘠地发生较多。树势较弱、结果较多、偏施氮肥的裂果也稍多。

裂果病为害果梨

发病条件

开花结果期长时间干旱少雨后遇强降雨，或水分供应不均匀，或天气干湿变化很大时容易导致腰果裂果病发生。一般都是腰果果梨开裂，原因主要是果梨生长期水分供应失调，前期或中期天气干旱，果皮厚，弹性低，之后突降大雨，果梨急剧吸水，细胞膨胀，撑破果皮，造成裂口。土壤黏重、排水不良的果园裂果发生率高，平原地比山坡地裂果率高。土壤中钙、硼元素含量不足或者氮含量过高时，裂果病也会加重。树冠郁闭、通风透光不良也会加剧裂果。果实阳面通常着色均匀，极少发生裂纹，而果实阴面则极易产生裂纹，尤其是两果邻近的阴面区域，往往成为裂纹的集中发生区。

防治方法

加强果园水分管理：避免土壤忽干忽湿，特别应防止久旱后浇水过多，避免土壤过湿或过干。有灌溉条件的果园，在果梨膨大期遇到连续干旱超过2周时要酌情灌水，避免突然下雨导致土壤湿度剧烈变化，雨后应及时排水。

合理施肥，改良土壤：果园施肥要以农家肥、绿肥等有机肥料为主，重视平衡施肥，适当控制氮肥用量，及时补充钙、硼、钾等肥料。通过果园深翻、增施有机肥料、果园生草等措施，不断提高土壤有机质含量，改良土壤结构，增加其蓄水保墒的能力。

改善通风透光条件：采取合理的修剪措施，疏除过多枝条，开张枝条角度，改善通风透光条件。

（二）日灼病

日灼病是由于强烈日光直接照射使腰果果梨、坚果、枝条或叶片等部位出现生理性病害。该病在高温季节、气候干燥、日照强烈时容易发生。尤其是西南方向的果梨、幼年结果树的顶生果梨和掉落地面未及时采收的坚果，因日照时间长，受害程度最重。

分布

日灼病在全世界腰果种植区均有分布。

为害症状

受害叶片的叶绿素逐渐分解，叶色变淡或发黄，叶片变厚变脆且停止生长。受害果梨多为红色，果梨受害部位呈浅黄色，随后果肉逐渐硬化，果皮及附近细胞表现为深褐色坏死。坚果受日灼为害时，由灰白色变为粉红色，部分受害严重的坚果表面会有少量腰果壳油渗出。

日灼病为害叶片

日灼病为害坚果

发病条件

土壤水分供应不足、修剪过重、病虫为害重导致早期落叶、夏季久旱或排水不良等，均易引发日灼病。

防治方法

果园适时灌水，及时防治其他病害，保护果树使其正常生长发育，有利于防止日灼。腰果开花结果期出现日平均最高温度之前，结合防治其他病害，喷洒石灰过量式波尔多液。在易发生日灼的果园，可进行树干涂白；修剪时，西南方向多留些枝条，可减轻日灼为害。

在干旱少雨的季节，腰果园会出现自然生草与树体争夺水分和营养的现象，选择适宜的草种种植可以减少争夺水分对腰果果实造成的不利影响，增加土壤有机碳，减少日灼的发生。

果实成熟时，应及时采收，避免掉落地上的坚果被过度暴晒，影响腰果仁品质。

（三）寒害

分 布

寒害一般发生在南、北纬15°之外的腰果种植区。近年来，随着全球气候变暖加剧、气候极端事件增多，腰果寒害发生范围和频次也逐渐加大。

为害症状

腰果嫩梢、嫩叶受低温寒害时，受害部位呈现黑色或褐色；花穗、果实受低温寒害时，花穗干枯，嫩果干枯变黑，果皮皱褶，严重受害的腰果植株干枯死亡。受轻度寒害的腰果植株，其叶片局部出现形状大小不一的叶肉塌陷斑，初为灰青色，后转浅褐色至灰白色；严重者整片叶凋萎、纵卷，呈赤褐色，多数脱落，枝梢变黄、枯死，部分叶痕处变褐发生流胶。寒害较重时可使腰果全株叶片凋萎，如同开水烫过，呈暗灰白色，随后变成赤褐色，最后脱落；严重时，枝条出现裂皮且枯死，甚至主干皮层腐烂，最终导致整株干枯死亡。

为害条件

腰果为典型热带果树，不耐低温，温度是限制腰果地理分布的主要因素。腰果可在年平均温度22～40℃的地区生长，当年平均温度在24～28℃时，腰果生长迅速，正常开花结果，是腰果生长发育最适温度。一般最冷月月均温在19℃以上的地区腰果能正常开花结果，在18℃以下的地区腰果生长结果受到不同程度抑制，在17℃以下的地区植株

寒害为害嫩叶

寒害导致叶片干枯死亡

寒害为害花

寒害导致花干枯死亡

寒害为害幼苗

寒害导致幼苗干枯死亡

寒害导致果园植株干枯死亡

受到不同程度寒害，在15℃以下的地区腰果植株受严重寒害或死亡。腰果树抗寒力随树龄增大而提高，三龄幼树能忍受短期轻霜。但不论老龄或幼龄树，其幼嫩组织对低温都同样敏感。

防治方法

营造防护林：新建腰果园应有意识地保留原有部分林木，营造防护林带，以便阻挡寒流袭击并扩大背风面，改善小气候，这是长期有效的保护措施。原有林带或人工防护林带的方向最好垂直于冬季寒风方向，以便更有效地减少寒风的为害。

选择地形：在易受低温寒害影响的地区，腰果园选地时要充分考虑有利于腰果树越冬的地形。坡地种植的腰果园应选择朝南、背风、向阳的山坡为宜。

冬季覆盖地面：腰果园铺草或盖草的防冻效果显著，其作用在于抑制蒸发，防止土壤冻结，减轻低温对光合作用的阻碍。在低温来临之前，用稻草或野草覆盖土壤和根圈，有预防寒风之效，但要注意防止覆盖过厚，开春后应及时撤除。铺草能提高地温1～2℃，保护腰果树根系不因冻害而枯萎死亡。覆盖可选用稻草、麦秆、豆秸、油菜秆、绿肥、麦壳、豆壳、菜籽壳和落叶、树皮、木屑等，均匀摊放在腰果树行间，覆盖不能太薄，一般在8厘米以上，以不露土为宜。

合理施肥、灌溉：应做到早施重施基肥，前促后控分次追肥。基肥应以有机肥为主，适当配用磷、钾肥，做到早施、重施、深施。在晚间或霜冻发生前的夜间进行灌溉，其防霜作用可保持2～3天，平均温度可提高2～3℃。

熏烟法：当寒潮将要来临时，根据风向、地势、面积设堆，在气温降到15℃左右时点燃干草、谷糠等使之形成烟雾，既可防止热量扩散，又可使腰果园升温。

（四）风害

分　布

　　腰果大多种植于滨海地区或者距离海岸线不远的区域，而这些区域受风害影响最为严重。在中国，海南是腰果主产区，位于热带北缘，属热带海洋性季风气候，素有"台风走廊"之称，为热带风暴、台风多发区。海南腰果受台风影响的历史久远，台风是海南腰果种植区最严重的自然灾害之一。

为害症状

　　台风可造成腰果新梢嫩叶破损、树干倾斜、主干折断、枝条折断以及树叶大量掉落，为害严重时可吹倒树体。台风伴随暴雨，使果园积水或被水淹，导致黄叶、卷叶、焦叶、落叶，甚至植株死亡。

风害导致枝干折断

风害导致主干折断

风害导致植株连根拔起

风害严重的果园

为害条件

3级以下的常风，对腰果生长结果无不良影响。但近海4～5级的常风，不利嫩梢、花序生长，影响产量。8级以上台风能使腰果树枝干折断，叶片严重受损。

防治方法

由于腰果树体高大，材质脆弱，易发生风害，要完全避免风害的可能性很小。一些小台风过后，断折掉落的多数是一些朽枝败叶，这可增大冠层通透性，同时台风往往伴随着雨水，在某些情况下有利于腰果植株生长。即使是强台风，若合理栽培，在风害后采取截干修枝等合理技术措施，仍可有效降低风害对腰果产量的影响。

台风来袭之前，应从中小树苗开始对腰果树修枝整形，减少腰果树过多的分枝。当强风袭击时，可以减少叶面受力面积，弱化风力，从而降低风压，保护主干不被强风刮断。也可在果园周围合理种植防护林，进一步减少腰果风害的概率。

（五）旱害

分布

腰果主要种植在世界热区，易受旱害影响。近年来，随着全球气候变暖加剧，极端干旱气候增多，腰果旱害发生范围和频次也逐渐加大。

为害症状

腰果园一般在持续高温条件下发生干旱，腰果树水分蒸发增加，土壤墒情降低。干旱不仅会使果树叶片气孔不闭合，加剧枝叶水分蒸发，直接影响幼果发育，导致生理落果现象发生，且会降低果树光合作用，增大果树呼吸强度，减少有机营养物质合成和积累。干旱还常引起枝干和果实日灼，加重粉蚧、蚜虫等害虫为害。

旱害严重的果园

旱情发生严重度不同，腰果植株表现出的症状也不相同。受旱害严重的腰果植株叶片萎蔫、变黄、脱落，整株干枯甚至死亡，造成绝产。如果花期干旱严重且持续时间长，将影响开花，挂果迟甚至不能挂果，降低产量。采收期出现干旱，则会导致腰果果梨和坚果偏小，影响腰果仁品质。

为害条件

作为起源于热带地区的果树，腰果树对干旱有一定的抵抗力。但如果温度过高，对腰果的花序、果实也会产生不利影响。干旱一般发生在腰果坐花坐果期，当气温在45℃以上持续多天时，花穗干枯、脱落，嫩果软化并出现水渍状病斑，最后干枯。在50℃以上且持续时间较长时，腰果树将严重受害。

防治方法

增施有机肥：有机肥以优质农家肥、绿肥为主，于每年梢期施入，可提高土壤有机质及微生物含量，改善土壤理化性状，提高土壤肥力及保水能力，为根系生长提供优良的生长环境，增加根量及根系生长范围，增强根系的吸水能力，从而提高腰果树抗旱能力。

覆草：用废弃的玉米秆、麦秸、绿肥、杂草等均匀地覆盖在果树的根际、果树树行等，对于增强果树蓄水、提高土壤有机质含量具有显著的效果，并且投资少、见效明显。对果园进行覆草时，所盖草的厚度为15～20厘米，为防止风吹和干燥，覆草后要及时在其上进行压土。

（六）涝害

分布

腰果大多种植于沙土地或壤土地，也有部分种植于黏土地。黏土地透水性差，在雨季容易积水，产生涝害。

为害症状

腰果受涝害初期，茎基部叶片叶色开始变黄，个别叶片叶缘、叶脉间出现不规则的褐色水渍斑。随后叶片整体萎蔫，幼嫩枝条出现枯萎症状。长时间受涝的腰果植株会烂根，最后整株死亡。

涝害导致幼苗死亡

为害条件

涝害对腰果树的影响与其树龄密切相关，一般幼龄腰果植株更容易受到涝害影响。成龄腰果树受涝害10～20天，叶片和枝条出现涝害症状，受涝害30天以上，严重影响植株生长，部分植株可能死亡。幼龄腰果树受涝害20天左右可能死亡，而腰果苗受涝害7天左右就可能死亡。

防治方法

在易受涝害的地区新建腰果园时，尽量选择排水性较好的土地，如沙土地或壤土地。多雨季节或一次性降雨过大造成果园积水成涝时，应挖明沟排水。

（七）除草剂药害

为害症状

受害腰果叶片出现脉间失绿、叶缘发黄，进而叶片完全失绿、枯死。大多数情况下，腰果叶片出现烧伤的坏死斑，但对腰果生长无太大的影响。严重受害时叶片干枯、脱落，枝条干枯死亡。

为害条件

在一些商业化腰果园，在进行杂草管理时使用除草剂容易引发药害。大部分除草剂药害是由于喷洒靠近腰果植株的杂草时误喷到腰果树上，导致腰果叶片等产生药害。也

除草剂药害导致叶片发黑

除草剂药害导致叶片干枯

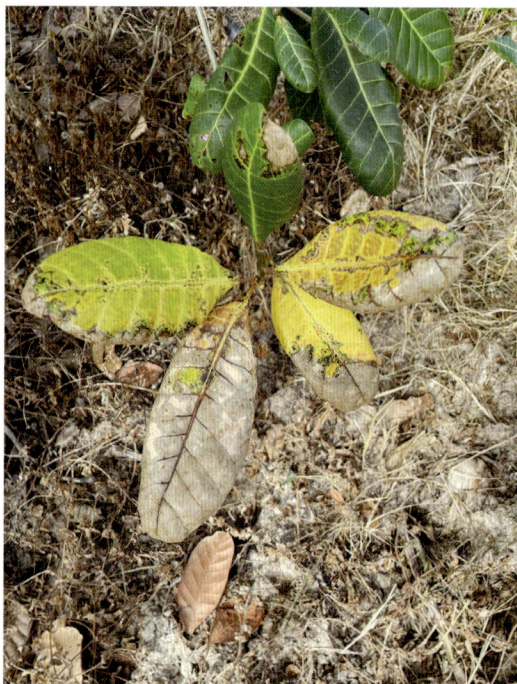

受除草剂药害的叶片

有些除草剂药害是由于用药时间不对导致的，高温、干燥、强光照射的天气或者雨天、露水未干均会导致除草剂药害的发生。

防治方法

对除草剂药害的救治关键在于早发现、早处置。首先要确认是不是除草剂造成的药害，在确认为除草剂药害后，应由除草剂直接使用者提供详细施药时间、施药种类、施药剂量、施药方法和施药时的环境条件，根据所收集到的资料，整理分析发生药害的原因，及时有针对性地采取补救措施，以最大限度减少损失。

由于除草剂施用浓度过大，腰果叶面吸收药剂过多而导致的药害，可采取连续喷水清洗的方式来稀释作物叶片残留的药剂，从而缓解药害。

（八）缺氮症

为害症状

氮是提高腰果产量的重要元素，充足的氮可以延长腰果花期，提高腰果果梨和坚果的数量和质量。腰果树生长旺盛时易缺氮，症状最初出现在较老的叶片上，新梢基部的成熟叶片逐渐变黄，由于氮可以在植物体内调动和重新分配，幼叶初期还保持绿色。随着缺氮向顶端发展，嫩叶也逐渐变黄，叶片细小；新生叶片小，叶脉及叶柄呈红色，叶柄与枝条呈锐角，易脱落；当年生枝梢短小细弱，呈红褐色；果实小而早熟、早落；花芽显著减少。一般来说，缺氮的腰果植株普遍矮小，枝少叶少，当氮素严重缺乏时，叶片脱落，枝条干枯；腰果幼苗的缺氮症状可在种植后45～60天被发现，症状表现为叶片的颜色逐渐由绿色变为灰绿色，然后变黄，植株矮小；严重缺氮的腰果幼苗在种植后4个月内死亡。

缺氮叶片

缺氮枝梢

缺氮植株

为害条件

　　土壤缺乏氮素，且氮肥施用不足。夏季降水量大，轻沙土壤保肥力差，致使土壤氮素大量流失。在多雨季节，果园积水，土壤硝化作用不良，致使可给态氮减少，或根群受伤吸收能力降低。施钾素过量，或酸性土壤一次施用过多石灰，均会影响氮素的吸收。施用大量未腐熟的有机肥，土壤微生物在其分解过程中消耗了土壤中原有的氮素，造成腰果可吸收氮素量减少而表现出暂时性缺氮。土壤瘠薄、未正常施肥、管理粗放、杂草丛生等均易导致缺氮症。

防治方法

　　施足基肥，环施或条施化肥，如尿素硫铵、氯化铵、碳酸氢铵等。最好将农家肥和化肥混合在一起作基肥，以提高化学氮肥的利用率和土壤氮素的供给能力，延长肥效期。腰果苗期发现氮缺乏引起缺素症时，可叶面喷施1.5%的尿素水溶液以迅速补氮。

（九）缺磷症

为害症状

　　磷对腰果种子萌芽、幼苗新陈代谢、根系的快速生长和果实成熟都有很重要的作用。腰果植株缺磷将导致植株生长矮小，叶片失去光泽且呈暗绿色，老叶上出现枯斑或褐斑。严重缺磷的，树冠矮小，叶片密生，枝梢停止生长，下部老叶呈紫红色，叶片呈暗红色。播种5个月的腰果幼苗缺磷，植株低部位的老叶会枯萎脱落。

缺磷叶片

缺磷枝梢

缺磷植株

为害条件

土壤总磷量低、石灰过量、施用氮肥过量、缺乏镁以及土壤干旱等都会导致缺磷。磷在酸性土壤中变为磷酸铝或磷酸铁，在碱性土中成为磷酸钙，因而缺乏可给态磷会引起缺磷。

防治方法

对缺磷的土壤增施农家肥或磷肥，可预防缺磷症。可环施或条施农家肥、钙镁磷肥、磷矿粉、过磷酸钙、重过磷酸钙和磷酸二铵。若腰果营养生长期间缺磷，可叶面喷施过磷酸钙、重过磷酸钙或磷酸二铵。

（十）缺钾症

为害症状

腰果幼苗生长2个月后可能会出现缺钾症，缺钾幼苗低部位的老叶先是叶尖变黄，然后叶缘也开始发黄，并逐渐坏死。缺钾症状很快从幼苗的低部位叶片蔓延到顶部叶片。缺钾症多发生在沙土腰果种植区。此外，灌溉不良会降低腰果植株对钾营养元素的吸收。

缺钾叶片

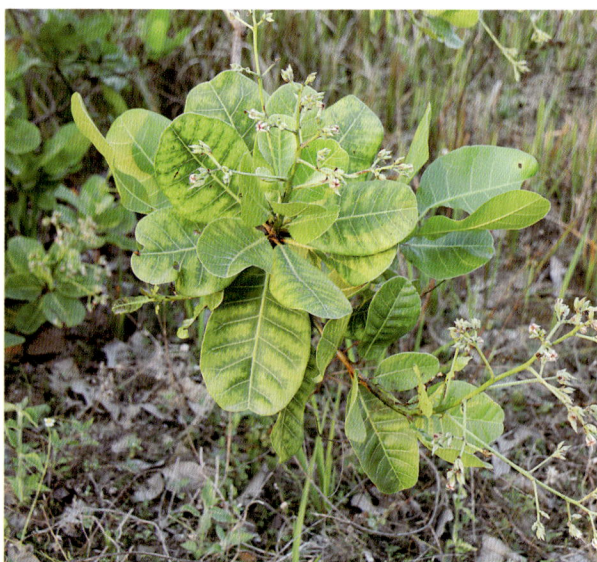

缺钾枝梢

为害条件

沙质土和红壤土易缺钾，钾易随地表水流失，特别是有机质含量低的土壤或沙质土壤，流失较严重。过量施用氮、钙或镁元素，造成元素拮抗，会使钾的有效性降低。采摘结果树果实，也会带走果实中的钾。

防治方法

根据果园土壤状况，进行深翻压绿并施用饼肥、厩肥等多种有机肥，可减少缺钾。每年向土壤施用硫酸钾或草木灰，施用量依土壤缺钾情况、树龄和结果量而定，可有效地补充钾元素，也可叶面喷施磷酸二氢钾、硝酸钾或硫酸钾溶液。

（十一）缺钙症

为害症状

钙是植株生长和根系发育所需的重要元素，在降雨多和受雨水冲刷严重的地区，腰果植株经常发生缺钙症。腰果植株缺钙表现为叶片卷曲畸形、叶缘萎蔫坏死、生长点死亡等。腰果植株种植在缺钙土壤30天后即可表现出缺钙症状。

为害条件

酸性土壤含钙量低，易发生缺钙症。在温暖多雨地区，由于淋溶作用，代换性盐基钙离子流失，常会发生缺钙症。在少雨干旱的年份，因土壤水分不足，钙的吸收受阻，土壤中

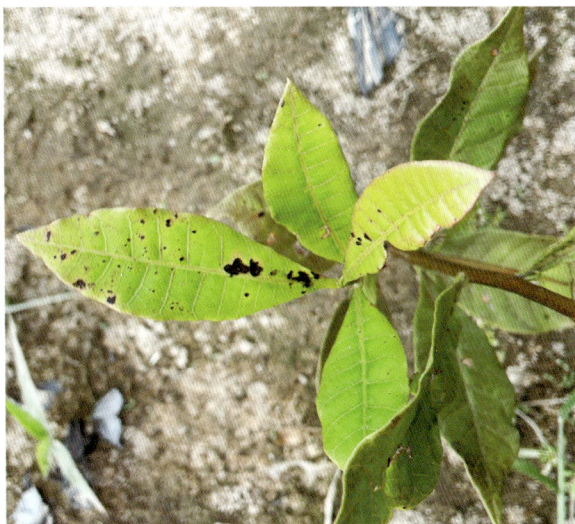

缺钙症

虽有一定量的钙元素，也会发生暂时性缺钙。酸性土壤（沙质土壤pH5.5以下、有机质土壤pH4.8以下）以及镁和钾含量高的土壤易发生缺钙症。

防治方法

增施农家肥或钙肥，提高土壤中可吸收钙含量。酸性土壤可施用石灰或熟石灰等，施用量依土壤酸度而定，一般土壤施用石灰后的pH应保持在5.7～6.5之间。注意千万不能过量施用石灰，否则会使土壤有机质迅速分解，腐殖质难以积累，土壤结构受到破坏，并影响腰果对其他养分的吸收。腰果生长发育期缺钙，可用0.5%氯化钙或硝酸钙进行叶面喷施。

（十二）缺镁症

为害症状

在雨季时，滨海地区腰果种植区的镁元素很容易因雨水冲刷而流失，使腰果植株出现缺镁症。镁是植株中较易移动的元素，腰果植株缺镁时，植株矮小，生长缓慢，症状首先表现在老叶上，老叶叶脉间褪绿，叶脉仍保持绿色，之后褪绿部分逐渐由淡绿色转

变为黄色或白色。缺镁症状从老叶逐渐转移到老叶的基部和嫩叶。腰果缺镁症常与缺钙症同时发生。钾肥施用过量的地区也很容易出现缺镁症。

缺镁叶片

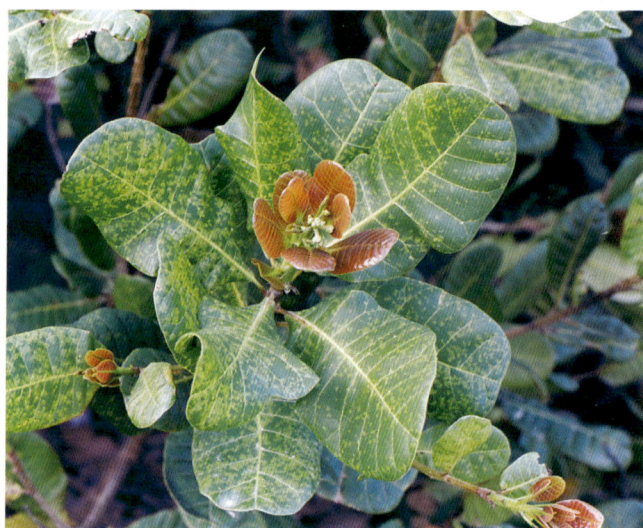

缺镁枝梢

为害条件

缺镁原因大致有3种：一是土壤中镁含量低。二是钾肥施用过多，因钾的拮抗作用影响了镁的吸收。三是品种的敏感性。此外，长期施用碱性肥料或酸性化肥，可导致土壤镁严重流失。山坡地果园土壤中的镁易受雨水和灌溉的影响而流失。

防治方法

酸性土壤可选施钙镁肥（含镁石灰，镁肥可混合在有机肥中施用）。在微酸性至碱性土壤地区，施用硫酸镁。叶面喷施1%～2%硫酸镁溶液，每隔10天喷施1次，连喷2～3次，可恢复树势。对于轻度缺镁，叶面喷施见效快。对发生钾聚积的土壤，矫正缺镁症可叶面喷施或根施硝酸镁，效果较好。

（十三）缺锌症

为害症状

缺锌的腰果植株新梢叶片叶肉呈黄色或黄绿色，仅主、侧脉附近为绿色。有的叶片则在主、侧脉间出现黄色或淡黄色斑点。缺锌植株生长缓慢，矮小、节间缩短、叶小呈簇生状，严重时新梢纤细。

缺锌叶片　　　　　　　　　　　　缺锌枝梢

缺锌植株

为害条件

在碱性土壤中，因锌的溶解度低，普遍发生缺锌现象。山地石灰性紫色沙土和盐渍土种植的腰果，普遍缺锌严重，花岗岩母质发育的土壤也容易缺锌。土壤pH 7.5以上、有机质含量低或寒冷潮湿的土壤易导致植株缺锌。磷可抑制锌由根部向植株地上部分运转，因此多施磷肥会加重缺锌。

防治方法

增施农家肥可增加土壤中的锌含量。用硫酸锌与细沙土或与氮、磷、钾化肥混合后作种肥或苗期追肥，是防治缺锌十分有效的措施。也可以采用叶面喷施的方法补锌，在腰果苗期喷施0.1%硫酸锌或氯化锌水溶液。

（十四）缺硼症

为害症状

腰果植株缺硼症状初期表现为新梢叶片上出现水渍状黄色斑点，叶片畸形，发黄反卷，叶脉增粗和木栓化。嫩叶不能展开，叶片卷曲，生长点死亡。严重缺硼时影响果实发育，甚至不能坐果。有研究认为缺硼可能是造成腰果树流胶病发生的原因。

发生原因

缺硼的主要原因是土壤水溶性硼含量低，其次是受培肥和土壤管理影响，如单施化肥的果园比施有机质肥料为主的果园更易缺硼。大量施用磷肥的果园，土壤中高浓度的磷酸盐使植株对硼的吸收减少，会引起缺硼。高温干旱季节和降雨多的季节，均会降低根系对硼的吸收能力，特别是多雨季节过后开始干旱，常会引起缺硼。

防治方法

将硼肥混入人粪尿中，在树冠下挖沟施入再覆土。也可选用硼肥1 200～2 000倍液进行叶片喷施。避免过多施用氮、磷、钙肥，特别是有机质含量低的土壤，更应注意不可过多施用氮、磷、钙肥，但是应适当施用钙肥，降低土壤酸性有利于腰果吸收硼。应多施用有机质肥料和含硼较高的农家肥及绿肥，且宜实行生草栽培法进行管理。

（十五）缺锰症

为害症状

腰果植株缺锰，首先嫩叶失绿发黄，但叶脉和叶脉附近保持绿色，之后沿着叶脉出现坏死斑，坏死斑随着叶片成熟而扩大。后期叶片呈杯形，叶缘出现褐色斑点，同时带有白色带状斑。

为害条件

缺锰在酸性和碱性土壤的腰果园中均有发生，尤其是沙质酸性土、石灰性紫色沙土或海滨盐渍土，常常同时发生缺锰症和缺锌症。下列情况通常会发生缺锰症：一是酸性土和沙性土壤易引起有效态锰的流失；石灰性紫色沙土和海滨盐渍土中锰以不溶态存在，有效锰含量低。二是土壤干旱造成有效态锰缺乏。三是长期施用厩肥和石灰的土壤，或富含有机质的沙土，易出现缺锰，主要是因为土壤pH高（超过6.5），各种锰化合物极难溶解。

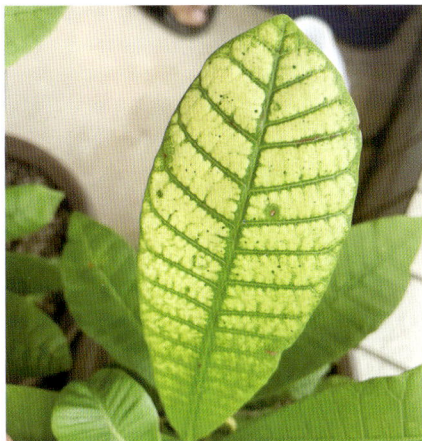

缺锰叶片

防治方法

酸性土壤缺锰，可采用根施锰和叶面喷施硫酸锰的方法予以矫治，也可将硫酸锰混在肥料中施用。叶面喷施0.2%～0.6%硫酸锰加1%～2%生石灰混合液，也可用0.6%硫酸锰加0.3波美度石硫合剂喷施。

碱性土壤或中性土壤缺锰以叶面喷施0.3%硫酸锰溶液矫治效果较好，叶面喷施硫酸锰须在每年春季进行数次。石灰性土壤缺锰，可增施有机质肥并掺入硫黄粉，以降低土壤pH。

（十六）缺铁症

为害症状

腰果植株缺铁时，一般嫩梢先表现症状，叶片变薄，叶肉淡绿色至黄白色，叶脉绿色，在黄化叶片上呈明显的绿色网状叶脉，小枝顶端的叶片更为明显。病株枝条纤弱，幼枝上的叶片易脱落，常仅存稀疏的几片，小枝叶片脱落后，下部较大的枝上才长出正常的枝叶，但顶枝陆续死亡。发病严重时，全株叶片均变为橙黄色。

为害条件

碱性土壤（或石灰性土壤）pH高会导致铁的溶解度低。土壤中重碳酸盐影响铁的吸收和转运。石灰性土壤过湿且通气不良时，易出现缺铁症状。磷、锰、铜、锌等的干扰也会造成植株铁的亏缺。

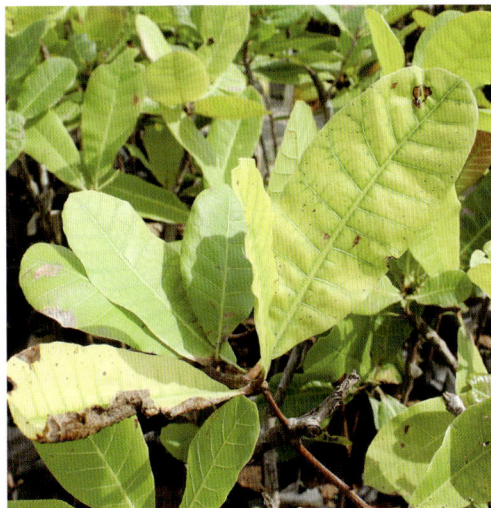

缺铁症

防治方法

改土施肥：改良土壤且完善排灌系统，对碱性土壤多施有机肥，特别注意多施绿肥、土杂肥及其他酸性肥料。

叶面喷布或土壤施用螯合铁：将螯合剂均匀撒施在树冠下的表土层，进行灌水使其渗入土中。也可将有机质肥与硫黄混合翻入土壤中。土壤施用或叶面喷布螯合铁都需在改土的基础上进行，否则效果不明显。叶面喷施0.1%～0.2%的硫酸亚铁溶液，并加入等量石灰，以防药害发生。

（十七）缺钼症

为害症状

腰果植株缺钼时，叶片出现黄斑，严重缺钼时，枝条叶片全部脱落。

为害条件

果园土壤为强酸性时，土壤中的钼会与铁、铝结合成钼酸铁和钼酸铝而被固定，不能被根系吸收，造成缺钼。如果土壤施硫酸盐肥料过多，因根系对钼的吸收受抑制而出现缺钼症状。缺磷土壤、酸性沙土也容易缺钼。

防治方法

严重缺钼的腰果树，可在新芽萌动前喷施0.01%～0.05%钼酸铵或钼酸钠溶液；也可在果园撒施石灰，降低土壤的酸性，提高土壤中钼的有效性。

03 第三章
半翅目害虫

（一）茶角盲蝽 *Helopeltis theivora* Waterhouse, 1886

发生为害

茶角盲蝽属半翅目（Hemiptera）盲蝽科（Miridae）。在中国、印度、斯里兰卡、马来西亚、印度尼西亚等腰果种植区发生为害，是中国和印度腰果种植区的重要腰果害虫。除为害腰果外，还为害番石榴、可可、金鸡纳树、刺果番荔枝、芒果等。

茶角盲蝽主要以成虫和若虫刺吸为害腰果嫩梢、嫩叶、花枝和幼嫩坚果及果梨，致使这些幼嫩组织出现黑斑且变干枯，直接造成减产失收。茶角盲蝽为害猖獗和防治不力时，可造成腰果园80%～100%失收。受害腰果嫩叶上通常会呈现许多灰褐色小斑，随后逐渐变成黑褐色坏死斑纹，导致嫩梢畸形或枯死。幼龄若虫为害嫩叶产生的斑点小而密集，老龄若虫和成虫为害嫩叶产生的斑点大而稀疏。每一成虫或若虫一昼夜取食可形成200多个斑点。茶角盲蝽还可以通过产卵器在腰果嫩茎组织中产卵而导致茎发育缓慢甚至枯死。

形态特征

雄成虫体长5.6～6.0毫米，雌成虫体长6.5～7.2毫米，雌、雄成虫体宽1.2～1.5毫米。体黄褐色或淡黄褐色，有时略呈黄色。头部黑褐色或褐色，头部腹面黄色或淡黄色。复眼球形，向两侧突出，黑褐色。触角4节，丝状，约为体长的2倍。喙细长，浅黄色，末端浅灰色，伸至后胸腹板处。前胸背板前方缩小呈颈状，其后缘及末端缩小部分前缘黑褐色，其余土黄色。小盾片后缘圆形，其前端长有一稍向后弯、顶部呈小圆球状的小盾片角，角的基部土黄色，圆球状处长有细毛。前翅革质部分透明，膜质部分灰黑色，具虹彩。腹部暗褐色或绿色带土黄色，雌成虫腹部腹面侧缘略呈橙红色。生殖节淡黄褐色，有时略带橙色。足土黄色，其上散生许多黑色小斑点。

茶角盲蝽初孵若虫

茶角盲蝽初孵若虫为害果实

茶角盲蝽低龄若虫

茶角盲蝽低龄若虫为害嫩叶

茶角盲蝽低龄若虫为害幼果

茶角盲蝽成虫交尾

茶角盲蝽成虫

茶角盲蝽为害嫩叶

茶角盲蝽为害嫩梢

茶角盲蝽为害花

茶角盲蝽为害导致花枯萎

茶角盲蝽为害果实

茶角盲蝽为害幼苗

茶角盲蝽为害严重的枝叶

茶角盲蝽为害严重的植株

　　卵近似筒形，长径约0.93毫米，初产时白色，后渐变为淡黄色，临孵化时呈橘红色。卵盖两侧具一长一短呈白色的丝状附器，长度分别约为0.62毫米及0.25毫米。

　　初孵若虫橘红色，五龄若虫体长约5.3毫米，宽约1.3毫米，长形，全体土黄色稍带红色，复眼红褐色，触角及足上散生黑色斑纹。喙端部黑色达前腹板。翅芽发达，伸至第三腹节背面，其基部及端部为灰黑色。

🟫 生 活 习 性

　　1年发生11～12代，每1代历期27～91天。全年可活动为害，常年可见卵、若虫和成虫。卵期5～15天。若虫5龄，一龄若虫约3天，二龄若虫约6天，三龄若虫约7天，四龄若虫约8天，五龄若虫约6天，若虫对腰果的为害随着龄期的增加而增大。成虫寿命11～25天。成虫对腰果的为害远大于若虫，这是成虫的产卵习性所致。当成虫在1个枝梢上产卵后，就不再对该枝梢进行为害，转而为害新的枝梢。在腰果梢期、花期及幼果期虫口数量较大。

雌雄成虫多在上午进行交尾，每次交尾时间持续在2小时以上，交尾多次。雌成虫交尾后最早的于次日开始产卵，卵产于花枝、叶柄表皮组织下，少数亦产于果托里，连续产卵天数最长的达22天，每头雌成虫产卵52～242粒，在冬季照常产卵繁殖。

初孵若虫有群集性，成、若虫喜荫蔽，可昼夜不断地对腰果进行为害，吸取组织汁液。嫩梢和花枝被害后呈现多角形水渍状斑，幼果及果梨被害后呈现圆形下凹水渍斑，这些水渍状斑经24小时后变成黑色，最后呈干枯状。茶角盲蝽高温干旱季节发生少，较荫蔽和有遮阴的腰果园发生为害重。

防治方法

每年在腰果植株末次梢开始，定期进行田间调查，随时掌握茶角盲蝽的发生动态。初花初果期是茶角盲蝽大发生初期，此时是当年防治茶角盲蝽成败的关键。

选择抗性品种：在茶角盲蝽为害较重的地区，选择种植枝条密度较为稀疏的高产优质腰果品种，可以有效减轻茶角盲蝽的为害。

农业防治：在腰果园收果后，进行修枝管理，剪除过密枝条，除去带卵枝条，提高腰果园通风透气性可减少茶角盲蝽的发生。结合除草施肥，彻底清除腰果园中的杂草，以减少茶角盲蝽的食料来源。同时避免在茶园、芒果园等茶角盲蝽喜好为害的作物周边建立腰果园，以免茶角盲蝽跨园为害。

生物防治：茶角盲蝽的寄生性天敌有卵寄生的黑卵蜂和赤眼蜂。捕食性天敌有蜘蛛、瓢虫、举腹蚁、猎蝽等，可以有效控制茶角盲蝽种群数量，应当注意保护。在湿度高的地区或季节，还可适当喷施每毫升含800万孢子的球孢白僵菌稀释液进行防治。

化学防治：喷药时要求树冠上下层都能均匀喷到药液。为节约成本且减少对环境的污染，可采用局部喷药法，即在茶角盲蝽大发生初期，只对中心虫株及其周围的植株喷药。为此，在喷药前首先要通过调查及时找出中心虫株。根据虫情和使用药剂的残效期长短决定喷药次数和喷药间隔时间。第一次喷药后7～10天，再喷1次药，此后视虫情的发展，每隔7天或10天喷药1次。若第一次喷药时机适宜，只需喷1～3次药即可控制茶角盲蝽为害。实践表明，防治茶角盲蝽的最佳喷药时间为腰果最末次梢期、花期和坐果初期，在早晨和傍晚时喷药效果最佳，因为此时茶角盲蝽最为活跃。可选用25%噻虫嗪水分散粒剂2 500～3 000倍液、3%啶虫脒乳油2 000～2 500倍液、2.5%溴氰菊酯乳油1 000～1 500倍液、2.5%高效氯氟氰菊酯水乳剂1 500～2 000倍液、45%马拉硫磷乳油1 500～2 000倍液、20%呋虫胺可溶粉剂1 000～1 500倍液或10%联苯菊酯乳油3 000～5 000倍液进行防治。

（二）布氏角盲蝽 *Helopeltis bradyi* Waterhouse, 1886

发生为害

布氏角盲蝽属半翅目（Hemiptera）盲蝽科（Miridae）。在中国、印度、斯里兰卡、印度尼西亚、马来西亚等腰果种植区发生为害。除为害腰果外，还为害可可等。布氏角盲蝽主要以成虫和若虫刺吸为害腰果嫩梢、嫩叶、花枝和幼嫩坚果及果梨。

形态特征

雄成虫体长5.6～7.0毫米，雌成虫体长6.7～8.8毫米。体长形，头黑色。第一触角节基部黄白色，长约2.6毫米；第二、三、四触角节均为黑褐色，长各约为4.8毫米、3.2毫米、1.6毫米，第四触角节上着生有黑色短毛。喙黑褐色，端部颜色稍深，伸达后胸背板。前胸背板前部紧缩呈颈状，除前叶后部及后叶前部为黑褐色外其余呈血红色。小盾片后缘呈圆形，灰黑色，前部着生一直立的小盾片角，小盾片角顶部似球状但上端稍平。前翅烟色，具虹彩。革片前缘及楔片颜色稍深。腹部黑褐色。产卵器锯齿状结构明显。足的股节基部黑褐色，相继出现黄白色环。

卵圆筒形，长约1.2毫米，宽约0.2毫米，黄白色。顶端着生2根长度不等的白色丝状附器。

若虫共5龄。第五龄体长约5.1毫米，体宽约1.3毫米，头部深橙色，体黄白色带灰色。复眼黑色。翅芽基部灰黑色，伸至腹部第四节背面。足具灰色环状纹。

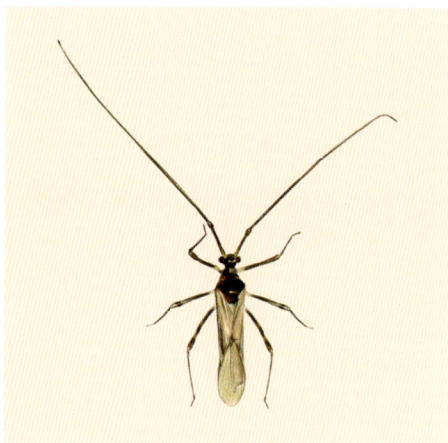

布氏角盲蝽成虫

生活习性

雌成虫喜选择嫩梢产卵，单头雌成虫产卵量约为300粒，产卵期约为23天。卵期约为7天，若虫期约为13天，雌成虫寿命25天，雄成虫寿命32天。

防治方法

参考茶角盲蝽。

（三）腰果角盲蝽 *Helopeltis antonii* Signoret, 1858

发生为害

腰果角盲蝽属半翅目（Hemiptera）盲蝽科（Miridae）。在中国、印度、斯里兰卡、菲律宾、马来西亚、越南和柬埔寨等腰果种植区发生为害。除为害腰果外，还为害茶、芒果、可可、胡椒、番石榴、刺果番荔枝等。腰果角盲蝽的成虫和若虫刺吸为害腰果幼嫩组织，包括嫩叶、嫩梢、幼芽、花枝、花托、幼嫩果梨和坚果。腰果嫩梢受害时，受害部位有透明树脂溢出，随着树脂逐渐硬化，受害嫩梢变黑并逐渐干枯，防治不力时，受害枝条上抽发的嫩梢也会同样受害。腰果嫩叶受害时，嫩叶皱缩并出现多角形水渍状病斑，然后逐渐枯萎。腰果花序受害时，花穗干枯脱落，花托出现褐色疤痕，受害严重时，多个褐色疤痕连成一片，最终整个花束枯萎。腰果幼嫩坚果受害时出现疹状斑，最后皱缩脱落。

形态特征

雄成虫体长5.9～6.9毫米，暗褐色或红褐色，胸部大部分灰红色或红棕色。头大部分深褐色，唇基端部、第一腹节侧面白色。前胸背板红色或红褐色，通常比头部和半鞘翅色浅。小盾片褐色至暗褐色，有时中部和末端色深，小盾片角基部通常灰白色或浅褐黄色。足黄褐色，后足腿节基部和端部通常为深褐色。腹部第一至三节腹板外侧带黄褐色斑。雌成虫体长7.2～8.0毫米，颜色和大体特征与雄成虫相似。

腰果角盲蝽成虫背面（吴云飞供图）

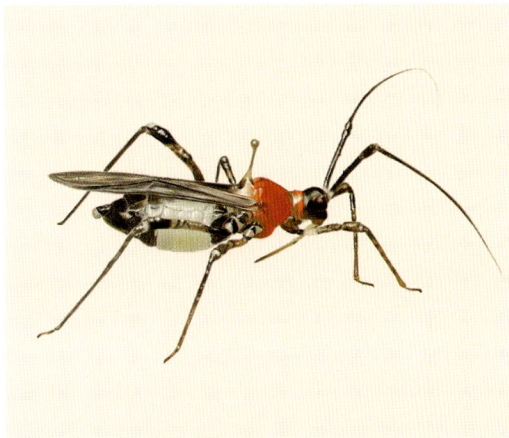

腰果角盲蝽成虫侧面

卵肾形，乳白色，卵盖附有长短不一的2根白色的纤细呼吸丝。

初孵若虫淡橘黄色，无翅，比成虫稍小，其他特征与成虫相似。末龄若虫体黄色，长约4毫米。

生活习性

腰果角盲蝽成虫飞行能力不强，通常在早晨6时至10时取食，1头成虫1天可造成150个取食为害的伤口。成虫主要在腰果叶片背面进行交配，交配24小时后雌成虫产卵。卵产入嫩梢、叶腋、花托和叶柄表皮下，单产或2～6粒产在一起，雌成虫一生产卵200～500粒。卵期6～11天。若虫通常5龄，整个若虫期8～13天。温暖潮湿的天气有利于卵孵化。成虫可存活超过1个月。

防治方法

参考茶角盲蝽。

（四）台湾角盲蝽 *Helopeltis fasciaticollis* Poppius, 1915

发生为害

台湾角盲蝽属半翅目（Hemiptera）盲蝽科（Miridae）。在中国、印度、马来西亚、菲律宾等腰果种植区发生为害。除为害腰果外，还可为害可可、胡椒、芒果、咖啡、番石榴、鳄梨、香蕉、茶、洋蒲桃、柑橘、大叶桉、小叶桉、夜来香、辣椒等。台湾角盲蝽主要以成虫和若虫刺吸为害腰果嫩梢、嫩叶、花枝、幼嫩坚果及果梨。

形态特征

雌成虫体长约7.5毫米，雄成虫体长5～6毫米。体有黄绿色、黄色或黄褐色等，具有黑褐色斑点。头部暗褐色，唇基端部单色。复眼突出，下方及颈部侧方靠近前胸背板领部前方的斑淡色。触角细长，其长度为体长2倍，其第一节长为头部加前胸的长度。中胸小盾片褐色带橙色至暗褐色，后方具一竖起而略向后弯曲的杆状突起。翅半透明，革片和爪片透明，呈灰色或灰褐色，有时带暗褐色，革片与爪片基部略呈白色，缘片、翅脉及革片的端部内侧及楔片暗褐色。足黄褐色，散生大小不等的黑褐色斑点。雌成虫前胸背板橙黄色，后缘有三角形纹，雄成虫前胸背板全黑色。

卵长约1.5毫米，初产时乳白色，后期转为淡黄色，孵化前为黄褐色。卵近圆筒形，中间略弯曲，下端钝圆，上端稍扁平。卵盖上附有长短不一的2根呼吸丝。

老龄若虫体长4～5毫米，淡褐色，复眼赤色，触角、小盾片突起和足黄褐色，并具黑褐色斑点。若虫期各龄体型和颜色变化较大。

台湾角盲蝽雌成虫（陈威嘉供图）

台湾角盲蝽雄成虫（陈威嘉供图）

台湾角盲蝽若虫

台湾角盲蝽为害状

生活习性

　　1年发生10～12代，世代重叠，世代历期平均52天。雌成虫期15～63天，平均32.5天，雄成虫期9～51天，平均27天，若虫期10～15天，卵期5～18天。台湾角盲蝽畏阳光照射，日间躲在叶背面或植株中下层荫蔽处，夜间和早晚则到树冠外围活动和取食，阴天则全天可见其活动。初羽化的成虫2小时后便可取食，3～5天后便可交配。成虫一生可交配多次，每次交配时间长达2～3小时，多在傍晚或清晨交配，交配后第二天便可产卵。卵多产在腰果幼茎内，也有产在嫩叶柄或主脉内，卵多为单粒散产，少数为两粒并排。雌成虫产卵时将产卵管插入寄主组织并产卵，组织外表只留下长短不一的两根白色细丝。卵多在夜间孵化。若虫孵化后8小时开始日夜取食，若虫5龄，老熟若虫多在夜间羽化。

防治方法

参考茶角盲蝽。

（五）短肩棘缘蝽 *Cletus pugnator* (Fabricius, 1787)

发生为害

短肩棘缘蝽属半翅目（Hemiptera）缘蝽科（Coreidae）。在中国腰果种植区发生为害。除为害腰果外，还为害水稻、桑、铁苋菜、莲子草、玉米、大豆等。短肩棘缘蝽主要以成虫和若虫在腰果嫩叶和嫩梢上取食汁液。

形态特征

成虫体长7.0～8.5毫米，宽2.5～3.0毫米，体暗黄色。触角第一节短于第三节，第四节色较深。前胸背板前、后部几乎呈同一色，侧角刺短，侧角间宽度小于体长的1/2。前翅革片端部带红色，内角翅室内的白斑清晰。

短肩棘缘蝽成虫

生活习性

1年发生3代。成虫将卵产于腰果叶片或茎干上。卵期6～11天，若虫期22～50天，成虫寿命为18～25天。

防治方法

农业防治：科学施肥，合理灌溉，增施有机肥或改良土壤，增强腰果植株抵抗力。

及时铲除田间及周边的杂草，避免其成为短肩棘缘蝽的过渡寄主。果实收获后，清理田间及周围的杂草和枯枝落叶，及时堆沤或焚烧，降低虫源基数。

生物防治：注意保护蜘蛛、螳螂、蜻蜓、黑卵蜂、跳小蜂等自然天敌，可降低短肩棘缘蝽种群数量。

化学防治：有效化学药剂有10%吡虫啉可湿性粉剂3 000～3 500倍液、5%啶虫脒乳油2 000～3 000倍液、3%阿维菌素乳油3 000～5 000倍液、2.5%高效氯氟氰菊酯乳油2 000～3 000倍液、20%氰戊菊酯乳油2 000～3 000倍液。

（六）叶足缘蝽　*Leptoglossus gonagra* (Fabricius, 1775)

发生为害

叶足缘蝽属半翅目（Hemiptera）缘蝽科（Coreidae）。在中国、越南、泰国、印度、莫桑比克、坦桑尼亚、科特迪瓦、巴西等腰果种植区发生为害。除为害腰果外，还为害玉米、百香果、鳄梨、芒果、可可、柑橘、番石榴、大豆和黄瓜等。叶足缘蝽主要以成虫和若虫取食为害腰果嫩叶和嫩梢，为害严重时可导致嫩叶和嫩梢枯萎。

形态特征

成虫体长17～23毫米，雌成虫较大，体为黑褐色至黑色，头部小，头基部左右各有1个橙斑。前胸背板近前缘有1条橙色细带，侧角尖突。革质翅有1个橙斑。体背具细微的刻点，腹背板外露，具7个橙色横斑。触角黑色，末节或末3节具黄斑。后足胫节扁平如叶状。

低龄若虫红色，前胸背板黑色，腹部侧缘具黑色棘刺，腹背中央有2个黑色斑，各足黑色。

叶足缘蝽初龄若虫

叶足缘蝽老龄若虫背面

叶足缘蝽老龄若虫侧面

叶足缘蝽成虫

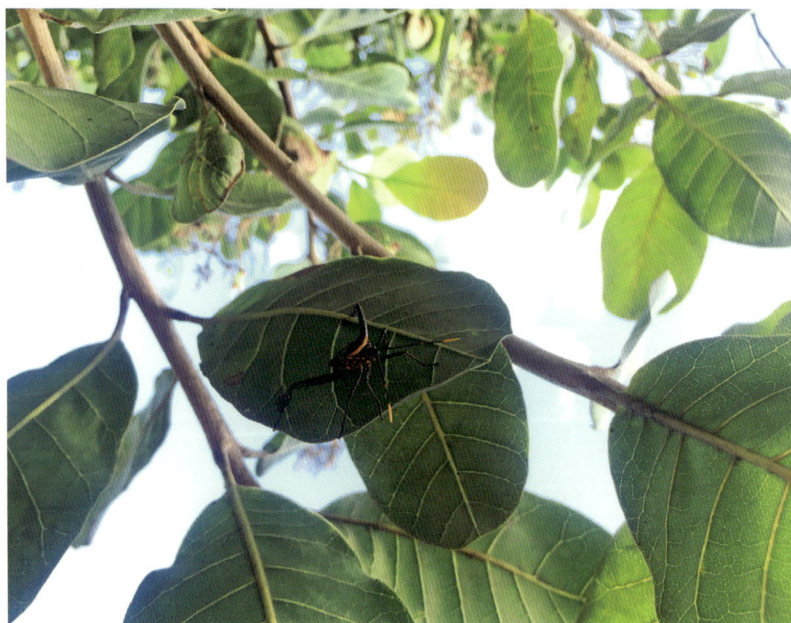

叶足缘蝽为害叶片

生 活 习 性

雌成虫将卵产在腰果嫩梢上,每次可产卵约60个,卵1周后孵化。若虫5龄,发育周期约为50天,喜群居。

防 治 方 法

参考短肩棘缘蝽。

（七）喙副黛缘蝽　*Paradasynus longirostris* Hsiao, 1965

发生为害

喙副黛缘蝽属半翅目（Hemiptera）缘蝽科（Coreidae）。在中国、泰国等腰果种植区发生为害。除为害腰果外，还为害荔枝、龙眼、楝树等。喙副黛缘蝽以成虫和若虫刺吸为害腰果嫩叶、嫩梢和幼果。

形态特征

成虫体长18～21毫米，背面近黄褐色，腹面两侧各有8个黑色斑点，前胸及腹部后方2个较小。喙4节，长8～9毫米，喙端为黑色，伸达身体腹面一半以内。触角细长，16～18毫米，4节，黄褐色带红色，第二、三节端末黑褐色，第四节基部有一细小瘤结，第四节长6毫米，基部暗褐色，靠基部的1/3淡黄色，靠端部的2/3黑褐色。体腹面为浅黄绿色，腹部背面红色。复眼红黑色，单眼红色。前胸背板侧缘黑色。小盾片呈三角形，不超爪区。前翅稍超过腹部末端，革片脉纹带红色，膜片暗色，翅脉整齐，部分顶端分叉。胸背及爪片密布刻点。足细长，淡黄褐色稍带红色，跗节3节，具双爪。

卵扁椭圆形，长1.8～1.9毫米，初产时淡黄褐色，后为紫褐色。卵粒背中脊及侧缘略见菱角，卵壳腊质有光泽，卵面密被六角形网纹。

若虫共5龄。若虫体长2.5～16.0毫米，从初龄至四龄体色为淡红色至红色，尤其腹部体色明显。一至三龄若虫腹部后缘向前弯曲，与头胸部形成舟状。一龄若虫的喙伸至腹部末端，二龄若虫的喙伸至腹末或略长于腹末。一至三龄若虫触角的第二、三节，及四龄若虫的第三节都不同程度地向左右扩展，五龄若虫与成虫的触角趋于一致。第四、五龄若虫翅芽明显，前后翅芽重叠。

喙副黛缘蝽成虫背面

喙副黛缘蝽成虫侧面

生活习性

1年发生2～3代。卵产在腰果叶片上，以叶背为多，一般产成规则排列的卵块，每个卵块35～60粒卵。卵期6～10天。若虫期20～40天，一至三龄若虫群集于嫩叶或果梨吸取汁液。低龄若虫动作非常迅速，受惊立刻分散，横着走动，四龄开始分散为害。成虫与若虫在8时至10时及15时至17时取食最盛，中午太阳强烈时隐藏于腰果树荫蔽处。

防治方法

参考短肩棘缘蝽

(八) 瘤缘蝽 *Acanthocoris scaber* (Linnaeus, 1763)

发生为害

瘤缘蝽属半翅目（Hemiptera）缘蝽科（Coreidae）。在中国腰果种植区发生为害。除为害腰果外，还为害辣椒、马铃薯、番茄、茄、蚕豆等。瘤缘蝽主要以成虫和若虫刺吸为害腰果嫩叶、嫩梢和果实。

形态特征

成虫体长11.0～13.5毫米，宽4.0～5.1毫米，深褐色，密被短刚毛及大小不一的颗粒。头较小，触角第二节最长，第四节最短，各节刚毛较粗硬。复眼黑色，喙黄褐色。前胸背板后侧具大小不一的齿，后半段齿粗大，尖端略向后指，前胸背板散生显著的瘤突，侧角向后斜伸，尖而不锐。前翅外缘基半段毛瘤显著，排成纵行，膜质部黑褐色，基部内角黑色，中区隐约可见数个黑点。胸部臭腺孔上下缘呈片状突起。腹背橘黄色，侧接缘各节基部黄色，体下稍带棕色，密被棕黄色绒毛，尤以胸部更甚，腹面侧缘具黄白色斑。各足胫节基部有一黄白色半环圈，后足腿节膨大，内侧端半段具3刺，外侧顶端具一粗刺。

卵长约1.5毫米，宽约1毫米，初产时金黄色，后呈红褐色。底部平坦，长椭圆形，背部呈弓形隆起。卵壳表面光亮，细纹极不明显。

若虫共5龄。一龄体长约22.2毫米，宽0.8～1.0毫米，体扁，形若蚁，头背面灰白色；触角黑褐色，细长，密被白色或褐色刚毛及毛瘤；复眼红色；喙第一节及第二节基部白色，其余各节黑色；胸背灰黑色，中线白色，胸侧及足红棕色，足被白色或褐色刚毛及毛瘤，各足腿节末端白色，具一黑刺；腹部绿色或黄绿色，毛瘤及刚毛较多，背面毛瘤横列成行，有细横纹，红色；腹背四至五节间及五至六节间各有1个黄色大瘤突，其上各生臭腺孔1对。二龄体长2.6～3.0毫米，宽约1毫米左右，密被白色细毛、毛瘤及刺，触角、喙、足初蜕皮时为红棕色，后变棕黑色，复眼暗红色；胸背侧缘延展呈片状，白色，上翘，末端具刺；腹背大瘤突棕黑色。四龄体长6～7毫米，宽2～3毫米，褐色，密被白色细毛，尤以背面更多，有棕色小圆斑，以腹面更密且清楚；头基半部黑褐色，胸背侧缘白边更宽，前胸前缘白色，翅芽伸达第一腹节；腹侧缘各节后缘有1个褐色点斑。五龄体长8～9毫米，宽3～4毫米，全体密被黄色细绒毛，从头至腹末纵贯一白色细线，触角黑褐色，前胸背板前缘及侧缘黄白色，翅芽伸达第三腹节；足黑褐色，腿节膨大，具刺和颗粒，外侧顶端具一粗刺，胫节基部两侧有1个黄斑；腹部黄褐色，胸背、腹部背面第三至四节间及四至五节间黑褐色，侧接缘各节具刺。

瘤缘蝽成虫

生活习性

1年发生约2代。成虫无趋光性，喜阴畏光，白天活动，尤以晴天中午活动最盛，夜晚及阴雨天活动较少。一头雌成虫可产卵15块，一生可产卵198～611粒，每块卵有几粒至几十粒不等，一般15～30粒，卵粒分布稀疏且均匀。卵期为12～17天，多为15天，孵化率非常高。卵多在中午以前孵化，初孵若虫先在卵壳附近静息，数十分钟后群集于叶背主脉附近取食，受惊后迅速散开。成虫寿命短者3～4天，长者40～50天，雌成虫寿命长于雄成虫。

防治方法

参考短肩棘缘蝽。

（九）小棒缘蝽 *Gralliclava horrens* (Dohrn, 1860)

发生为害

小棒缘蝽属半翅目（Hemiptera）缘蝽科（Coreidae）。在中国、越南、缅甸、印度、斯里兰卡等腰果种植区发生为害。除为害腰果外，还为害水稻、花生、假地豆等。小棒缘蝽主要以成虫和若虫刺吸为害腰果叶片。

形态特征

成虫体长7～8毫米，宽约4毫米，长形，多瘤状突起，棕红色，头顶突出。头、胸部具淡黄色细绒毛，组成不规则的斑纹。复眼深棕红色，单眼红色。触角污黄色，第一节较粗，最长，第二节短于第四节，第四节纺锤形。喙末端黑色。前胸背板具小的瘤状突起，侧角尖刺状，甚突出，刺体端部黑色，向上翘起。前胸背板后缘在小盾片基部两侧各有一刺突，呈新月形。侧角与后缘刺突之间的边缘有颗粒状小突起。小盾片中部向上鼓起，末端色淡，中央有一淡白色纵纹。前翅革质部半透明，有黄褐色刻点，顶角色较深，呈褐黄色至棕红色。侧接缘各节后角呈刺状突出，刺端黑色，第四、五节除基部为污黄色外，其余为棕红色或棕褐色。头下中央、中胸和后胸腹板、腹部腹板上的花纹黑色。后足腿节膨大，棕褐色，腹面具长刺2根，长刺间及端部有小刺若干，排成一列。

小棒缘蝽成虫侧面

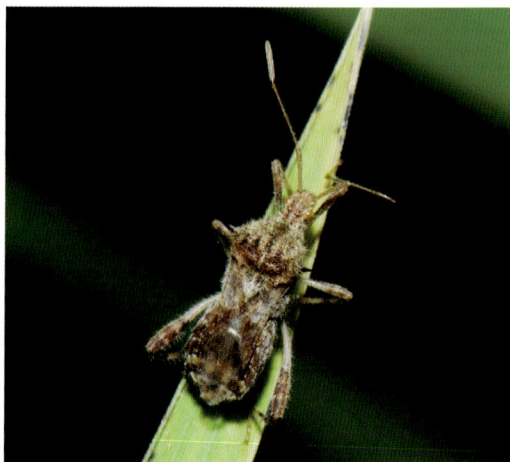

小棒缘蝽成虫背面

生活习性

1年发生约3代。雌成虫将卵产于腰果叶片或嫩梢上，卵期约为7天。

防治方法

参考短肩棘缘蝽。

（十）犹希缘蝽　*Eohydara fulviclava* Bergroth, 1925

发生为害

犹希缘蝽属半翅目（Hemiptera）缘蝽科（Coreidae）。在中国腰果种植区发生为害。除为害腰果外，还为害芒果等。犹希缘蝽主要以成虫和若虫刺吸为害腰果叶片和嫩梢。

形态特征

成虫体长11～12毫米，浅绿色。触角4节，黑褐色，末端橙黄色。前胸背板密被刻点，侧角尖刺状，端部黑色。前翅伸达腹末，褐色，近内角翅室内有一黑褐色斑点。腿节和胫节浅褐色，腿节端部橙黄色。

犹希缘蝽成虫侧面

犹希缘蝽成虫背面

生活习性

1年发生约3代。雌成虫将卵产于腰果叶片上，卵聚集成块。

防治方法

参考短肩棘缘蝽。

（十一）稻绿蝽 *Nezara viridula* (Linnaeus, 1758)

发生为害

稻绿蝽属半翅目（Hemiptera）蝽科（Pentatomidae）。在中国、印度等腰果种植区发生为害。除为害腰果外，还为害水稻、番茄、马铃薯、白菜、甘蓝等。稻绿蝽主要以成虫和若虫刺吸为害腰果嫩叶、嫩梢、幼嫩果梨和坚果。

形态特征

成虫全绿型，体长12～16毫米，宽6.0～8.5毫米。长椭圆形，青绿色，腹下色较淡。头近三角形，触角5节，基节黄绿色，第三、四、五节末端棕褐色。复眼黑色，单眼红色。喙4节，伸达后足基节，末端黑色。前胸背板边缘黄白色，侧角圆，稍突出。小盾片长三角形，基部有3个横列的小白点，末端狭圆，超过腹部中央。前翅稍长于腹末。足绿色，跗节3节，灰褐色，爪末端黑色。腹下黄绿色或淡绿色，密布黄色斑点。黄肩型成虫头部前段及前胸背板两侧角间之前为黄色，其余部分青绿色。点绿型成虫橙黄色至黄绿色，前胸背板前部中央和小盾片基部各具3个绿斑，小盾片基部和前翅革片端部中央各具1个绿斑。

卵杯形，长约1.2毫米，宽约0.8毫米，初产时黄白色，后转红褐色，顶端有盖，周缘白色，精孔突起呈环状，24～30个。

一龄若虫体长1.1～1.4毫米，腹背中央有3块排成三角形的黑斑，后期黄褐色，胸部有一橙黄色圆斑，第二腹节有一长形白斑，第五、六腹节近中央两侧各有4个黄色斑，排成梯形。二龄若虫体长2.0～2.2毫米，黑色，前、中胸背板两侧各有1个黄斑。三龄若虫体长4.0～4.2毫米，黑色，第一、二腹节背面有4个长形的横向白斑，第三腹节至末节背板两侧各具6个白斑，中央两侧各具4个白斑。四龄若虫体长5.2～7.0毫米，头部有倒T形黑斑，翅芽明显。五龄若虫体长7.5～12.0毫米，绿色为主，触角4节，单眼出现，翅芽伸达第三腹节，前胸与翅芽散生黑色斑点，外缘橙红色，腹部边缘具半圆形红斑，中央也具红斑，足赤褐色，跗节黑色。

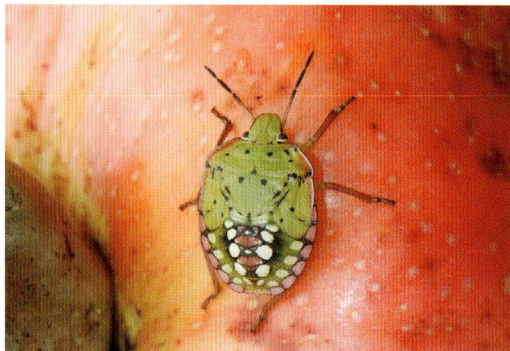

稻绿蝽若虫

稻绿蝽成虫背面

稻绿蝽成虫侧面

稻绿蝽成虫交尾

生活习性

1年发生5代。卵成块产于寄主叶片上，每块60～70粒，规则地排成3～9行。一至二龄若虫有群集性。成虫和若虫有假死性。成虫有趋光性和趋绿性。

防治方法

农业防治：清除果园及其周边的杂草，及时堆沤或销毁。人工摘除卵块或若虫团。利用成虫的假死性，在早上或傍晚突然摇树捕杀坠落的成虫。

生物防治：注意保护平腹小蜂、跳小蜂等自然天敌，也可应用球孢白僵菌、金龟子绿僵菌等生物农药防控稻绿蝽。

化学防治：在低龄若虫发生盛期，应用化学药剂喷雾防治。每隔5～7天喷药1次。有效化学药剂有90%敌百虫可溶粉剂800～1 000倍液、4.5%高效氯氰菊酯乳油1 000～1 500倍液、2.5%高效氯氟氰菊酯乳油2 000～3 000倍液、2.5%溴氰菊酯乳油1 000～1 500倍液、20%甲氰菊酯乳油1 000～1 500倍液、25%噻虫嗪水分散粒剂3 000～3 500倍液。

（十二）麻皮蝽　*Erthesina fullo*（Thunberg, 1783）

发生为害

麻皮蝽属半翅目（Hemiptera）蝽科（Pentatomidae）。在中国、印度等腰果种植区发生为害。除为害腰果外，还为害柑橘、甘蔗、大豆、枇杷、梨、桃、苹果、蓖麻、泡桐、油桐、海棠、葡萄、石榴、番石榴等。麻皮蝽主要以成虫和若虫刺吸为害腰果叶片。

形态特征

雌成虫体长19～23毫米，雄成虫体长18～21毫米，体黑褐色，密布黑色刻点和细碎不规则黄斑。头部较狭长，侧叶与中叶末端约等长，侧叶末端狭尖。触角黑色，第一节短而粗大，第五节基部1/3为浅黄白色或黄色。喙淡黄色，末节黑色，伸达腹部第三节后缘。头部前端至小盾片基部有1条明显的黄色细中纵线。前胸背板前缘和前侧缘具黄色窄边，前侧缘半部略呈锯齿状，侧角三角形，略突出。腹部侧接缘各节中间具小黄斑，腹面黄白色，节间黑色，两侧散生若干黑色刻点，气门黑色，腹面中央具1条纵沟，长达第六腹节。各腿节基部2/3浅黄色，两侧及端部黑褐色，胫节黑色，中段具淡绿色带白色环斑。

卵馒头形或杯形，直径约0.9毫米，高约1毫米，初产时乳白色，渐变淡黄色或橙黄色，顶端有一圈锯齿状刺。聚生排列成卵块，每块为12粒。

初孵若虫体椭圆形，黑褐色，体长1.0～1.2毫米，宽0.8～0.9毫米。胸部背面中央有淡黄色纵线。老龄若虫体似成虫，黑褐色，密布黄褐色斑点。

麻皮蝽若虫

麻皮蝽成虫

生活习性

1年发生3代。卵期4～7天，若虫期21～33天，完成1代需25～40天。成虫寿命最短的11～17天，最长的21～29天。若虫共五龄，初孵若虫先群集静伏在卵块附近，经5～10小时后开始就近取食，一至二龄若虫具群集习性，三龄开始离群分散活动。羽化后成虫原地静伏或向枝干作短距离爬行，待翅展完全后即可飞行或取食为害，取食腰果树嫩梢、叶片、果梨汁液。交配后的雌成虫1～2天开始产卵，雌成虫一生产卵126～173粒，卵多产在腰果树叶片背面或嫩枝的芽眼处，卵排列整齐，聚集成卵块。成虫飞翔力较强，具群集习性，喜在向阳的树冠中、上部位栖息。日落后成虫、若虫开始移至枝叶浓密、干燥的叶片背面隐蔽。

防治方法

参考稻绿蝽。

（十三）茶翅蝽 *Halyomorpha halys* (Stål, 1855)

发生为害

　　茶翅蝽属半翅目（Hemiptera）蝽科（Pentatomidae）。在中国腰果种植区发生为害。除为害腰果外，还为害油茶、大豆、梨、苹果、桃、杏、柑橘、柿、石榴、山楂、榆树、梧桐、桑、刺槐、丁香、山楂、海棠、菜豆、油菜、枸杞等。茶翅蝽主要以成虫和若虫刺吸为害腰果叶片、嫩梢或果梨。

形态特征

　　成虫体长12～16毫米，宽6.5～9.0毫米，身体扁平略呈椭圆形。不同个体体色差异较大，呈茶褐色、淡褐色或灰褐色略带红色，具有黄色的深刻点或金绿色闪光的刻点，或体略具紫绿色光泽。头部向前方突出。单眼红色。触角5节，黑色，第四节的两端及第五节的基部黄白色。口器黑色，先端可达第一腹节的腹板。前胸背板前缘具有4个黄褐色小斑点，呈一横行排列，大部分个体小盾片基部具有5个淡黄色斑点，其中位于两端角处的2个较大。腹侧各节均有黑色斑纹。体背密布黑色小刻点。腹面黄褐色或灰红色。足淡褐色。

　　卵为短圆筒形，顶端平坦，中央略鼓，周缘生短小刺毛。长0.9～1.2毫米，宽约0.45毫米，初产时为淡青色，近孵化时为深黄色。有卵盖，盖缘白色。

茶翅蝽成虫

　　若虫5龄。一龄体长约为4毫米，淡黄色，头部黑色。二龄体长约5毫米，淡褐色，头部黑褐色，腹部背面出现2个臭腺孔。三龄体长约8毫米，棕褐色。四龄体长约为11毫米，茶褐色，翅芽达到腹部第三节。五龄体长约为12毫米，腹部呈茶褐色。

生活习性

　　1年发生5～6代。卵产于腰果叶片背面，呈块状，每块卵27～30粒。卵期6～9天，若虫期40～65天。初孵化的若虫均头向里尾向外围绕卵壳整齐排一圈，3～5天不食不动，从二龄开始为害。受到干扰或惊吓后若虫和成虫均有假死性，并且喷出难闻的气味，老熟若虫还可排泄蜜露。

防治方法

参考稻绿蝽。

（十四）中华岱蝽 *Dalpada cinctipes* Walker, 1867

发生为害

中华岱蝽属半翅目（Hemiptera）蝽科（Pentatomidae）。在中国腰果种植区发生为害。除为害腰果外，还为害泡桐、油茶、枇杷等。中华岱蝽主要以成虫和若虫刺吸为害腰果叶片和果梨。

形态特征

成虫长16～17毫米，宽8毫米左右。体背紫褐色至紫黑色或绿黑色，略具光泽。体腹面除头及胸部侧方为黑色外，余均为淡黄褐色。头长略大于宽，侧叶前端圆，侧缘近端处的突起较宽阔且斜外伸，侧叶与中叶等长。触角第四、五节基部淡黄白色或淡黄褐色，其余均为黑色，第三节最长，第二、四、五节约等长。前胸背板前半部分绿黑色，上有隐约的纵中脊，后半部分隐约有4条绿黑色纵纹；胝后横列4个小黄白点，前侧缘前部略外拱，锯齿细碎不整齐，侧角尖，略呈结节状，小盾片基部黑紫色，基角有大而圆的黄斑，革质部灰黄褐色，中部及端部处常呈紫红色，具不规则的黑斑。中胸腹板黑色，各足腿节基半部黄褐色，端半部具黑褐色斑块，胫节两端黑色，中段具黄环，跗节黄色，末端黑色。侧接缘黄黑相间，腹部腹面各节侧缘具黑带，其上各具1个大黄斑，基部有短沟，伸达第三可见腹节。

中华岱蝽成虫背面

中华岱蝽成虫侧面

生活习性

1年发生约3代。雌成虫将卵产于腰果叶片背面。低龄若虫有群集性。高温高湿有助于中华岱蝽的发生为害。

防治方法

参考稻绿蝽。

（十五）斯氏珀蝽 *Plautia stali* Scott, 1874

发生为害

斯氏珀蝽属半翅目（Hemiptera）蝽科（Pentatomidae）。在中国、越南、柬埔寨、泰国、缅甸等腰果种植区发生为害。除为害腰果外，还为害梓、女贞、大豆、泡桐、柑橘、桃、梨等。斯氏珀蝽主要以成虫和若虫刺吸为害腰果叶片和果梨。

形态特征

雄成虫体长为8～11毫米，前胸背板宽为5.8～6.8毫米；雌成虫体长为9.5～12.5毫米，前胸背板宽为6～7毫米，虫体绿色光亮。前胸背板前侧缘具黑褐色细纹，与中胸小盾片、前翅革质区和头顶一样具有与体同色的刻点。前翅内革片紫褐色，有些个体内革片带淡黄绿色。腹部腹板绿色，各节后侧角具边缘清晰的小黑斑。触角一、二节绿色，三、四、五节端部黑褐色或褐色。胸足绿色，胫节端部带黄褐色，跗节黄褐色。

初产卵乳白色，后颜色渐渐变暗呈污白色。

一龄若虫体长1.1～1.2毫米，宽0.8～0.9毫米；体卵圆形，光亮；头、触角、胸及胸足褐色，腹部淡黄绿色，腹节背中部具黑褐色横带状斑；胸部背板无刻点。二龄若虫体长2.0～2.5毫米，宽1.1～1.3毫米，体光亮；头、胸黑褐色，头顶前端过渡为黄褐色；触角一至三节黄褐色，第四节褐色；胸部各节侧缘具黄白色透明斑，斑外侧缘黑褐色，呈微小锯齿状突起；腹部黄绿色，背中部具3个大型横带状斑块，各节侧缘具褐色斑；头部及前胸背板着生密而明显的刻点。三龄若虫体长3.0～3.5毫米，宽1.8～2.0毫米；体光亮；头、胸部黑褐色，头顶中叶前端和两侧叶黄褐色或黄绿色；触角一至三节黄褐色，第四节黑褐色；前、中胸侧缘具黄褐色或黄绿色斑，外侧边缘呈微锯齿状；前、中胸背板中部各具3个黄褐色斑，中、后胸背板两侧微隆起，为翅芽发生处；腹部较高隆，淡黄绿色或黄褐色，背中部具3个大型黑色横带状斑块，该区域内着生明显的刻点，各腹节两侧缘具斑，斑的边缘黑褐色。四龄若虫体长6～7毫米，宽3～4毫米；头顶中叶基半部黑褐色区域的中央具一黄褐色较光亮纵斑，刻点稀疏；触角黄褐色，第三节端半部和第四节褐色；前、中胸背板中部各具3个黄褐色斑，中胸翅芽黑褐色，其基部具一黄褐色小斑。五龄若虫体长9～10毫米，宽7～8毫米；头顶中叶基半部的黑褐色区域被中央1条淡黄褐色纵带纹分隔成左、右2条黑纵带纹，头侧叶淡黄褐色或淡黄绿色；前胸背板具3个黄褐色斑块，后侧角各具一淡黄褐色斑；中胸小盾片具3个斑，中斑纵贯小盾片基部至端部或亚端部；前、后翅芽后缘褐色，前翅芽从基部伸出2条黑褐色纵带纹，向端部渐窄细且终止于翅芽中部。

斯氏珀蝽成虫

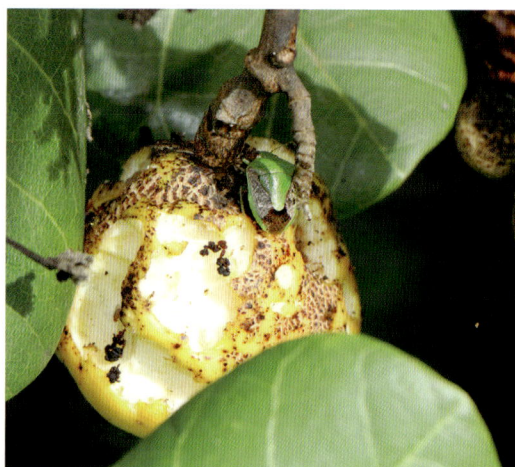

斯氏珀蝽为害果梨

生活习性

1年发生3代。成虫初羽化体色浅淡，2～3小时后变为绿色。雌成虫一生至少交尾2次，交尾7～10天产卵，可产卵块2个，寿命20～30天，雄成虫交尾后2～3天死亡。成虫有趋光性。

防治方法

参考稻绿蝽。

（十六）二星蝽 *Eysarcoris guttigerus* (Thunberg, 1783)

发生为害

二星蝽属半翅目（Hemiptera）蝽科（Pentatomidae）。在中国腰果种植区发生为害。除为害腰果外，还为害水稻、高粱、玉米、甘蔗、大豆、棉花、芝麻、花生、桑、无花果等。二星蝽主要以成虫和若虫刺吸为害腰果叶片、嫩梢和果梨，被害组织出现黄褐色斑点，严重时嫩梢枯萎，叶片变黄。

形态特征

雌成虫体长5.2～5.5毫米，宽3.6～3.8毫米；雄成虫体长4.5～5.3毫米，宽3.3～3.8毫米。体卵圆形，黄褐色或黑褐色，全身密被黑色刻点。头部黑色，侧叶和中叶等长。触角黄褐色，第五节黑褐色。复眼黑褐色且突出。喙黄褐色，末节黑色，达第二可见腹节的中部。前胸背板侧角稍突出，末端圆钝，黑色；侧缘有略卷起的黄白色狭边。小盾片舌状，长达腹末前端，两基角处各有1个黄白色的星点。翅达于或稍长于腹末。腹背污黑色，侧接缘外侧黑白相间；腹部腹面漆黑色，发亮，侧区淡黄色，

二星蝽成虫

密布黑色小刻点，其淡黄色部分面积大小不一，变化颇大。足黄褐色，具黑点，跗节褐色。

卵长0.72～0.74毫米，宽0.70～0.72毫米。近圆形，初产时淡黄色，中期灰黄褐色，近孵时为红褐色。卵壳网状，密被黑色刚毛。卵盖周缘具20～23枚白色小突起。

若虫形似成虫，但触角为4节。第一龄近圆形，头胸漆黑色，腹部赤黄色。之后体渐变卵圆形，头胸浅褐色，腹部淡黄褐色。三龄起翅芽逐渐显现，四龄翅芽达第一可见腹节后缘，五龄则达第三可见腹节前缘。

生活习性

1年发生约5代，世代重叠。成虫和若虫喜荫蔽，遇惊即落地面。成虫具有弱趋光性。多在下午或晚间产卵，产于腰果叶背，也有产在嫩茎上，每处4～12粒，排成1～2纵行或不规则，少数散生。单雌产卵量为76～110粒。

防治方法

参考稻绿蝽。

（十七）异稻缘蝽　*Leptocorisa acuta* (Thunberg, 1783)

发生为害

异稻缘蝽属半翅目（Hemiptera）蛛缘蝽科（Alydidae）。在中国、印度等腰果种植区

发生为害。除为害腰果外，还为害水稻、小麦、甘蔗、芒果、番石榴、菠萝蜜、柑橘、胡椒等。异稻缘蝽主要以成虫和若虫吸食腰果嫩叶、嫩梢和幼果汁液。

形态特征

成虫体长15～17毫米，宽2.3～3.2毫米，茶褐色带绿色或黄绿色。头部向前伸出，头顶中央有一短纵凹。触角细长，共4节，第一、四节淡褐红色，二、三节端部带黑色，第一节端部略膨大，略短于头胸长度之和。喙4节，黑褐色，伸达中足基节间，第三、四节等长。前胸背板长略大于宽，满布深褐色刻点，正中央有一刻点稀小的纵纹。小盾片呈长三角形。足细长，淡黄褐色稍带绿色。前翅革质部前缘绿色，其余茶褐色，膜质部深褐色。雄成虫的抱握器基部宽，端部渐尖削且略弯曲。

卵椭圆形，长约1.2毫米，底圆面平，无明显的卵盖，前端有1个小白点。初产时淡黄褐色，中期赤褐色，后期黑褐色，并有光泽。

异稻缘蝽成虫背面

异稻缘蝽成虫侧面

若虫5龄。末龄若虫体长14～15毫米，翅芽达第三腹节后缘，嗅腺扁圆形带红色。

生活习性

1年发生约5代，世代重叠。卵期约8天，若虫期15～29天。成虫寿命60～90天。成虫飞翔能力强，多在夜晚羽化、白天交配，昼夜都产卵。产卵期11～19天，每头雌成虫产卵76～182粒，产卵适宜温度为27～28℃。卵产于腰果叶片上，常呈条状排列，每条7～23粒，也有单产。

防治方法

农业防治：结合清园，清除田间杂草，破坏该虫的栖息场所，降低虫源。
物理防治：利用频振式杀虫灯或黑光灯诱杀成虫。

　　生物防治：异稻缘蝽的天敌有蜘蛛、蚂蚁、瓢虫、黑卵蜂等，应注意保护利用。

　　化学防治：在低龄若虫期，可用80％敌敌畏乳油1 500～2 000倍液、40％毒死蜱乳油1 500～2 000倍液、2.5％溴氰菊酯乳油3 000～4 000倍液或90％敌百虫可溶粉剂1 000～1 500倍液喷雾防治。

（十八）条蜂缘蝽　*Riptortus linearis* (Fabricius, 1775)

发生为害

　　条蜂缘蝽属半翅目（Hemiptera）蛛缘蝽科（Coreidae）。在中国、印度、缅甸、斯里兰卡、印度尼西亚、马来西亚、菲律宾等腰果种植区发生为害。除为害腰果外，还为害大豆、豇豆、菜豆、龙眼、咖啡、百香果、甘蔗、柑橘、水稻、玉米、高粱等。条蜂缘蝽主要以成虫和若虫刺吸嫩梢、嫩叶汁液，影响腰果长势，也可刺吸为害果梨，为害后在果梨表面留下褐色斑点，被害处果肉局部变软腐烂。

形态特征

　　成虫体长13.2～14.8毫米，宽3.2～3.3毫米，体狭长，浅棕色。头在复眼前部呈三角形，后部细缩如颈。复眼大而突出，黑色。单眼突出，红褐色。触角4节，第一节长于第二节，第四节长于第二、三节之和，第二节最短。前胸背板向前下倾，前缘具领片，后缘呈2个弯曲。头、胸两侧的黄色斑纹呈条状。后胸腹板后缘极窄，几乎呈角状。臭腺道长且向前弯曲，几乎达于后胸侧板的前缘。前翅革片前缘的近端处稍向内弯。腹部第一节较其余节窄。后足腿节基部内侧有1个显著的突起，腿节腹面具黑刺，胫节稍弯曲，其腹面顶端具齿1个；雄成虫后足腿节粗大。

　　卵长1.3～1.4毫米，宽0.9～1.0毫米，半卵圆形，正面平坦，附着面弧状。初产时暗蓝色，渐变黑褐色，近孵时黑褐色微显紫红色。卵壳表面散生少量白粉，略有金属光泽。假卵盖位于正面的一端，周缘有5～7个精孔突。

　　若虫一至四龄体似蚂蚁，腹部膨大，但第一腹节小；五龄狭长，全身密被白色绒毛。一龄体长2.5～2.7毫米、宽0.6毫米左右，紫褐色或褐色；头大而圆鼓；触角长于体长，第一至三节黄色，第四节黄褐色；中、后胸两侧稍卷起；胸部长度约为腹部长度的1.5倍；腹部背面第三、四节和第四、五节节间中央各具1对突起的臭腺孔。二龄体长4.2～4.4毫米，宽1.1毫米左右；头在眼前部分呈三角形，眼后部分变窄；复眼紫色，稍突出；触角略长于体；胸部背面中央有1条黄白色纵隆线；胸部与腹部约等长。三龄体长6.2～6.5毫米，宽2毫米左右；复眼突出，黑褐色；触角长度约等于体长；胸部长度略短于腹部长度；前胸背板侧角刺状，后胸后缘中央有1个紫红色直立刺；前翅芽初露。四龄体长9.1～9.8毫米，宽3.2毫米左右，体灰褐色；触角短于体长；胸部长度显著短于腹部长度；前胸背板后部向上呈片状翘起，边缘紫色；小盾片初现；前翅芽达后胸后缘。五

条蜂缘蝽成虫背面

条蜂缘蝽成虫侧面

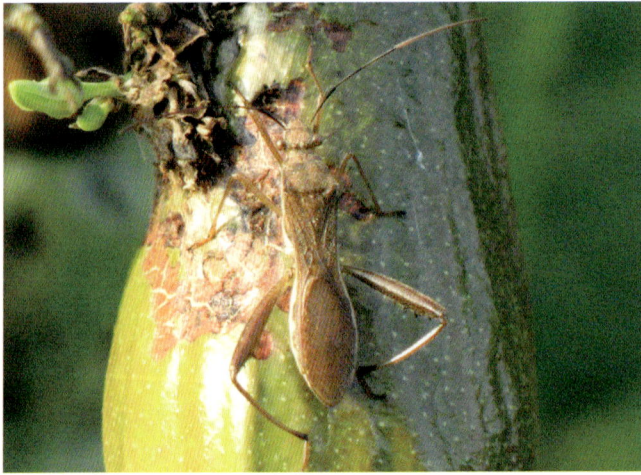

条蜂缘蝽为害果梨

龄体长10.0～11.3毫米，宽2.5～2.7毫米，灰褐或黑褐色；前胸背板后部呈片状翘起，后缘中央向前呈2个小弯曲；小盾片明显；前翅芽达第二腹节的中部；后足腿节腹面具刺1列。

生活习性

1年发生3代。成虫和若虫白天极为活泼，早晨和傍晚稍迟钝，阳光强烈时多栖息于腰果叶背。初孵若虫在卵壳上停息半天后即可开始取食。成虫交尾多在上午进行，每次交尾持续时间35分钟至2小时。卵多产于叶柄和叶背，少数产在叶面和嫩茎，散生，偶尔聚产成行。雌成虫每次产卵5～14粒，多为7粒，一生可产卵14～35粒。

防治方法

参考异稻缘蝽。

（十九）离斑棉红蝽　*Dysdercus cingulatus*（Fabricius, 1775）

发生为害

离斑棉红蝽属半翅目（Hemiptera）红蝽科（Pyrrhocoridae）。在中国、印度等腰果种植区发生为害。除为害腰果外，还为害棉花、甘蔗、玉米、灯笼果、烟草等。离斑棉红蝽主要以成虫和若虫刺吸为害腰果嫩叶和果梨。

形态特征

成虫体长12～18毫米，宽3.5～5.5毫米。头、前胸背板、前翅赭红色。触角4节，黑色，第一节基部朱红色，较第二节长。喙4节，红色，第四节端半部黑色，伸达第二或第三腹节。小盾片黑色，革片中央具一椭圆形大黑斑。胸部、腹部腹面红色，仅各节后缘具两端加粗的白横带，各足基节外侧有弧形白纹。

卵长1.1毫米左右，椭圆形，黄色，表面光滑。

初孵若虫黄色，12小时后变红，喙达第一腹节。三龄后长出翅芽，背面生红褐斑3个，两侧有白斑3个。五龄体长8～10毫米，颈白色，翅芽达第一腹节，腹面色与成虫相似。

离斑棉红蝽成虫

生活习性

羽化10天后成虫开始交配，每次交配历时60～100小时，个别长达12天。交配后10多天才产卵，产卵1～3次，一般20～30粒一堆，产在土缝、枯枝落叶下或根际土表下，卵期6～7天。若虫5龄，若虫期15天左右，喜群集。初孵若虫先在杂草根际群集，后转移到腰果上。成虫不善飞行，但爬行迅速。

防治方法

参考异稻缘蝽。

（二十）短角瓜蝽 *Megymenum brevicorne* (Fabricius, 1787)

发生为害

短角瓜蝽属半翅目（Hemiptera）兜蝽科（Dinidoridae）。在中国腰果种植区发生为害。除为害腰果外，还为害佛手瓜、丝瓜等。短角瓜蝽主要以成虫和若虫刺吸为害腰果嫩叶和果梨。

形态特征

成虫体长11.5 ~ 16.0毫米，宽5.5 ~ 7.5毫米，长椭圆形，棕黑色至深黑色，布同色刻点。头侧叶长于中叶，相接于中叶前方后再分开，侧缘向上翘起，中部凹陷。复眼突出，略具柄，黑色，单眼黑色。触角与体同色，基节圆，第二、三节扁，末节纺锤形，端半部暗棕色。喙黑褐色，伸达中足基节间。前胸背板前、后缘直，前侧角约成直角，前侧缘具2个浅内凹，侧角略突出，表面凹凸不平，前缘中央有一半球状突起。小盾片基部中央呈三角形隆起，近基角处具一斜深凹陷，后半部较平。前翅膜片有白色粉被，不透明。侧接缘外露，每节具2个锯齿状突起，前小后大。腹面及足棕黑色至黑色，各腿节生2列刺突，雌成虫后足胫节内侧有1个长椭圆形海绵窝。

短角瓜蝽成虫

短角瓜蝽若虫被大眼长蝽捕食

生活习性

成、若虫喜荫蔽，白天光强时常躲在叶片背面。低龄若虫有群集性，成虫将卵产在叶背，多呈单行排列，个别为2行，每头雌成虫产卵24 ~ 32粒，一般26粒。卵期8天，若虫期50 ~ 55天，成虫寿命10 ~ 20天。

防治方法

参考异稻缘蝽。

（二十一）亚铜平龟蝽　*Brachyplatys subaeneus* (Westwood, 1837)

发生为害

亚铜平龟蝽属半翅目（Hemiptera）龟蝽科（Plataspidae）。在中国、缅甸、印度、斯里兰卡、泰国、马来西亚等腰果种植区发生为害。除为害腰果外，还为害大豆等。亚铜平龟蝽主要以成虫和若虫群集刺吸为害腰果叶片或果梨。

形态特征

成虫体长5.0～5.8毫米，宽4.0～4.5毫米，卵圆形，黑色，光亮，具浓密的细小刻点。头横宽，宽于前胸背板的1/2，前缘呈宽圆弧形，背面具2条不规则的黄色横带，前边1条宽短，后边1条窄长。复眼棕黄色，从背面看近似三角形。触角黄色，第一节长于第三节的1/2。头下黄色，边缘黑色。喙黄色，4节。前胸背板侧缘具黑色窄边，其内侧为黄色条纹，前端中央有1条呈波状弯曲的黄色条纹，两端向后侧方延伸至前翅基部。小盾片几乎盖住整个腹部，两侧及后缘

亚铜平龟蝽成虫

有双重极细的黄色边缘，雄成虫后缘中央向内弯曲。前翅前缘基部黄色。体下部中央黑色，足黄色，臭腺孔沟顶端具黄色小点。腹部两侧有较窄的辐射状黄色带纹，气门及亚侧缘纵纹黑色。雌、雄成虫除生殖节不同外，雌成虫腹部各节两侧的辐射状黄色带纹较长，而雄成虫的则较短，且在第五节以后消失。

卵长约0.8毫米，宽约0.5毫米，短筒形，顶端具盖，初产时白色，孵化前色变深。

一龄若虫体长约1毫米，初孵时扁平，卵圆形，头灰褐色，胸部及腹部色较淡。二龄体长1.5～1.8毫米，体色较一龄深，头、胸部及腹缘黑色。三龄体长2.1～2.5毫米，体色更黑。四龄体长2.7～3.6毫米，翅芽明显。五龄体长4.3～5.0毫米，黑色，光亮，翅芽伸达第三腹节。

生活习性

1年发生4代，世代重叠。卵产于腰果叶片上，块生，每处25～35粒，排成2列。卵

期约6天，若虫期约40天。初孵若虫群聚于叶片背面，二龄后逐渐分散。成虫扩散能力较强。

防治方法

物理防治：利用白色或黄色诱捕板捕获成虫。

生物防治：保护和利用寄生性天敌，如跳小蜂、细蜂和索科线虫等，也可用球孢白僵菌进行防治。

化学防治：在若虫高发期，用10%吡虫啉可湿性粉剂3 000 ～ 3 500倍液、5%啶虫脒乳油2 000 ～ 3 000倍液、3%阿维菌素乳油3 000 ～ 5 000倍液、2.5%高效氯氟氰菊酯乳油2 000 ～ 3 000倍液等药剂进行防治。

（二十二）筛豆龟蝽 *Megacopta cribraria* (Fabricius, 1798)

发生为害

筛豆龟蝽属半翅目（Hemiptera）龟蝽科（Plataspidae）。在中国腰果种植区发生为害。除为害腰果外，还为害大豆、玉米、枣、苋等。筛豆龟蝽主要以成虫和若虫群集在腰果叶片或果梨上刺吸为害，造成植株营养不良。

形态特征

成虫体近卵圆形，体黄褐色或黄绿色，体背光滑略有光泽，密布黑褐色小刻点。复眼为红褐色。触角为丝状。小盾片发达。雄成虫背板后缘向内凹陷，露出生殖节。雌成虫背板后缘呈圆弧状。雌成虫体型略大于雄成虫。从雌成虫腹面观，腹板中心显黑色，周围为黄褐色。从雄成虫腹面观，第二和第三腹节两侧显黄褐色，其余腹板均显黑色。腹板越靠近生殖节弧度越大。

卵块由两列数量相近的卵粒紧凑排列组成，卵粒底端向内，顶端向外。卵粒略呈圆桶状，一端为假卵盖，微拱起，另一端钝圆。卵粒端部外围呈锯齿状，卵壳表面具多条纵沟。初产卵粒显白色，随发育历期增长卵粒颜色逐渐加深，孵化前显黄褐色，孵化后卵粒再显白色。多数未受精卵的颜色随发育历期增长逐渐加深，显黑色，形态变瘪。

初孵一龄若虫体橘红色，取食1 ～ 2天后体浅黄色。腹背有一"丁"字形纹，密被淡褐色细毛，虫体边缘细毛最长。二龄若虫体浅黄色。一龄和二龄若虫均略呈椭圆形，三龄若虫开始显龟形，体黄绿色。各龄若虫的腹板边缘有圆弧形肉突，且肉突大小随龄期增加逐渐增大。四龄若虫体黄绿色，翅芽显现，初始为浅褐色，后逐渐加深至棕褐色，由第一腹节向后延伸至第二腹节，前胸背板显现小刻点。五龄若虫体黄色，翅芽伸至第三腹节，翅芽显灰褐色，翅芽和前胸背板小刻点密集，侧缘突起。

筛豆龟蝽成虫背面

筛豆龟蝽成虫侧面

生活习性

1年发生3代，世代重叠严重，产卵高峰期为6—9月。

防治方法

参考亚铜平龟蝽。

（二十三）黎黑圆龟蝽　*Coptosoma nigricolor* Montandon, 1896

发生为害

黎黑圆龟蝽属半翅目（Hemiptera）龟蝽科（Plataspidae）。在中国腰果种植区发生为害。除为害腰果外，还为害芒果、红车轴草、仪花等。黎黑圆龟蝽主要以成虫和若虫刺吸为害腰果叶片。

形态特征

雌成虫体长3.4 ~ 3.5毫米，宽约3.4毫米；雄成虫体长2.9 ~ 3.0毫米，宽约2.9毫米。近圆形，黑色光亮，密布刻点，背面隆起。头小，前端圆弧形，侧叶边缘黑褐色，中间黄色，中叶及头顶、头后黑色。复眼深红色，单眼红色。触角基部黄褐色，其余为浅黑褐色。喙基部色浅，端部黑褐色。前胸背板侧缘具黄色纵纹，亚侧缘近侧角处有短黄纹。小盾片侧缘后部大半部分及后缘具黄

黎黑圆龟蝽成虫

色窄边。前翅前缘基部黄色。足基部及腿节基半部黑褐色，其余为黄褐色。腹部腹面侧缘及亚侧缘有黄色纵斑。雄成虫生殖节稍扁，较平坦，中间黑色，上缘中部、侧缘上部及下缘浅黑色。雌成虫第一生殖节具2个黄色小斑。

生活习性

1年发生约1代，世代重叠。若虫5龄。雌成虫将卵产于嫩叶或嫩梢上。

防治方法

参考亚铜平龟蝽。

（二十四）孟达圆龟蝽 *Coptosoma mundum* (Bergroth, 1892)

发生为害

孟达圆龟蝽属半翅目（Hemiptera）龟蝽科（Plataspidae）。在中国腰果种植区发生为害。除为害腰果外，还为害芒果、刺槐等。孟达圆龟蝽主要以成虫和若虫群集在腰果嫩叶和嫩梢上刺吸为害。

形态特征

成虫体长3.9～4.1毫米，宽3.6～3.9毫米。体黑色。前胸背板侧缘前方的2条纹、前部近中央的4个斑，小盾片基胝的2个横长圆形斑、侧胝的小斑、两侧及后缘，腹部腹面侧接缘斑纹，股节端部1/3均为黄色。小盾片两侧及后缘的刻点、足为褐色。体宽卵圆形。头中叶与侧叶等长。前胸背板侧缘横缢刻点较浓密。小盾片基胝分界清楚，其后缘中央向内扩展成呈尖角形。

孟达圆龟蝽成虫

生活习性

1年发生约1代。卵成块产于腰果叶片上，卵期约为10天。从卵期到成虫期约为60天。若虫共5龄。

防治方法

参考亚铜平龟蝽。

（二十五）多变圆龟蝽　*Coptosoma variegata* (Herrich-Schäffer, 1838)

发生为害

多变圆龟蝽属半翅目（Hemiptera）龟蝽科（Plataspidae）。在中国腰果种植区发生为害。除为害腰果外，还为害算盘子、花椒、白栎、海棠、白兰、山槐、凤庆南五味子、千金藤等。多变圆龟蝽主要以成虫和若虫刺吸为害腰果嫩叶和嫩梢。

形态特征

成虫体黑色，长2.2～3.2毫米，宽2.0～3.2毫米，前胸背板宽1.8～2.6毫米，小盾片宽2.0～3.2毫米。头侧叶中部及头的腹面，触角，前胸背板侧缘前部扩展部分的2条纹、前缘的2个斑点、前部的2个横长纹、后侧角的斑点，小盾片基胝的2个大斑点、侧胝的斑点，腹背侧缘、腹部腹面各节侧缘各具有的1个斑点均为黄色。触角端部褐色。体近圆形，密布细小刻点。头小，小盾片大，盖及全腹背，基胝显著，后缘中央的黄边向内呈角状延伸，尤以雄成虫显著。雄成虫生殖节中央凹陷，雌成虫生殖节扁平不凹陷。

多变圆龟蝽成虫（赵冬香供图）

卵长0.5～0.6毫米，宽约0.3毫米。初产乳白色，后渐变米黄色，孵化前微黄色。前部较细，后部稍粗，略呈茄子形，前端为假卵盖，平而微拱。假卵盖周缘具乳白色精孔突28～30个，其基部不相连。

若虫头、胸漆黑色，胸背中央具玉白色纵条，腹部灰白色，腹背中央肉红色。龟形。一龄若虫体长0.6～0.8毫米，宽约0.5毫米。

生活习性

1年发生约1代。卵期68～120天，若虫期47～61天，成虫寿命长达11个月左右。卵多成块产于腰果嫩梢或嫩叶上，呈羽状双行排列。雌成虫一生可产卵38块，每块有卵8～23个。初孵若虫先静伏于卵壳旁，不久即四散爬行。

防治方法

参考亚铜平龟蝽。

（二十六）红缘新长蝽 *Thunbergia marginatus* (Thunberg, 1822)

发生为害

红缘新长蝽属半翅目（Hemiptera）长蝽科（Lygaeidae）。在中国腰果种植区发生为害。除为害腰果外，还为害高粱、玉米、小麦和甘蔗等。红缘新长蝽主要以成虫和若虫刺吸为害腰果嫩叶和果梨。

形态特征

体长11～14毫米，头部红色，头部上方有1条黑色纵斑。前胸背板、小盾片至革片灰黑色，小盾片端部红色，前翅边缘密被细毛，侧接缘红色，前翅革片和膜质翅均为灰黑色。

红缘新长蝽聚集叶片正面为害　　　　　　　　红缘新长蝽聚集叶片背面为害

生活习性

1年发生约3代。成虫和若虫喜聚集在叶片为害。

防治方法

农业防治：清除田间及周边杂草，集中销毁或深埋，减少虫源基数。

生物防治：保护和利用螳螂、蜘蛛、鸟类等天敌。

化学防治：在若虫高发期，可用20%啶虫脒可湿性粉剂6 000～8 000倍液、1.8%阿维菌素乳油2 000～3 000倍液、48%毒死蜱乳油1 500～2 000倍液、2.5%高效氯氟氰菊酯乳油2 000～3 000倍液、2.5%溴氰菊酯乳油3 000～4 000倍液、80%敌敌畏乳油1 000～1 500倍液进行防治。

（二十七）黑带红腺长蝽　*Graptostethus servus* (Fabricius, 1787)

发生为害

　　黑带红腺长蝽属半翅目（Hemiptera）长蝽科（Lygaeidae）。在中国、菲律宾、缅甸、越南、印度、斯里兰卡、印度尼西亚等腰果种植区发生为害。除为害腰果外，还为害芒果、高粱、玉米、小麦和甘蔗等。黑带红腺长蝽主要以成虫和若虫刺吸为害腰果叶片、花序和果梨。

形态特征

　　成虫体长8.9～9.0毫米，宽2.5～3.0毫米，长椭圆形，橘黄色至橘红色，密被短毛。头三角形，橘红色，背面中央从前缘向后具黑色纵带，后缘具中断的黑色横带并各自在中断处与纵带相连接。复眼黑色，基部黄白色，单眼朱红色。触角4节，黑色，被白毛。喙黑色，伸达中胸腹板后缘，第一节超过前胸背板前缘。前胸背板梯形，橘黄色，前缘稍凹，后缘微突，侧缘直，胝区具黑横带，其后左右各一黑色小圆斑，接近后缘左右又各具一黑色横带。小盾片倒三角形，黑色。前翅爪片内侧一半、革片基部前缘、革片端缘以及革片中部斜纹为橘黄色；爪片外侧与革片基部一半所组

黑带红腺长蝽成虫

黑带红腺长蝽为害叶片

黑带红腺长蝽为害果梨

成的大斑和革片端部三角形斑均为黑色，两斑常连成1个大黑斑；膜片黑色，顶缘具宽白边。胸部腹面除前胸腹板前缘、基节窝、侧板后缘及臭腺沟为黄褐色外，其余均为黑色。腹部腹面黑褐色，侧缘橘黄色，密被白毛。足黑色，被白毛。

生活习性

1年发生3代。成虫喜爬行，受惊扰迅速奔逃，一生可交配多次，将卵产在腰果叶片上，成排并列，少则2～3粒，多者8～9粒或20多粒，雌成虫一生产卵50～100粒。成虫寿命约30天，雄成虫寿命稍短。若虫5龄，若虫期50天。

防治方法

参考红缘新长蝽。

（二十八）红脊长蝽 *Tropidothorax elegans*（Distant, 1883）

发生为害

红脊长蝽属半翅目（Hemiptera）长蝽科（Lygaeidae）。在中国腰果种植区发生为害。除为害腰果外，还为害一串红、翠菊、牵牛、刺槐、花椒等。红脊长蝽主要以成虫和若虫群集于腰果嫩梢上刺吸汁液，被害处呈褐色斑点，严重时叶片干枯脱落，植株枯萎。

形态特征

成虫体长8～11毫米，宽3～4毫米，身体呈长椭圆形。头、触角、足为黑色，躯体赤黄色至红色，具黑色纹，密被白毛。前胸背板后缘中部稍前凹，有刻点，中部橘黄色，后纵脊两侧各有1个近方形的大黑斑。小盾片三角形，黑色。前翅爪片除基部和端部为橘红色外，基本上全为黑色；革片和缘片中域有1个黑斑，膜质部黑色，基部近小盾片末端有1个白斑。

卵长约0.19毫米，长卵形，初产时乳黄色，渐变赤黄色。

一龄若虫长约1毫米，被白色或褐色绒毛。五龄若虫体长6.1～8.5毫米，头部黑色，前胸背板具2个黑色斑，腹部背面各节中部和侧面有大型黑色斑，中部和侧面的斑常连接成为1条横带，各节横带又可相连，呈1个大黑斑。腹部侧缘橘黄色。足黑色。

红脊长蝽成虫

生活习性

1年发生1～2代。成虫不善飞行，怕强光，中午炎热时在植株下面叶背面栖息，早、晚群集取食。卵成堆产于土缝里、石块下或根际附近土表，每堆30粒左右。

防治方法

参考红缘新长蝽。

（二十九）半脊长蝽 *Tropidothorax autolycus*（Distant, 1904）

发生为害

半脊长蝽属半翅目（Hemiptera）长蝽科（Lygaeidae）。在中国、缅甸等腰果种植区发生为害。半脊长蝽主要以成虫和若虫为害腰果叶片。

形态特征

成虫体长约9.2毫米，体橘红色或黄褐色，具黑色斑点。头顶基部的三角形斑和头中叶黑色。触角黑色。喙伸达中足基节，黑色，第一节达前胸腹板前缘。前胸背板前半部分红色，接近前缘处有2个褐色横纹，后半部分具2个大型黑斑，由中脊分开，或基部相连，几乎占据整个后叶；侧缘直；后缘微呈弧形弯曲，后叶黑斑前面内凹。小盾片黑色或仅端部为黄色，中纵脊明显。爪片红色，近末端具椭圆形黑斑；革片中部具黑色大斑，并达到前缘；膜片黑色，内角和端缘白。后胸侧板后缘直，其后侧角呈直角。腹部末端黑色。

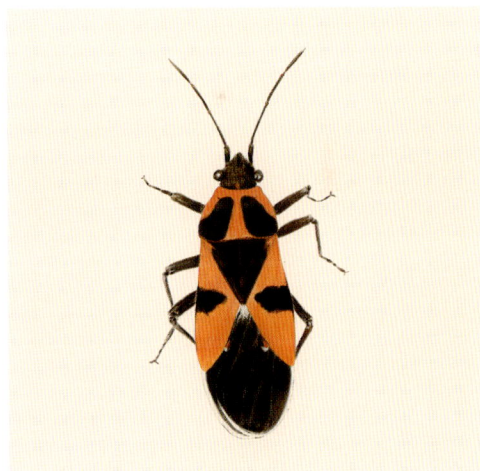

半脊长蝽成虫

生活习性

1年发生1～2代。成虫飞行能力弱。

防治方法

参考红缘新长蝽。

（三十）紫蓝丽盾蝽 *Chrysocoris stollii* (Wolff, 1801)

发生为害

紫蓝丽盾蝽属半翅目（Hemiptera）盾蝽科（Scutelleridae）。在中国、越南、缅甸、印度、斯里兰卡等腰果种植区发生为害。除为害腰果外，还为害油茶、木荷、辽东楤木等。紫蓝丽盾蝽主要以成虫和若虫为害腰果叶片、嫩梢、枝条和果梨。

形态特征

成虫体长11.0～14.5毫米，宽6～8毫米，呈艳丽的紫蓝、紫红或蓝绿色，有强烈金属光泽，体色可随光线反射角不同而变化。头部金蓝绿色，基部比紫蓝色更暗。复眼褐红色，单眼玉红色。头部中叶长于侧叶，侧缘在复眼之前内凹。触角黑色，第二节甚短，约为第三节的1/5～1/4，第三节稍扁，第四、五节更扁。喙伸过腹基部，第二节端部和第三、四节黑色。前胸背板上有8块黑斑，呈2列，前列3个，后列5个，侧角圆钝。前胸背板与小盾片间明显下陷呈一横沟，背板及小盾片上有均匀的刻点，小盾片基部有一弧形刻痕，刻痕所围部分隆起，隆起部分无刻点而具微横皱纹；小盾片宽大，完全覆盖腹部背面，其上有黑斑7个，基部并列2个，中部横列3个，近端部并列2个；有时小盾片末端呈黑色或暗红色。各足胫节紫蓝色，外侧端半部有浅沟；腿节端部紫蓝色，基节及腿节褐黄色，有时全足蓝黑色。体下黄褐色或黄红色，但头下端区胸腹板、胸侧板（除后缘）、腹部基部及端部斑块、气门周围为黑色。腹部两侧缘紫红色。

五龄若虫金蓝绿色，有金属光泽，近于球形。头部中叶长于侧叶，中叶暗蓝色，侧叶侧缘上卷，暗蓝色。复眼内侧有暗蓝色圆斑。触角4节，全黑。复眼红褐色。喙伸达后足基节后缘。前胸背板前侧缘略上卷，胝蓝黑色；背板、小盾片和翅芽上刻点均匀；前胸背板前缘至小盾片末端有一中纵线；小盾片基角处各有2个黑色小斑，中央有1个金蓝

紫蓝丽盾蝽成虫背面

紫蓝丽盾蝽成虫侧面

色椭圆斑，向小盾片末端渐细缩。翅芽中央靠外侧处各有1个近三角形的蓝黑色斑。足除基节和腿节基部为黄褐色外，其余皆为蓝绿色且具金属光泽，跗节黑色。腹部第一、二节仅在小盾片与翅芽间隙处可见，第三节缩在第四节之下，只有褶皱可见，第四节呈哑铃状，两侧扩大，中间狭细，其前缘盖住小盾片末端，第五、六两节显著而突出，成为腹部背面的主要部分，第八、九节腹板中央有蓝绿色横斑，每节侧缘区都有1个金蓝色斑块，中央区与侧缘区金蓝色斑块之间为黄褐色，其上有红色斑块；腹下黄褐色，腹部腹板侧缘有黑色半圆斑。

生活习性

1年发生1代。每年2月开始活动，多分散为害，4—6月为害较重。

防治方法

农业防治：清除田间及周边杂草，摘除卵块或若虫团，集中销毁或深埋，减少虫源基数。

生物防治：保护和利用螳螂、蜘蛛、鸟类等天敌。

化学防治：在若虫高发期，可用1.8%阿维菌素乳油2 000 ～ 3 000倍液、4.5%高效氯氰菊酯乳油2 000 ～ 3 000倍液、2.5%溴氰菊酯乳油1 000 ～ 1 500倍液、21%噻虫嗪悬浮剂4 000 ～ 7 000倍液进行防治。

（三十一）半球盾蝽 *Hyperoncus lateritius* (Westwood, 1837)

发生为害

半球盾蝽属半翅目（Hemiptera）盾蝽科（Scutelleridae）。在中国腰果种植区发生为害。除为害腰果外，还为害金樱子、水稻、黄荆等。半球盾蝽主要以成虫和若虫为害腰果嫩梢和叶片。

形态特征

成虫体长9.5 ～ 11.5毫米，宽9.0 ～ 10.5毫米。半球形，背面隆起，腹面平，黄褐色至暗红褐色，具红褐色至黑褐色刻点，稍带光泽。头宽短，刻点浅小，侧叶略长于中叶，向下倾斜。复眼突出，黑褐色，单眼暗红色。触角黄褐色。头下部黄褐色，喙伸达第五腹节，黄褐色，末端黑色。前胸背板向下倾斜，前缘内凹，内侧刻点粗黑，前侧缘稍外弓，侧角圆，不突出；后缘稍内凹，侧角

半球盾蝽成虫

间有5个圆形小黑点，中间1个靠近前缘，有时模糊。小盾片前部中央隆起，两侧及后部向下倾斜，有13个黑色小圆斑排成3列，由前至后，分别为6、4、3个，有时模糊不清。腹面黄褐色，刻点同色，中央具宽纵沟，伸达第七腹节中央。足黄褐色，爪端一半为黑色。

生活习性

1年发生1代。

防治方法

参考紫蓝丽盾蝽。

（三十二）红姬缘蝽　*Leptocoris augur*（Fabricius, 1781）

发生为害

红姬缘蝽属半翅目（Hemiptera）姬缘蝽科（Rhopalidae）。在中国腰果种植区发生为害。除为害腰果外，还为害水稻、小麦、甘蔗、芒果、番石榴、菠萝蜜、柑橘、胡椒等。红姬缘蝽主要以成虫和若虫刺吸为害果梨和嫩梢。

形态特征

成虫体长13～16毫米，触角4节，跗节3节。成虫有两型，长翅型为单纯的橙色，膜质翅黑色，各腿节黑色，复眼橙红色。短翅型前翅甚短，末端有1个倒V形黑斑，若虫翅芽灰黑色，不具V形黑斑。

红姬缘蝽成虫背面

红姬缘蝽成虫侧面

红姬缘蝽成虫为害花

红姬缘蝽成虫为害果实

生活习性

成虫或若虫全年可见，具群聚性。

防治方法

参考紫蓝丽盾蝽。

（三十三）芒果蚜 *Aphis odinae*（van der Goot, 1917）

发生为害

　　芒果蚜属半翅目（Hemiptera）蚜科（Aphididae）。在中国、印度、印度尼西亚、莫桑比克等腰果种植区发生为害。除为害腰果外，还为害芒果、梧桐、海桐、重阳木、栗等。芒果蚜主要以成虫和若虫为害花及嫩梢，使花皱缩、嫩梢干枯；也可为害幼嫩果梨和坚果，导致被害果实出现疤痕。

形态特征

　　无翅孤雌蚜体长约2.5毫米，宽约1.5毫米，宽卵圆形，褐色、红褐色至灰绿色、墨绿色，被有薄粉。触角长约1.4毫米。头部黑色，腹管、尾片、尾板、生殖板黑色。腹部背面有清楚的五边形网纹，腹面有长菱形网纹。气门狭小，长圆形半开放，气门片黑色隆起。中胸腹岔无柄，有时二岔分离。腹管短，圆筒形。尾片长圆锥形，中部收缩，有微刺组成的瓦纹。尾板末端圆，有毛24～28根。

　　有翅孤雌蚜体长约2.1毫米，宽约0.96毫米，长卵形。头、胸黑色，腹部褐色至黑绿色，有黑斑。腹部第二至四节及第七节有缘斑，腹管前斑甚小，腹管后斑大，腹管圆筒形。翅脉正常。尾片长圆锥形，有毛9～18根。尾板末端圆形，有毛14～24根。

卵长椭圆形，长约0.7毫米，宽约0.35毫米，黑色，卵壳表面光滑有光泽。

芒果蚜成虫背面

芒果蚜成虫侧面

芒果蚜群集叶脉为害

芒果蚜为害嫩叶

芒果蚜为害嫩梢

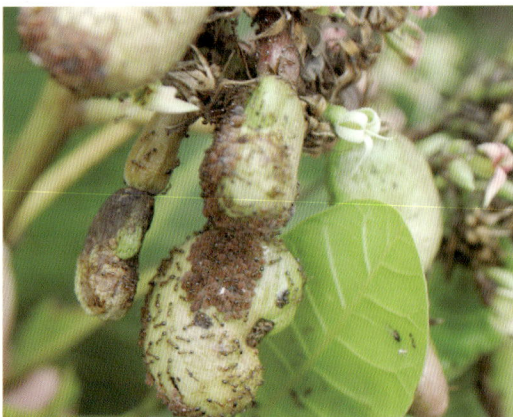

芒果蚜为害果实

生活习性

1年发生20～30代。在中国海南，每年2月至3月间大多为无翅蚜，3月底至4月初有翅蚜大量发生，4月至5月有翅蚜和无翅蚜均可发生。繁殖最适温度为16～24℃，一头雄蚜可与多头雌蚜交尾，交尾时间2～3分钟，交尾后雌蚜多向下部枝条转移，喜欢将卵产在芽痕、叶痕、枝杈等表皮粗糙处。每雌平均产若蚜数在50头左右。

防治方法

农业防治：结合修剪，剪除有卵枝条或被害枝。在生长季节进行摘心或抹芽，除去被害和抽发不整齐的新梢。减少蚜虫食料，压低种群数量。

物理防治：使用矿物油剂喷雾，使蚜虫虫体或卵壳上形成油膜，蚜虫及卵窒息死亡。利用蚜虫的趋光性、趋黄性等习性，在田间挂银灰色膜条驱避蚜虫，利用黑光灯与荧光灯在夜间诱杀蚜虫，或用黄色黏虫板诱杀蚜虫。

生物防治：保护利用天敌，在气温高、天敌繁殖快、数量大的季节，应尽量不喷药或少喷药，或喷施对天敌杀伤力小的选择性药剂，以免灭杀天敌。有条件时，可人工助迁瓢虫、草蛉、食蚜蝇、蚜茧蜂和蚜小蜂等天敌，对芒果蚜有良好的防治效果。

化学防治：可用22%氟啶虫胺腈悬浮剂10 000～15 000倍液、21%噻虫嗪悬浮剂4 000～7 000倍液、5%吡虫啉可溶液剂1 500～2 500倍液、20%啶虫脒可湿性粉剂6 000～8 000倍液或50%抗蚜威可湿性粉剂1 000～2 000倍液进行防治。

（三十四）棉蚜 *Aphis gossypii* Glover, 1877

发生为害

棉蚜属半翅目（Hemiptera）蚜科（Aphididae）。在全世界腰果种植区均发生为害。除为害腰果外，还为害棉花、茄、辣椒、花椒、石榴、鼠李、木槿、柑橘、荔枝、枇杷、无花果、杨梅、梨、桃、李、杏、梅、山楂等。棉蚜主要以成虫和若虫刺吸为害腰果嫩叶和嫩梢，受害腰果叶片表面有蚜虫排泄的蜜露，易诱发烟煤病。

形态特征

无翅孤雌蚜体长1.5～1.9毫米，卵圆形。体色有黄、青、深绿、暗绿等。触角长约为体长的一半，第三节无感觉圈，第五节有1个，第六节膨大部位有3～4个。复眼暗红色。前胸背板的两侧各有1个锥形小乳突。腹管较短，黑青色，长0.20～0.27毫米，粗而圆，呈筒形。尾片青色，两侧各具刚毛3根，体表被白蜡粉。

有翅孤雌蚜大小与无翅胎生雌蚜相近，长卵圆形。体黄色、浅绿色至深绿色。复眼黑紫色或暗红色。触角较体短，第三节有小环状次生感觉圈4～10个，排成1列。头胸部黑色。两对翅透明，中脉三叉。腹部第六至八节有背横带，第二至四节有缘斑。

卵长约0.5毫米，宽约0.3毫米，椭圆形，两端略窄，黑色有光泽。初产时橙黄色、绿色，后变漆黑色。

无翅若蚜共4龄，夏季黄色至黄绿色，春秋季蓝灰色，复眼红色。有翅若蚜也是4龄，夏季黄色，秋季灰黄色，二龄后出现翅芽。腹部第一、六节的中央和第二、三、四节两侧各具1个白圆斑。

棉蚜若虫

棉蚜为害嫩叶

棉蚜为害嫩梢

棉蚜为害果实

生活习性

1年发生20～30代。棉蚜可分为苗蚜和伏蚜。苗蚜适应偏低的温度，气温高于27℃繁殖受抑制，虫口迅速降低。伏蚜适应偏高的温度，27～28℃大量繁殖，当日均温高于

30℃时，虫口数量才减退。大雨对棉蚜抑制作用明显，多雨的年份或多雨季节不利其发生，但时晴时雨的天气利于伏蚜迅速增殖。一般伏蚜4～5天就增殖1代，苗蚜需10多天繁殖1代，田间世代重叠。有翅棉蚜对黄色有趋性。棉蚜发生适温为17.6～24.0℃，相对湿度低于70%。

防治方法

参考芒果蚜。

（三十五）橘二叉蚜 *Aphis aurantii* Boyer de Fonscolombe, 1841

发生为害

橘二叉蚜属半翅目（Hemiptera）蚜科（Aphididae）。在中国、加纳等腰果种植区发生为害。除为害腰果外，还为害柑橘、梨、桃和柿等。橘二叉蚜主要以成虫和若虫刺吸为害腰果嫩梢、嫩叶和花。

形态特征

无翅孤雌蚜卵圆形，长约2毫米，宽约1毫米。体黑褐色或黑色，有光泽，有时红褐色。头部有皱褶纹，胸背面有网纹，腹背面微显网纹，腹面有明显网纹。气门圆形，偶有开放，灰黑色。有缘瘤，位于前胸及腹部第一、七节，第七节缘瘤最大。中胸腹岔短柄，或两臂分离。体毛短，头部10根。腹部一至七节各有缘毛1～2对，中毛各1对，第八节有1对长毛。触角长约1.5毫米，触角毛短。喙超过中足基节，有次生刚毛1对。足光滑，股节有卵圆形腺状体。腹管长筒形，基部粗大，向端部渐细，长约0.29毫米，长为宽的2.8倍，有瓦纹。尾片粗，锥形，中部收缩，端部有小刺突瓦纹，基部色浅，无刺

橘二叉蚜成虫

橘二叉蚜若虫和成虫

突，具长毛19～25根。尾板长方形，有长短毛19～25根。生殖板有毛14～16根。有翅孤雌蚜长卵形，长约1.8毫米，宽约0.83毫米。体黑褐色，有光泽。触角长约1.5毫米，各节基部淡黄色，第三至五节依次渐短，第三节有圆形次生感觉圈5～6个，排成1列。前翅中脉分二叉。腹部背侧有4对黑斑。腹管短于触角第四节，长于尾片，基部有明显网纹。尾片中部较细，端部较圆，约有细毛12根。

卵为长椭圆形，一端稍细，背面显著隆起，漆黑色，有光泽，长约0.6毫米，宽约0.24毫米。

一龄若虫体长0.2～0.5毫米。无翅若蚜浅棕色或淡黄色，有翅若蚜棕褐色。触角第三至五节基本等长，感觉圈不明显，翅芽乳白色。

生活习性

1年发生20多代。1头无翅孤雌蚜一生产幼蚜35～45头。繁殖的最适温度为25℃左右。当日平均温度16～25℃，相对湿度70%以上时，新梢生长快，蚜虫增殖迅速，虫口达高峰。

防治方法

参考芒果蚜。

（三十六）双条拂粉蚧 *Ferrisia virgate* (Cockerell, 1893)

发生为害

双条拂粉蚧属半翅目（Hemiptera）粉蚧科（Pseudococcidae）。在中国、越南、印度、莫桑比克、印度尼西亚和菲律宾等腰果种植区发生为害。除为害腰果外，还为害柑橘、甘蔗、椰子、桑、番荔枝、天门冬、常春藤、烟草、夹竹桃、茄等。双条拂粉蚧主要以成虫和若虫在腰果嫩叶下表皮、嫩梢、花序和果柄上吸取汁液进行为害，导致顶端叶片变为灰黄色，向下卷曲。受害严重的腰果植株枝条稀疏、叶片干燥、幼芽和嫩枝停止生长。除了直接为害外，双条拂粉蚧会分泌蜜露和黏性物质，落在腰果植株的下部叶片、嫩梢和果实上，导致烟煤病发生，影响植株的光合作用和坚果品质。双条拂粉蚧分泌的蜜露还会招引蚂蚁，导致受害植株产量下降。

形态特征

雌成虫体为深红色，体长约4.5毫米，宽约2.8毫米，卵圆形。体表覆盖白色粒状蜡质分泌物，背部具2条黑色竖纹，无蜡状侧丝，仅尾端具2根粗蜡丝（长约为虫体一半）和数根细蜡丝。触角8节。喙发达。胸足正常，后足基节无透明孔，腿节长约0.3毫米，胫节长约0.28毫米，跗节长约0.13毫米。臀裂1个，大而明显，椭圆形。肛环具内和外二

双条拂粉蚧为害嫩叶

双条拂粉蚧为害成熟叶片

双条拂粉蚧为害嫩梢

双条拂粉蚧为害花

双条拂粉蚧严重为害导致花干枯死亡

双条拂粉蚧为害果柄

双条拂粉蚧为害果实

双条拂粉蚧为害严重的植株

列孔，肛环刺长约0.27毫米，除了臀瓣刺外，在臀瓣腹面还有2根长0.08～0.10毫米的刺毛和3根短毛。多格腺主要集中在阴门周围，三格腺分布在虫体背腹面。背中线具放射刺管腺群，每群常由2个或者3个腺体组成。体腹面各节的管状腺长约0.011毫米，宽约0.003毫米，数量较少。三格腺体腹面体毛长短不一，数量很多。虫体背面的体毛很短，稀疏分布。

卵琥珀色。

若虫3龄，初孵若虫淡黄色，椭圆形，扁平，形似雌成虫。

生活习性

成虫和若虫都可自由活动，但活动能力不强，扩散缓慢，因此在田间发生有中心虫株，呈核心型分布。初龄若虫活动能力较强，是扩散的主要时期。干旱季节有利于双条拂粉蚧的发生，雨季则虫口密度下降。雌成虫可产卵300～400粒，卵一般产在一起，覆有棉絮状白色细粉丝。卵产后几个小时内孵化。若虫期为26～45天，成虫可存活15～30天。

防治方法

农业防治：粉蚧发生初期，人工剪去虫枝并集中销毁，或用刷子刷除粉蚧。

物理防治：初孵若虫活动能力强，定向爬动寻觅适生场所进行为害，一般从腰果枝条基部向上爬行，从枝杈向叶部爬行，因此可以涂胶阻隔或沿树干、枝条、叶片环涂药剂。持续的强降雨也可以冲刷腰果树上的双条拂粉蚧，使其种群数量急剧下降。也可利用性诱剂诱杀粉蚧成虫。

生物防治：双条拂粉蚧的天敌有通草蛉幼虫，通草蛉幼虫可以捕食粉蚧的卵和若虫，1头通草蛉幼虫在整个发育时期可以捕食200～300头双条拂粉蚧若虫。瓢虫的成虫和若虫也可捕食双条拂粉蚧的卵和若虫。双条拂粉蚧的天敌还有草蛉，跳小蜂、蚜小蜂等寄生蜂，应注意保护和利用。

化学防治：最佳防治时期是低龄若虫期。可选用25％噻嗪酮可湿性粉剂1 000 ～ 1 500倍液、22.4％螺虫乙酯悬浮剂3 000 ～ 4 000倍液、4.5％高效氯氰菊酯乳油2 000 ～ 3 000倍液、48％毒死蜱乳油1 500 ～ 2 000倍液、3％啶虫脒乳油2 000 ～ 2 500倍液等进行防治。

（三十七）柑橘臀纹粉蚧　*Planococcus citri* (Risso, 1813)

发生为害

柑橘臀纹粉蚧属半翅目（Hemiptera）粉蚧科（Pseudococcidae）。在中国、莫桑比克、印度等腰果种植区发生为害。除为害腰果外，还为害柑橘、龙眼、菠萝、苹果、梨、柿、芒果、枇杷、葡萄、橄榄等。柑橘臀纹粉蚧主要以成虫和若虫群集吸食腰果的叶部和嫩芽汁液为害，直接影响植株的生长和发育。柑橘臀纹粉蚧为害后还可诱发烟煤病，影响腰果植株的光合作用和呼吸作用，降低树势，从而影响产量。

形态特征

雌成虫体长3 ～ 4毫米，宽2.0 ～ 2.5毫米，椭圆形，少数宽卵形。体色通常为粉红色或绿色，体被白色粉状蜡质分泌物。体缘有18对白色蜡质细棒，呈辐射状伸出，其中腹部末端最后一对蜡棒最长。触角8节，细长，第二、三节和末节较长。喙发达，位于前足基节之间。后足基节和股节常具有透明孔。腹裂1个，大而呈长方形。肛环刺6根。臀瓣发达，具刺1根和3 ～ 5根长短不一的刺毛。多格腺在腹部各节的腹板上横列。管状腺分为大小两种，但大管状腺数量很少，分布在腹背边缘一至四腹节的刺孔群附近，或只在某1个刺孔群附近具1个大管腺；小管状腺分布在虫体腹面，特别在各腹板上分布数量较多，在前胸气门附近，第一至三腹节腹板边缘有成群小管状腺，在第四至六腹板上、多格腺上方形成横列，第四至六节腹板边缘也有成群的小管状腺分布。刺孔群18对，皆由2根刺和若干三格腺组成，除第十六、十七、十八对刺孔群的刺较粗大外，其余皆细。虫体背面的体毛较长且粗，腹面的体毛纤细。足3对，颇粗大，末端的爪下侧无齿。雄成虫体长约0.8毫米，赭黄色。触角1对，11节。翅半透明，淡蓝色，有纵脉2根，腹末具白色蜡丝1对。

卵淡黄色，椭圆形，产于腹末的白色絮状卵囊。

初孵若虫体扁平椭圆形，淡黄色，无蜡粉，腹末有蜡丝1对，固定取食后即开始分泌白色蜡质粉末覆盖体表，在体周缘着生针状蜡质附属物。雌若虫经3次蜕皮变为成虫，雄若虫经4次蜕皮变为有翅成虫。

蛹长约1毫米，淡褐色，触角和足不紧贴体躯。茧长圆筒形，被稀疏的白色蜡丝。

柑橘臀纹粉蚧为害嫩叶

柑橘臀纹粉蚧为害嫩梢

柑橘臀纹粉蚧为害花

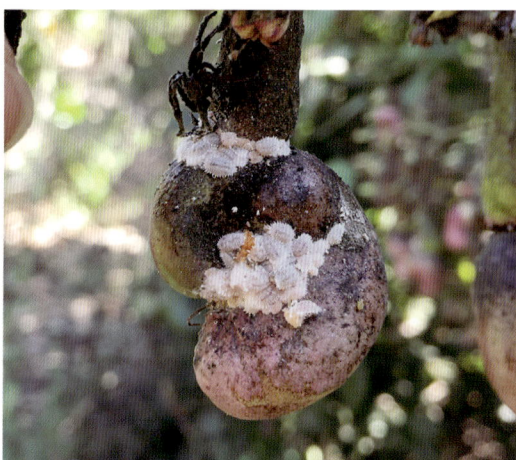

柑橘臀纹粉蚧为害果实

生活习性

1年发生3～4代，世代重叠，整年均有发生。初孵若虫有足和触角，到处爬行，寻找寄居部位，常群集于嫩叶主脉两侧及枝梢的嫩芽、腋芽或果柄、果蒂处，或两叶相交处。定居后较少移动，但每次蜕皮后常稍作迁移。雌若虫变为雌成虫后多不取食，固定不动，于腹末下侧分泌蜡质物形成卵囊。卵囊似一团白色棉絮，雌成虫将卵产于其中，每头雌成虫一生产卵300～600粒，聚集成堆。雄若虫至化蛹时也会移动。喜生活在腰果树上荫蔽且阴湿稠密的地方。为害时大量吸食腰果植株汁液，使新梢萎缩、幼果脱落。此外，由于排泄大量蜜露于枝叶上，极易诱发烟煤病，对光合作用的影响很大。

防治方法

参考双条拂粉蚧。

（三十八）美地绵粉蚧　*Phenacoccus madeirensis* Green, 1923

发生为害

美地绵粉蚧属半翅目（Hemiptera）粉蚧科（Pseudococcidae）。在中国腰果种植区发生为害。除为害腰果外，还为害芒果、番荔枝、夹竹桃、万年青、金盏花、菊花、凤梨、甘蓝、木薯、蓖麻、大豆、百香果、葡萄等。美地绵粉蚧主要以成虫和若虫为害腰果嫩梢和叶片。

形态特征

成虫虫体扁平，长卵圆形，浅绿色。体背有白色蜡粉覆盖，体缘有短、粗状蜡丝，尾端末对较长。虫体长约3毫米，宽约1.8毫米。触角9节。足发达，爪有齿。刺孔群18对，除末对有3根锥刺、眼对具有3～4根刺外，其他对均具有2根锥刺。多格腺在腹部第四至七节背面成行或带，缘区或亚缘区可向前延伸至第一腹节。

美地绵粉蚧为害嫩梢

美地绵粉蚧为害嫩芽

生活习性

1年发生6代以上，世代重叠。每头雌成虫平均产卵602粒，产在包裹虫体全身的卵囊内。卵囊主要产在叶片中脉附近。美地绵粉蚧可在枝干、叶片和果实上为害，但更喜在叶片背面、嫩枝和芽上为害。该虫30～40天完成1代，一龄和二龄若虫10天，三龄雌若虫6天，雌成虫产卵前期11天。雄成虫的预蛹期、蛹期和成虫期分别为3天、5天和6天。

防治方法

参考双条拂粉蚧。

（三十九）扶桑绵粉蚧 *Phenacoccus solenopsis* Tinsley, 1898

发生为害

扶桑绵粉蚧属半翅目（Hemiptera）粉蚧科（Pseudococcidae）。在中国、印度等腰果种植区发生为害。除为害腰果外，还为害棉花、玉米、番茄、茄、南瓜、芝麻、番木瓜、向日葵、蜀葵、龙葵、木槿、一点红等。扶桑绵粉蚧主要以成虫和若虫为害腰果嫩叶、嫩梢、花序和果实。

形态特征

雄成虫虫体较小，黑褐色。头部略窄于胸部，于胸部交界处明显缢缩。眼睛突出，红褐色。口器退化。触角细长，丝状，10节，每节上均有数根短毛。胸部发达，具1对发达透明前翅，翅脉简单，其上覆一层薄薄的白色蜡粉，后翅退化为平衡棒。腹部较细长，圆筒状，腹末端具2对白色长蜡丝，交配器突出呈锥状。雌成虫卵圆形，体长可达5毫米，浅黄色，体被白色薄蜡粉，在胸部两侧和腹部分别具1对和3对黑灰色裸露斑。足红色。腹脐黑色。体缘蜡突明显，通常具有侧蜡丝，其中腹部末端2～3对较长。

卵产在白色棉絮状的卵囊里，初产卵橘色，孵化前变粉红色。

一龄若虫类黄色，取食位点不固定，但二龄以后取食位点逐渐固定，三龄后蜡粉渐厚。若虫通常为淡黄色至橘黄色，背部有一系列的黑色斑，全背有微小刚毛分布，体表被白色蜡质分泌物。

蛹为离蛹，包裹于松软的白色丝茧中，浅棕褐色，单眼发达，头、胸、腹区分明显，在中胸背板近边缘区可见1对细长翅芽。

扶桑绵粉蚧为害幼果和花

生活习性

1年发生10～15代。多营孤雌生殖，卵产在卵囊内，每卵囊产卵150～600粒，卵期很短，经3～9天孵化为若虫，若虫期22～25天。一龄若虫行动活泼，从卵囊爬出后短时间内即可取食为害。扶桑绵粉蚧是多食性昆虫，繁殖量大，种群增长迅速，世代重叠严重。一定的高温条件有利于扶桑绵粉蚧大发生，但连续35℃以上高温和长期多雨低温条件不利于其繁殖发育。

防治方法

参考双条拂粉蚧。

（四十）椰圆盾蚧 *Aspidiotus destructor* Cockerell, 1903

发生为害

椰圆盾蚧属半翅目（Hemiptera）盾蚧科（Diaspididae）。在中国腰果种植区发生为害。除为害腰果外，还为害椰子、油棕、橡胶、可可、胡椒、菠萝、芒果、鳄梨、番石榴等。椰圆盾蚧主要以雌成虫和若虫附着在腰果叶片背面吸食组织汁液，被害叶正面呈现黄色褪绿不规则斑，发生严重时叶片发黄。

形态特征

雌成虫介壳圆形，直径约1.8毫米，灰白色半透明，淡黄色壳点位于中央。雌成虫体黄绿色，近卵圆形，前端圆，尾端狭，体节不是很明显。体壁很薄，可见腹中卵粒。臀板后端平齐，第一对臀叶小而直，突出于臀板末端边缘，小于第二对臀叶，第三对与第二对臀叶均为圆形且较小。锯齿状臀棘深裂。阴门周腺4群。雄成虫介壳细小，长约1.1

椰圆盾蚧为害叶片

毫米，椭圆形，与雌成虫介壳同色。雄成虫体橙色，头部小，复眼黑褐色，翅、足发达。

卵长椭圆形，黄绿色。

初孵若虫浅黄绿色，后呈黄色，体椭圆形，眼褐色，有足和触角，二龄时触角和足消失。

生活习性

1年发生7～12代，1代历时30～45天。每头雌成虫能产卵100粒。卵产在雌成虫体周围的介壳下，5～8天孵化。初孵若虫向新叶或果上爬动，然后固定在叶背或果面吸食组织汁液进行为害。雌、雄若虫一般在为害部位完成其若虫期，雌成虫还会在为害部位完成其成虫期。雄若虫蜕皮3次，雌若虫蜕皮2次。若虫发育为雄成虫需要24天，发育为雌成虫则需要更长的时间。

防治方法

农业防治：加强果园管理，增强腰果植株的抗虫能力，在椰圆盾蚧为害较轻时，可用手直接剥除枝条上的虫体。为害较重时，可将带有虫体的枝条集中剪除并销毁，以降低虫口基数。

生物防治：保护和利用天敌昆虫。椰圆盾蚧有细缘唇瓢虫、台湾小瓢虫、红点唇瓢虫、草蛉等多种天敌。

化学防治：可选用22.4%螺虫乙酯悬浮剂3 000～3 500倍液、20%啶虫脒可溶粉剂2 000～3 000倍液、20%呋虫胺可溶粉剂1 000～1 500倍液、45%松脂酸钠可溶粉剂80～100倍液或29%石硫合剂水剂70～100倍液进行防治。

（四十一）红肾圆盾蚧 *Aonidiella aurantii* (Maskell, 1879)

发生为害

红肾圆盾蚧属半翅目（Hemiptera）盾蚧科（Diaspididae）。在中国腰果种植区发生为害。除为害腰果外，还为害柑橘、芒果、苹果、梨、葡萄、橄榄、椰子、无花果、香蕉、菠萝蜜、鳄梨、柠檬等。红肾圆盾蚧主要以成虫和若虫群集于腰果枝条、叶片和果实上吸食汁液，导致叶片和枝条干枯，影响腰果生长。

形态特征

雌成虫介壳圆形或近圆形，直径1～2毫米，橙红色至红褐色。壳点2个，第一壳点在介壳中央，略突起，颜色较深，暗褐色，壳点中央稍尖，脐状，边缘平宽且呈淡橙黄色。雌成虫体长1.0～1.2毫米，肾形，淡橙黄色至橙红色。雄成虫介壳椭圆形，直径为1毫米，壳点1个，偏在一侧，圆形，中央稍隆起，初为灰白色或灰黄色，外缘橘红色或黄褐色。雄成虫体长1毫米左右，橙黄色，眼紫色，触角和翅各1对，足3对，尾部交尾器针状。

卵很小，宽椭圆形，淡黄色至橙黄色，产于母体介壳下。

一龄若虫宽卵形，橙黄色，有触角，足3对，能爬行，尾毛1对，口针较长。二龄若虫足和触角消失，体渐圆，橙黄色，后渐变橙红色，介壳渐扩大变厚。二龄若虫后期出现黑色眼斑，有触角、眼、翅芽和足芽，前足环抱头部，腹末有锥形突，两侧各生1根短刺。

红肾圆盾蚧

生活习性

1年发生约6代。卵产出后很快孵化，卵期极短，近似卵胎生。初孵若虫在母体下停留一段时间后，多于日间午前爬出介壳，寻觅适当地点并定居，在一日内未定居者会死亡。

防治方法

参考椰圆盾蚧。

（四十二）褐圆金顶盾蚧 *Chrysomphalus aonidum* (Linnaeus, 1758)

发生为害

褐圆金顶盾蚧属半翅目（Hemiptera）盾蚧科（Diaspididae）。在中国腰果种植区发生为害。除为害腰果外，还为害山茶、无花果、葡萄、栗、樟、玫瑰、冬青、卫矛、苏铁等。褐圆金顶盾蚧主要以成虫和若虫的刺吸式口器吸食腰果枝条、叶片和果实的汁液，造成树势衰弱，果实品质下降。

形态特征

雌成虫介壳圆形，中央部分明显隆起，紫褐色，边缘部分白色或灰白色，直径约2毫米。具壳点2个，第一壳点位于介壳中央，如脐状，灰白色，第二壳点色略淡，压叠在第一壳点下面。虫体倒卵形，上下扁平，最宽处在头、胸部，头、胸部后侧缘各有1个显著的齿状突起。体淡黄色，长8.2～1.0毫米，宽约0.73毫米。触角退化呈瘤状，其外侧生刚毛1条。臀叶4对，中间3对发达，第四对仅呈小突起，中臀叶及第二臀叶内、外缘各有1个凹陷，第三臀叶的内缘平滑，外缘呈锯齿状。臀栉扁长，长于臀叶，端部有分叉或外缘呈锯齿状。中臀叶之间、中臀叶及第二臀叶之间各有臀栉2条，第二、三臀叶之间各有臀栉3条，都是端部分数叉，第三、四臀叶之间各有臀栉7～8条，皆窄长且外缘呈锯齿状。肛门长圆形，位于臀板边缘，阴门周围有4群围阴腺。

雄成虫介壳长卵圆形，质地、颜色与雌成虫相同，直径约1毫米，宽约0.7毫米。雄成虫体橙黄色，触角、足、中胸前盾片褐色。

褐圆金顶盾蚧为害叶片

生活习性

1年发生3代。若虫孵化后先在母蚧体下停留一定时间，之后陆续爬出母介壳，离开母蚧体的若虫活动敏捷，爬行迅速，寻找适宜场所，多数若虫选择在叶片背面凹陷处、叶片基部、叶脉两侧及果面固定取食，触角和足逐渐消失，并分泌乳白色蜡质物覆盖体背。初孵若虫从离开母体至分泌蜡质物这一过程需1～6小时，多数在4小时左右完成。褐圆金顶盾蚧喜荫蔽、避光、潮湿的生活环境，一般地势低洼地较高坡地严重，老腰果园较新园严重，树冠内较外围严重。

防治方法

参考椰圆盾蚧。

（四十三）糠片盾蚧 *Parlatoria pergandii* Comstock, 1881

发生为害

糠片盾蚧属半翅目（Hemiptera）盾蚧科（Diaspididae）。在中国腰果种植区发生为害。除为害腰果外，还为害柑橘、苹果、梨、梅、樱桃、柿和葡萄等果树。糠片盾蚧主要以成虫和若虫为害腰果的枝、叶和果实，为害严重时可导致叶片枯萎，影响树势和产量。

形态特征

雌成虫介壳椭圆形，稍长，有时呈圆形，质薄，扁平，其上常有几条皱纹，呈白色或灰褐色。壳点位于头端，黄色或黄褐色，有时有绿色纵条纹。雌成虫体宽卵圆形。触角瘤状，生有一弯曲的刚毛。有前气门腺3～5个，无后气门腺，后气门旁无皮囊。腺瘤在头、胸部，中后胸及腹部第一腹节侧缘。

卵椭圆形或长卵形，长约0.3毫米，淡紫色。

初孵若虫扁平，椭圆形，长0.3～0.5毫米，宽约0.15毫米，淡紫红色，眼黑褐色。触角和足均较短，具尾毛1对。

蛹近长方形，紫色，长约0.55毫米，宽约0.25毫米，腹末交尾器长而发达，具尾毛1对。

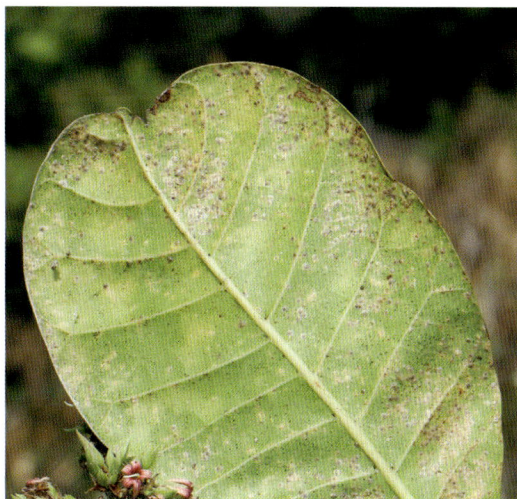

糠片盾蚧为害叶片

生活习性

1年发生7～8代，世代重叠。若虫、雌成虫喜在叶背及枝干隐蔽处群集为害。发生严重时植株皮层表面如敷一层糠皮，致使花、枝、叶发黄枯萎，并诱发烟煤病。

防治方法

参考椰圆盾蚧。

（四十四）考氏白盾蚧 *Pseudaulacaspis cockerelli* (Cooley, 1897)

发生为害

考氏白盾蚧属半翅目（Hemiptera）盾蚧科（Diaspididae）。在中国、缅甸、印度、泰国、柬埔寨、马来西亚、印度尼西亚等腰果种植区发生为害。除为害腰果外，还为害芒果、无花果、含笑花、山茶、君子兰、白兰、荷花玉兰、络石、山茱萸、夹竹桃、绣球荚蒾、金丝桃等。考氏白盾蚧主要以雌成虫和若虫在植株的叶片上吸食汁液，使叶片出现黄色斑点或斑块，致使植株长势衰弱，并能诱发烟煤病；也可为害幼嫩坚果，形成凹陷，严重的可使坚果干枯脱落，导致坚果质量和产量下降。

形态特征

雌成虫介壳阔卵形或近圆形，长2.0～2.5毫米，较扁平，白色，不透明，壳点位于前端，第一壳点淡黄色，有一半伸出介壳外，第二壳点红褐色。雄成虫介壳白色，长形，背面略现1条纵脊。雌成虫体近椭圆形，长约1.4毫米，淡黄色，臀板带红色；前胸和中胸膨大，体后部变窄。雄成虫体长约0.89毫米，橙黄色，复眼黑色，触角丝状，口器退化，具翅1对，翅为半透明灰白色。

卵长约0.24毫米，长椭圆形，初产时淡黄色，后变橘黄色。

初孵若虫淡黄色，扁椭圆形，长约0.3毫米，眼、触角、足均存在，两眼间具腺孔，分泌蜡丝覆盖身体，腹末有2根长尾毛。二龄长0.5～0.8毫米，椭圆形，眼、触角、足及尾毛均退化，橙黄色。

蛹长椭圆形，橙黄色。

考氏白盾蚧为害叶片正面

考氏白盾蚧为害叶片背面

生活习性

1年发生7～8代。雌成虫在介壳下产卵，每头雌成虫可产卵46～114粒，平均76粒。初孵若虫爬行能力强，雄若虫多群居，雌若虫多为散居，若虫固定后，即开始分泌蜡丝，形成介壳。

防治方法

参考椰圆盾蚧。

（四十五）瘤额牡蛎蚧 *Lepidosaphes tubulorum* Ferris, 1921

发生为害

瘤额牡蛎蚧属半翅目（Hemiptera）盾蚧科（Diaspididae）。在中国腰果种植区发生为害。除为害腰果外，还为害油茶、桑、柿、乌桕等。瘤额牡蛎蚧主要以雌成虫和若虫附着在腰果枝条、叶片表面吸食汁液，致芽、叶瘦小，生长迟滞，严重时植株枝枯、落叶或全株死亡。

形态特征

雌成虫介壳长3～4毫米，长形，略弯曲，后端大，背面隆起，似牡蛎的壳。暗褐色，壳缘灰白色，壳点灰褐色，突出于头端。雄成虫介壳长1.6毫米左右，前端深褐色，后端红褐色，具黄色带状纹，壳缘、壳点与雌成虫介壳同色。雌成虫乳黄色，末端橙黄色，长纺锤形，口器丝状，黄褐色。雄成虫橙黄色，头部黑色，触角丝状，翅半透明。

卵长椭圆形，初产时白色略带水红色，后变浅紫色。

若虫扁平，椭圆形，体浅黄色，眼紫红色，触角和足明显，分泌浅黄色蜡质物。

蛹长约0.9毫米，体略带水红色，眼黑色。

瘤额牡蛎蚧

瘤额牡蛎蚧为害枝条

瘤额牡蛎蚧为害嫩梢

生活习性

每头雌成虫产卵40～60粒。初孵若虫十分活泼，孵化后24小时即可在新梢、叶片或枝条上固定，荫蔽处尤其多，叶面雄成虫较雌成虫多。

防治方法

参考椰圆盾蚧。

（四十六）长牡蛎蚧 *Lepidosaphes gloverii* (Packard, 1869)

发生为害

长牡蛎蚧属半翅目（Hemiptera）盾蚧科（Diaspididae）。在中国腰果种植区发生为害。除为害腰果外，还为害柑橘、菠萝、椰子、葡萄、樱桃等。长牡蛎蚧主要以成虫和若虫群集在枝、叶片上为害，导致叶片变黄、脱落或枝枯，严重影响树势。

形态特征

雌成虫介壳细长，长2.5～3.2毫米，后端稍宽，隆起，两侧平行或稍弯，棕黄色或暗棕色，壳点突出于前端，淡黄色；腹面灰白色，中间的裂缝较大，可见虫体。雌成虫体较狭长，长1.5～2.0毫米。雄成虫介壳略似雌成虫介壳，稍小，两侧平行，长约1.5毫米，淡紫色，边缘白色，壳点黄色。雄成虫体长约0.65毫米，翅长约1.3毫米，翅透明，眼淡紫色，腹节明显可见。

卵长椭圆形，长约0.25毫米，孵化前为淡紫色，在介壳内整齐排列成两行。

若虫初孵时长椭圆形，淡紫色。

蛹淡紫色，胸部略呈黄红色，长约0.7毫米。

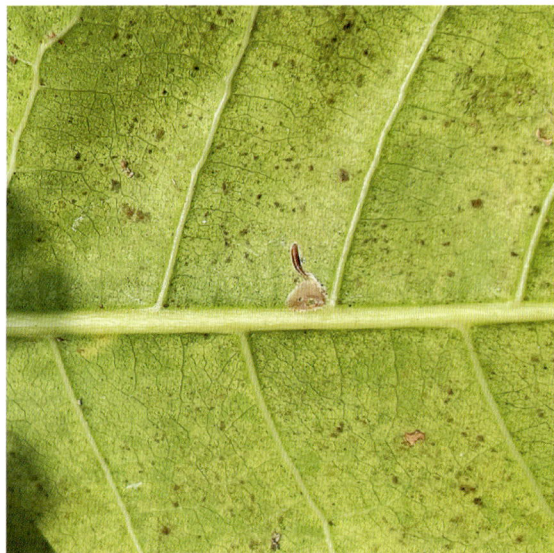

长牡蛎蚧

生活习性

1年发生约6代。单雌产卵量为32～57粒，卵产于介壳下。

防治方法

参考椰圆盾蚧。

（四十七）红蜡蚧 *Ceroplastes rubens* Maskell, 1893

发生为害

红蜡蚧属半翅目（Hemiptera）蜡蚧科（Coccidae）。在中国、印度、斯里兰卡、澳大利亚等腰果种植区发生为害。除为害腰果外，还为害柑橘、苹果、樱桃、柿、荔枝、杨梅、无花果、芒果、石榴等。红蜡蚧主要以成虫和若虫聚集在腰果枝梢上吸取汁液，叶片及果梗上亦有发生。腰果枝梢受害后，抽梢量减少，枯枝增多，诱发烟煤病，影响植株的光合作用，果实品质降低，产量减少。

形态特征

雌成虫体卵形，直径3～4毫米，紫红色，背面向上隆起，到产卵期隆起更为明显。背面覆厚蜡壳，为不完整的半球形，顶端凹陷，形似脐状。触角6节，第三节最长，等于第四、五、六节之和，其余各节短。口器较小而发达，位于前足基节之间。足短小，胫节稍短，跗节末端变细，爪硬化，顶端稍弯曲。前、后胸气门发达，喇叭状。多格腺主要分布在阴门附近，数量很多。五孔腺在气沟内呈带状分布。

雄成虫体长约1毫米，翅展约2.4毫米，体暗红色。头部较圆，口器及单眼黑色，触角10节。触角和足均为淡黄色。前胸宽盾形，深红色，中胸具1对白色半透明翅，沿翅脉常有淡紫色带状纹。后胸为棕色。足较长，每节均具细毛，胫节长，跗节短，爪略弯曲。

卵椭圆形，淡红色，两端稍细，宽约0.15毫米。

初孵若虫扁平椭圆形，长约0.4毫米，红褐色，腹部末端有2根长毛。触角6节，第三、五节各有1根长毛。眼紫褐色。足的腿节甚大，长度等于胫节、跗节之和。气沟凹陷深，有刺3根。二龄时体呈椭圆形，稍突起，紫红色，体表被白色蜡质物。三龄时体长圆形，蜡壳加厚。老熟若虫体长约0.9毫米，宽约0.6毫米。

红蜡蚧成虫

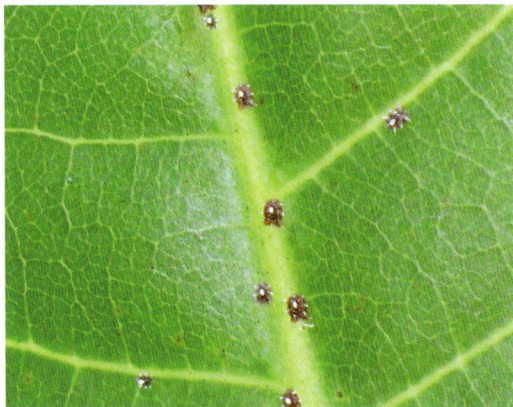

红蜡蚧若虫

前蛹和蛹的蜡壳均为暗紫红色，长形。蛹体长约1毫米，淡黄色。茧椭圆形，暗红色，长约1.5毫米。

生活习性

1年发生1代。卵期1～2天。雌若虫蜕皮3次成为成虫，雌若虫达成虫期后即交尾。一龄若虫期20～25天，二龄若虫期23～25天，三龄若虫期30～35天。雄虫一龄若虫期与雌虫相同，二龄若虫期40～45天，前蛹期1～3天，蛹期2～6天。雄成虫寿命20～48小时。初孵若虫活动半小时左右渐渐固定，将口针插入寄主组织吸取汁液，固定后2～3天开始分泌白色蜡质物覆盖体背。这时新叶嫩梢上若虫密布如白色星点，是药剂防治的关键时期。之后随虫龄增大，分泌物也逐渐加厚，至成虫老熟为止。雌成虫繁殖力强，平均每雌产卵474粒，卵孵化率达84%～93%。雌成虫一般固着于枝叶上，雄成虫多发生在叶柄、叶背沿主脉处。

防治方法

农业防治：加强栽培管理，增强树势。结合修剪剪除被害枝叶集中销毁，保持果园良好的通风透光条件，有利于植株生长和药剂防效的提高。

生物防治：保护和利用瓢虫、蚜小蜂等天敌，在红蜡蚧局部发生为害时，应以喷药挑治来保护天敌。

化学防治：初孵若虫抗药力较差，是化学防治的关键时期。可选用48%毒死蜱乳油1 000～1 500倍液、22%氟啶虫胺腈悬浮剂4 000～5 000倍液、25%噻嗪酮可湿性粉剂1 500～2 000倍液进行防治。

（四十八）角蜡蚧 *Ceroplastes ceriferus* (Fabricius, 1798)

发生为害

角蜡蚧属半翅目（Hemiptera）蜡蚧科（Coccidae）。在中国、印度、斯里兰卡等腰果种植区发生为害。除为害腰果外，还为害桑、柑橘、枇杷、无花果、荔枝、杨梅、芒果、石榴、苹果、桃、李、杏、樱桃等。角蜡蚧主要以若虫和雌成虫在成熟叶或老叶背面吸取汁液为害，排泄蜜露常致烟煤病发生，可导致树势衰弱，严重时枝条枯死。

形态特征

雌成虫圆形，长约4毫米，橙黄色至赤褐色，腹端有圆锥形突起。雄成虫赤褐色，体长约1毫米，有1对透明的翅。雌成虫介壳很厚，直径5～9毫米，灰白色，微带粉红色，背面中央呈角状突出，周围有8个较小的角状突起。雄成虫介壳较小，灰白色，边缘有星芒状突起。

卵长约0.4毫米，宽约0.2毫米，椭圆形，初为肉红色，后变红褐色。

初孵若虫长椭圆形，长约0.5毫米，红褐色；头部稍宽，背部隆起，腹面平，臀裂明显，眼黑色，触角7节，各节均有感觉毛；有3对发达的胸足，尾部有与体长相近或超出体长的白色细毛1对。一龄后期开始具星芒状蜡突。二龄蜡突明显，呈现14个，左右各6个，头尾各1个；雌若虫介壳背中开始拱起1个角突。三龄雌若虫蜡壳明显拱起增大，近圆形，周缘星芒状蜡突仅剩痕迹，背顶角突倾斜，呈弯钩状。

雄蛹蜡壳同若虫二龄蜡壳，长约2毫米，背面微隆起，周围有13个蜡突。蛹体长约1.3毫米，长椭圆形，赤褐色。

角蜡蚧

角蜡蚧为害叶片

生活习性

1年发生1代。卵期约1周。若虫期80～90天，雌若虫蜕皮3次羽化为成虫，雄若虫蜕皮2次为前蛹，进而化蛹。初孵雌若虫多于枝上固着为害，雄若虫多于叶片主脉两侧群集为害。雄成虫交配后死亡，雌成虫继续为害。

防治方法

参考红蜡蚧。

（四十九）伪角蜡蚧 *Ceroplastes pseudoceriferus* Green, 1935

发生为害

伪角蜡蚧属半翅目（Hemiptera）蜡蚧科（Coccidae）。在中国、印度、斯里兰卡、越南、缅甸、柬埔寨等腰果种植区发生为害。除为害腰果外，还为害山樱花、菊花、大叶黄杨、雪松、柑橘、冬青、月季、榆树、罗汉松、玉兰、月桂、山茶、苏铁、海桐等。伪角蜡蚧主要以成虫和若虫刺吸腰果枝条为害，发生严重时，枝条布满虫体，相互重叠，树势衰弱，同时排泄的蜜露易诱发烟煤病。

形态特征

雌成虫体外被白色蜡壳，尾端有长筒状突出。虫体长3～6毫米，体宽2～3毫米，多为卵圆形，头端稍狭窄，尾端钝圆。触角6节，其中第三节最长，触角各节着生细毛，一般基节3根，第二节2根，第三节上端有3根，第四节有1根，第五节有2根，第六节一般有10根着生在顶端。胸足正常发育。胸气门比较发达，气门开口宽圆呈喇叭状，气门腺路由五孔腺组成，腺体比较密集。着生气门刺的体缘凹陷不明显，气门刺30～40个，紧密集聚成群，

伪角蜡蚧

气门刺大小不一，中部外缘的气门刺中有若干较大者。肛板略呈三角形，肛板周围体壁高度硬化，且向外延伸呈长筒状的尾突。虫体腹面有方形、三角形和小椭圆形的盘状腺；背面小体刺多为棒状。

卵椭圆形，长约0.3毫米，红褐色。

初孵若虫扁椭圆形，长0.43～0.55毫米，黄褐色。二龄若虫出现蜡壳，前端具3个蜡突，两侧各4个，后端2个，体长0.55～0.63毫米。三龄若虫红褐色，体长0.69～2.06毫米，宽0.35～0.99毫米。

生活习性

1年发生1代。若虫从母体下爬出，固定在枝干上，1周左右有蜡质生成。成虫生命力极强。产卵期约22天，每头雌成虫产卵最多1 976粒，最少为789粒，白天产卵量明显多于夜间，卵的孵化率达96%。若虫孵化当天停留于母蚧蜡壳内，1～2天后才爬出蜡壳，出蜡壳的若虫迅速爬行，以寻找合适的位置固定。多分布于当年生或1年生枝条，2年生以上枝条分布较少，叶柄和叶片上不见分布。若虫固定后开始泌蜡，1周后分泌的白蜡逐渐加厚，在体背裸露一圈红色虫体，外观呈星芒状，这一阶段历时约30天。随后蜡质物开始覆盖裸环，体背中央分泌的白色蜡质物呈圆锥状，整个蜡壳外形似一顶尖帽，这一阶段约需30天。

防治方法

参考红蜡蚧。

（五十）银毛吹绵蚧 *Icerya seychellarum*（Westwood, 1855）

发生为害

银毛吹绵蚧属半翅目（Hemiptera）硕蚧科（Margarodidae）。在中国腰果种植区发生为害。除为害腰果外，还为害柑橘、枇杷、芒果、石榴、桃、柿等。银毛吹绵蚧主要以成虫和若虫吸食为害腰果叶片或枝梢。

形态特征

雌成虫体长 4～6毫米，橘红色或暗黄色，椭圆形或卵圆形，后端宽，背面隆起，被块状白色棉毛状蜡粉，呈5纵行，背中线1行，腹部两侧各2行，块间杂有许多白色细长蜡丝，体缘蜡质物突起，长条状，淡黄色；产卵期腹末分泌出卵囊，约与虫体等长，卵囊上有许多长管状蜡条排在一起，卵囊呈瓣状；整个虫体背面有许多呈放射状排列的银白色细长蜡丝；触角丝状，黑色，11节，各节均生细毛；足3对，发达，黑褐色。雄成虫体长3毫米，紫红色，触角10节，似念珠状，球部环生黑刚毛；前翅发达，色暗，后翅特化为平衡棒，腹末丛生黑色长毛。

银毛吹绵蚧

卵椭圆形，长约1毫米，暗红色。

若虫宽椭圆形，瓦红色，体背具许多短而不齐的毛，体边缘遮盖毛状分泌物。触角6节，端节膨大呈棒状。足细长。

雄蛹长椭圆形，长约3.3毫米，橘红色。

生活习性

1年发生1代。初孵若虫分散转移到枝干、叶和果实上为害，雌成虫多转移到枝干上群集为害，交尾后雄成虫死亡。

防治方法

农业防治：在秋冬两季进行整形修剪，改善腰果植株通风透光条件。加强肥水管理，适时施肥，合理浇水，恢复或增强树势，提高抗虫力。银毛吹绵蚧局部发生时，用硬毛刷刷除枝条上的虫体，或剪除有虫枝条和叶片，并集中销毁。

生物防治：保护和利用瓢虫、寄生蜂等天敌。

化学防治：在低龄若虫期，可选用40%石硫合剂水剂200～300倍液，22%氟啶虫胺腈悬浮剂4 000～5 000倍液、25%噻嗪酮可湿性粉剂1 000～1 500倍液、22.4%螺虫乙酯悬浮剂3 000～4 000倍液、4.5%高效氯氰菊酯乳油2 000～3 000倍液进行防治。

（五十一）烟粉虱 *Bemisia tabaci* (Gennadius, 1889)

发生为害

烟粉虱属半翅目（Hemiptera）粉虱科（Aleyrodidae）。在中国腰果种植区发生为害。除为害腰果外，还为害棉花、西瓜、黄瓜、番茄等。烟粉虱以成虫和若虫在腰果叶片上取食汁液，导致植株营养不良，受害叶片褪绿、萎蔫甚至枯死。成虫和若虫还分泌大量蜜露，严重污染叶片，诱发烟煤病，使腰果光合作用受阻。

形态特征

雌成虫体长约0.91毫米，雄成虫体长约0.85毫米。虫体淡黄白色至白色，肾形，复眼红色，单眼2个。触角7节。翅被白色蜡粉，无斑点；前翅有2条纵翅脉，后翅纵脉1条。停息时左右翅合拢呈屋脊状，两翅间有缝隙，可见到黄色的腹部。足3对，跗节2节，爪2个。

卵椭圆形，约0.2毫米，端部有小柄，与叶面垂直，卵柄通过产卵器插入叶内。卵初产时白色或淡黄绿色，孵化前颜色加深，呈琥珀色至深褐色，但不变黑。

若虫椭圆形。一龄体长约0.2毫米，有触角和足，能爬行，有体毛16对，腹末端有1对明显的刚毛，腹部平，背部微隆起，淡绿色至黄色。一旦成功取食到寄主汁液，就固定下来取食，直到羽化。二龄、三龄体长分别约为0.36毫米和0.50毫米，足和触角退化至仅1节，体缘分泌蜡质物，固着为害。

烟粉虱成虫背面

烟粉虱成虫侧面

烟粉虱为害叶片

伪蛹体椭圆形，扁平，淡绿色或黄色，长0.6～0.9毫米。蛹壳边缘扁薄或自然下陷，无周缘蜡丝。胸气门和尾气门外常有蜡缘饰，在胸气门处左右对称。蛹背蜡丝有无，常随寄主而异。

生活习性

1年发生11～15代，繁殖速度快，世代重叠。烟粉虱一龄若虫可爬行。二龄若虫后足退化，固定在叶背取食。伪蛹羽化为成虫后在叶背留下蛹壳。烟粉虱成虫有明显的趋嫩、趋黄性，喜在温暖无风的天气时在叶背活动。卵散产，在叶背分布不规则。成虫于植株中上部位的叶片背面产卵，卵上有1个小柄与叶连接，每头雌成虫产卵120粒左右。

防治方法

农业防治：结合农事操作，随时去除植株下部衰老叶片，并集中销毁。

物理防治：烟粉虱对黄色，特别是橙黄色有强烈的趋性，可设置黄板诱杀成虫。

生物防治：烟粉虱的天敌有丽蚜小蜂、中华草蛉等，可采用人工释放天敌的方式进行防控。

化学防治：由于烟粉虱世代重叠，在同一时间存在各种虫态，而当前没有对各虫态皆有效的药剂，所以采用化学防治时必须连续数次轮换用药。可用1.8%阿维菌素乳油2 000～3 000倍液、25%噻嗪酮乳油1 000～1 500倍液、10%吡虫啉可湿性粉剂3 000～3 500倍液、25%噻虫嗪水分散粒剂3 000～3 500倍液、2.5%联苯菊酯乳油2 500～3 000倍液进行防治。

（五十二）白蛾蜡蝉　*Lawana imitate*（Melichar, 1902）

发生为害

白蛾蜡蝉属半翅目（Hemiptera）蛾蜡蝉科（Flatidae）。在中国腰果种植区发生为害。除为害腰果外，还为害龙眼、芒果、黄皮、葡萄、荔枝、柑橘、菠萝蜜、番石榴、人心果、无花果、扁桃等。白蛾蜡蝉主要以成虫和若虫群集在较荫蔽的枝条、嫩梢、花穗、果梗上刺吸汁液，排出的蜜露诱发烟煤病，致使植株树势衰弱，受害严重时导致落果，降低果实产量。

形态特征

成虫体长20～25毫米，初羽化时黄白色至碧绿色，体被白色蜡粉。头近圆锥形，颈区具脊。喙粗短，端节淡褐色，伸达中足基节处。复眼灰褐色，单眼淡红色。触角在复眼下方，基部膨大，其余各节呈刚毛状，端节呈淡绿色或褐色。前胸背板宽舌状，前缘中央有一小凹刻，近前缘处有一双弧形横刻纹，后缘凹入呈弧状。中胸背板发达，背面具3条近平行的脊状隆起。腹部黄褐色至褐色，侧扁。前翅粉白色，略呈紫色，有的个体淡绿色，翅面宽广，顶角似直角，臀角向后呈锐角，外缘平直，后缘近基部略弯曲，径脉和臀脉中段黄色，臀脉基部蜡粉较多且集中。后翅灰白色或碧玉色，半透明。静止时双翅呈脊状竖起。足淡黄色，跗节末端色深，后足胫节外侧有刺2根。

卵长椭圆形，长约0.6毫米，宽约0.35毫米，淡黄白色，表面有细网纹，卵粒聚集排列成长条块。

若虫体长7～8毫米。长椭圆形，略扁平，被白色棉絮状蜡质物。翅芽向体后侧平伸，末端平截。腹端有成束粗长蜡丝。

白蛾蜡蝉成虫

白蛾蜡蝉为害叶片

生活习性

1年发生2代。成虫善跳能飞，但只作短距离飞行。卵产在枝条、叶柄皮层中，卵粒排列成长条块，每块有卵几十粒至400多粒。被产卵处稍微隆起，表面呈枯褐色。若虫有群集性，初孵若虫常群集在附近的叶背和枝条。随着虫龄增大，虫体上的白色蜡絮加厚。若虫善跳，受惊动时便迅速弹跳逃逸。

防治方法

农业防治：在收获后结合整形修剪，剪除无效枝、过密的枝叶和着卵枝梗，适当修剪被害枝可减少产卵和为害。在若虫期，可用竹扫帚将若虫扫落，然后进行捕杀或放鸡啄食。

物理防治：①人工捕杀。白蛾蜡蝉若虫有聚集取食的习性，可根据该习性进行集体捕杀。发现卵块可及时剪除有虫枝叶，就地处理；在成虫盛发期进行人工网捕；在雨后、早晨露水未干时，因白蛾蜡蝉受水沾湿不能飞跳，可用竹扫帚把虫扫落至地面再统一处理。②灯光诱杀。利用白蛾蜡蝉的趋光性，使用黑光灯、风吸式太阳能杀虫灯等诱杀白蛾蜡蝉成虫。③利用害虫趋化性诱杀。如用糖蜡液诱杀成虫等。④色板诱杀。利用害虫对不同颜色的趋性黏杀害虫成虫。

生物防治：注意保护利用果园原有的天敌，若虫的常见天敌有草蛉、螯蜂等。也可用生物农药金龟子绿僵菌、球孢白僵菌、印楝素、苦参碱、藜芦碱等进行防治。

化学防治：可选用10%联苯菊酯水乳剂2 000～3 000倍液、15%茚虫威乳油2 000～3 000倍液、10%虫螨腈悬浮剂1 500～2 000倍液进行防治。由于虫体（特别是若虫）被有蜡粉，所用药液中适当加入含油量0.3%～0.4%的柴油乳剂或黏土柴油乳剂，可显著提高防效。

（五十三）碧蛾蜡蝉 *Geisha distinctissima*（Walker, 1858）

发生为害

碧蛾蜡蝉属半翅目（Hemiptera）蛾蜡蝉科（Flatidae）。在中国腰果种植区发生为害。除为害腰果外，还为害油茶、桑、甘蔗、柑橘、柿、桃、李、杏、苹果、葡萄、栗、杨梅、无花果等。碧蛾蜡蝉主要以成虫和若虫吸食枝梢和叶片汁液，且易引发烟煤病。严重时枝、茎、叶上布满白色蜡质物，导致植株树势衰弱。

形态特征

成虫体长约7毫米，翅展约21毫米，黄绿色。额长大于宽，有中脊，侧缘脊带状褐色。喙粗短，伸至中足基节。唇基色略深。复眼黑褐色，单眼黄色。前胸背板短，前缘中部呈弧形，前突达复眼前沿，后缘弧形凹入，背板上有2条褐色纵带。中胸背板长，上面有3条平行纵脊及2条淡褐色纵带。腹部浅黄褐色，覆白粉。前翅宽阔，外缘平直，翅脉黄色，网状脉纹，红色细纹绕过顶角经外缘伸至后缘爪片末端。后翅灰白色，翅脉淡黄褐色。足的胫节、跗节色略深。

卵长约1.5毫米，纺锤形，乳白色，其上有2条纵凹沟和1条鱼鳍状突起。

初孵若虫体长约2毫米，老熟若虫5～6毫米，全体淡绿色，胸、腹部被白色蜡质絮状物。复眼灰色。触角和足淡黄色，腹末有1束绢丝状蜡质长毛。若虫体扁平，长形，腹末截形，绿色，被白蜡粉，腹末覆较长白色棉状蜡丝。

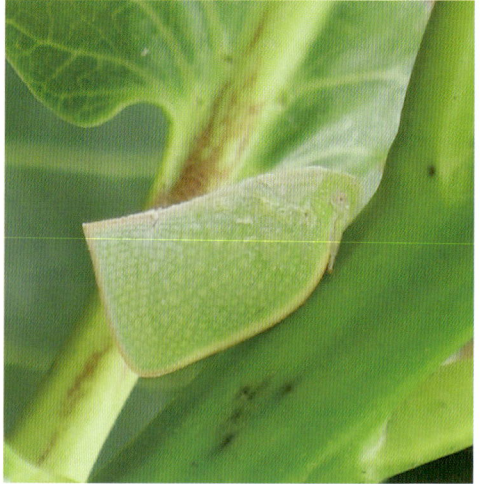

碧蛾蜡蝉成虫

生活习性

1年发生2代。成虫、若虫都有趋嫩性、畏光性，早晨露水未干时，在嫩叶背面取食，阳光强烈时躲进树冠。成虫、若虫都善跳，遇惊即逃。卵多产在腰果树嫩梢上，也可产在枯枝及周边花、草、树木的幼嫩组织中。若虫四龄，初孵若虫常数10只群聚在树冠下部为害老叶，中、大龄时分散到中、上部枝叶。

防治方法

参考白蛾蜡蝉。

（五十四）褐缘蛾蜡蝉 *Salurnis marginella*（Guérin-Méneville, 1829）

发生为害

褐缘蛾蜡蝉属半翅目（Hemiptera）蛾蜡蝉科（Flatidae）。在中国、泰国、印度、印度尼西亚等腰果种植区发生为害。除为害腰果外，还为害芒果、荔枝、龙眼、鳄梨、柑橘、咖啡、油茶等。褐缘蛾蜡蝉主要以成虫和若虫群集在腰果枝梢上刺吸汁液，所排出的蜜露诱发烟煤病，致使树势衰弱。

形态特征

成虫体长9～11毫米，翅展18毫米左右。头部黄赭色，额宽，侧缘脊状，顶角及侧缘色深。唇基略隆起，两侧具淡黄色斜条纹。喙绿色，粗短，伸达中足基节处。触角深褐色，端节膨大。单眼水红色。前胸背板长为头顶的2倍，前缘褐色，向前突出于复眼，后缘略凹入，呈弧形，中央有2条红褐色纵带，侧带黄色，其余部分为绿色。中胸背板发达，左右各有2条弯曲的侧脊，有红褐色纵带4条，其余部分绿色（黄翅个体的前、中胸为黄褐色）。腹部灰黄绿色，覆白色蜡粉，侧扁。前翅绿色或黄绿色，边缘褐色，在爪片端部有一显著的马蹄形褐斑，褐斑中央灰褐色；网状脉纹明显隆起，在绿色个体上为深绿色，在黄色个体上呈红褐色。后翅绿白色，边缘完整。前、中足褐色，后足绿色。

卵淡绿色，长1.3毫米，短香蕉状，一端略大。

若虫共4龄。淡碧绿色，有翅芽，胸背无蜡絮物，有4条红褐色纵纹，腹背具白色蜡絮物。腹末有两大束白蜡丝。

褐缘蛾蜡蝉成虫

褐缘蛾蜡蝉若虫

生活习性

1年发生1代。成虫喜潮湿畏阳光，卵多产在枝梢皮层下，也可产在叶柄、叶背主脉的组织中，产卵处外表可见有少数白色棉状物。若虫喜群栖为害，栖息为害处也覆有白色棉状物。

防治方法

参考白蛾蜡蝉。

（五十五）中华锥蛾蜡蝉　*Cromna sinensis* (Walker, 1851)

发生为害

中华锥蛾蜡蝉属半翅目（Hemiptera）蛾蜡蝉科（Flatidae）。在中国腰果种植区发生为害。除为害腰果外，还为害柑橘、芒果等。中华锥蛾蜡蝉主要以成虫和若虫吸食枝梢和叶片汁液，引发烟煤病，严重时枝、茎、叶上布满白色蜡质物，导致植株树势衰弱。

形态特征

成虫体长约13.5毫米。体及前翅绿色，前翅边缘具黑色小点，后翅乳白色。足浅黄色。头顶前缘突出。额长约为宽的1.6倍，中域平坦，侧缘隆起。额唇基沟稍突起，唇基突起。喙延伸至中足转节。触角短。前胸背板前缘突出，中间凹陷，眼后突明显隆起。中胸背板中域平。前翅三角形，前缘室宽度约为前缘膜宽度的1.2倍。雄性外生殖器肛节侧面观中部呈角；尾节环状，侧面观近三角形；阳茎基管状，背侧瓣长且端部尖，腹瓣短而窄，阳茎器前端不分叉，端部具4根刺；抱器腹缘近圆形，背缘稍突出。雌性外生殖器肛节背面观近卵圆形；第三产卵瓣足状，内表面端部具大量小齿；第二产卵瓣小，近三角形；第一产卵瓣近三角形，短而宽，端部尖，无齿。

中华锥蛾蜡蝉成虫

中华锥蛾蜡蝉群集为害

生活习性

1年发生约2代。成虫、若虫都有趋嫩怕光的习性，早晨露水未干时，在嫩叶背面取食，阳光强烈时躲进树冠中。成虫、若虫都善跳，遇惊即逃。卵多产在腰果树嫩梢内，也可产在枯枝及周边花草树木的幼嫩组织中。若虫4龄，初孵若虫常数十只群聚在树冠下部为害老叶，中、大龄时分散到中、上部枝叶。

防治方法

参考白蛾蜡蝉。

（五十六）柿广翅蜡蝉 *Ricania sublimbata* (Jacobi, 1916)

发生为害

柿广翅蜡蝉属半翅目（Hemiptera）广翅蜡蝉科（Ricaniidae）。在中国、缅甸、泰国、马来西亚等腰果种植区发生为害。除为害腰果外，还为害芒果、柑橘、油茶、梨、苹果、桃、李、山楂、葡萄和栗等。柿广翅蜡蝉主要以成虫、若虫刺吸为害，吸食植物汁液，导致叶片枯黄脱落、枝梢枯死、落花落果，而高密度虫口还会导致烟煤病发生。另外，成虫在嫩枝和叶脉处产卵时，用产卵器刺破植物组织形成刀刻状产卵痕，会阻碍水分和营养物质输送，造成枝梢枯萎，树势衰弱。

形态特征

成虫体长8.5～10.0毫米，翅展24～36毫米。头、胸背面黑褐色，腹面深褐色，腹部基部黄褐色，其余各节深褐色，尾器黑色，头、胸及前翅表面多被绿色蜡粉。额中脊长而明显，无侧脊。唇基具中脊。前胸背板具中脊，两边具刻点。中胸背板具纵脊3条，中脊直而长，侧脊斜向内，端部互相靠近，在中部向前外方伸出一短小的外叉。前翅前缘、外缘深褐色，中域和后缘色渐变淡，前缘外方1/3处稍凹入，此处有一三角形至半圆形淡黄褐色斑。后翅为暗黑褐色，半透明，脉纹黑色，脉纹边缘有灰白色蜡粉，翅前缘基部色浅，后缘域有2条淡色纵纹。前足胫节外侧有刺2个。

卵呈长肾形，长约1.2毫米，顶端有微小乳状突起。初产时为乳白色，近孵化时为灰褐色。

若虫共5龄，初龄若虫体长约1.56毫米，老熟若虫平均体长为5.16毫米。一龄若虫体呈淡黄绿色，胸部背板上有1条中纵脊，腹末具4个明显泌腺孔，白色蜡丝上翘，可将腹

柿广翅蜡蝉若虫

柿广翅蜡蝉成虫

柿广翅蜡蝉为害嫩叶

柿广翅蜡蝉为害嫩梢

柿广翅蜡蝉为害花

柿广翅蜡蝉为害严重的枝条

部覆盖。随着虫龄增加，尾部蜡丝逐次增多增长。三龄若虫中、后胸背板中纵脊两侧各出现1个黑色斑点，蜡丝可全身覆盖。五龄若虫可见明显翅蚜。

生活习性

1年发生2代。成虫、若虫喜群聚在叶片和嫩梢上取食，当有干扰时，会绕至枝梢后面躲避。成虫的迁移扩散能力很强，具有趋光性。多于21时至次日2时孵化若虫，初孵若虫10小时后出现蜡丝，12小时后转移到叶背，四龄前集中在叶背为害，五龄后分散到嫩梢及叶片上为害，少有为害果实。若虫性活泼，受惊后横行斜走，惊慌时则跳跃逃逸，且晴朗温暖天气活跃。成虫多在凌晨羽化，刚羽化的成虫全身白色，眼呈灰褐色，羽化后12～16天交尾，交尾后约7天雄成虫死亡，6～8天后雌成虫开始产卵，每头雌成虫平均产卵68粒。卵产于叶片背面的主脉、叶柄或枝梢上。卵粒排列成两行，少有单行排列。每个产卵痕中有卵8～35粒，成虫喜欢在1年生粗壮枝条上产卵。

防治方法

农业防治：结合果园管理，剪除有卵块的枝条集中处理，减少虫源。

生物防治：柿广翅蜡蝉的天敌较多，包括舞毒蛾卵平腹小蜂、中华草蛉、大草蛉、晋草蛉、龟纹瓢虫、异色瓢虫、长颈蓝步甲、大刀螂以及赤眼蜂、狼蛛、麻雀、蝙蝠、燕等，应注意保护和利用。

化学防治：在初孵若虫高峰期进行化学防治，可选用1.8%阿维菌素乳油2 000～3 000倍液、5%吡虫啉乳油1 000～2 000倍液、2.5%溴氰菊酯乳油1 000～1 500倍液或4.5%高效氯氟氰菊酯乳油2 000～3 000倍液进行防治。

（五十七）八点广翅蜡蝉　*Ricania speculum*（Walker, 1851）

发生为害

八点广翅蜡蝉属半翅目（Hemiptera）广翅蜡蝉科（Ricaniidae）。在中国腰果种植区发生为害。除为害腰果外，还为害油茶、桑、棉花、黄麻、大豆、苹果、梨、桃、杏、李、梅、樱桃、枣、栗、山楂、柑橘、可可等。八点广翅蜡蝉主要以成虫和若虫刺吸为害腰果嫩叶和嫩梢。

形态特征

成虫体长11.5～13.5毫米，翅展23.5～26.0毫米，黑褐色，疏被白蜡粉。触角刚毛状，短小。单眼2个，红色。翅革质，密布纵横脉，呈网状，前翅宽大，略呈三角形，翅面被稀薄白色蜡粉，翅上有6～7个白色透明斑，1个在前缘近端部2/5处，近半圆形；外下方1个较大，呈不规则形；内下方1个较小，长圆形；近前缘顶角处1个很小，狭长；外缘有2个，较大。后翅半透明，翅脉黑色，中室端部有1个小白色透明斑，外缘前半部有1列半圆形小白色透明斑，分布于脉间。腹部和足褐色。

卵长约1.2毫米，长卵形，卵顶具一圆形小突起，初为乳白色，渐变淡黄色。

八点广翅蜡蝉成虫背面

八点广翅蜡蝉成虫侧面

若虫体长5～6毫米，宽3.5～4.0毫米，体略呈钝菱形，翅芽处最宽，暗黄褐色，布有深浅不同的斑纹。体疏被白色蜡粉，腹部末端有4束白色棉毛状蜡丝，呈扇形伸出，中间1对长约7毫米，两侧长6毫米左右，平时腹端上弯，蜡丝覆于体背以保护身体，常可作孔雀开屏状，向上直立或伸向后方。

生活习性

1年发生1代。白天活动，若虫有群集性，常数头一起排列枝上，爬行迅速，善于跳跃。成虫飞行力较强且迅速，羽化不久即交配产卵。每头雌成虫能产卵4～5次，每次产卵时间约7天。每处产卵10～87粒，产卵处表面覆有白色蜡丝。初羽化成虫色浅，半日后颜色加深至正常态，8～9天即可交尾产卵。成虫有聚集产卵的习性，虫量大时被害枝上布满产卵痕迹。卵块外被白色絮状蜡丝，之后蜡丝脱落，快孵化时露出卵粒，此时可见浅灰色卵端的红色眼点。若虫共5龄，若虫期40～50天，成虫期25～50天，卵期270～330天。

防治方法

参考柿广翅蜡蝉。

（五十八）丽纹广翅蜡蝉 *Ricanula pulverosa* (Stål, 1865)

发生为害

丽纹广翅蜡蝉属半翅目（Hemiptera）广翅蜡蝉科（Ricaniidae）。在中国腰果种植区发生为害。除为害腰果外，还为害油茶、番石榴等。丽纹广翅蜡蝉主要以成虫和若虫刺吸为害腰果嫩叶和嫩梢。

形态特征

成虫体长5～8毫米，翅展15～18毫米。头部黑色，具白色的横斑。复眼橙红色，具白色环纹。体背与前翅基部1/3区呈黑色或黑褐色底色，具许多黄色的横向细波纹；前翅端部2/3区主要呈紫褐色，中央具1枚黑色圆斑；前翅前缘区具黑色斜线，中央具白斑，端部区具2枚黑点。有些个体颜色鲜艳。

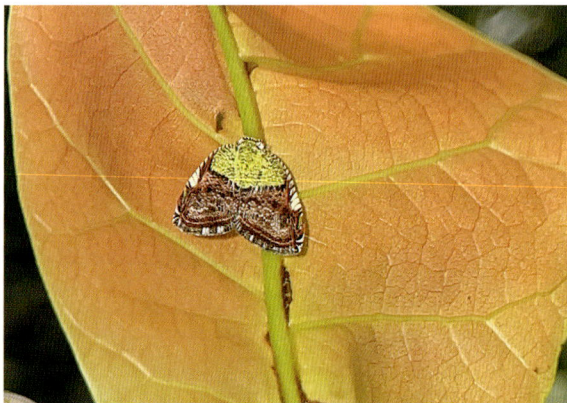

丽纹广翅蜡蝉成虫

生活习性

1年发生1代。若虫有群集性，成虫飞行力较强。雌成虫将卵产于腰果叶片或枝梢上。

防治方法

参考柿广翅蜡蝉。

（五十九）凹缘菱纹叶蝉 *Hishimonus sellatus* (Uhler, 1896)

发生为害

凹缘菱纹叶蝉属半翅目（Hemiptera）叶蝉科（Cicadellidae）。在中国腰果种植区发生为害。除为害腰果外，还为害桑、无花果、榆树、苎麻、大麻、芝麻、大豆、绿豆、豇豆等。凹缘菱纹叶蝉主要以成虫和若虫在腰果叶片上吸取汁液，导致叶片生长迟缓。

形态特征

成虫体长3.7～4.2毫米，体淡黄绿色。头部向前方突出，有黄色光泽，头顶有数对不甚明显的黄褐色小斑，中后部有1条褐色纵线，额区有7～8条暗线分列两侧。复眼暗绿色，单眼黄色。前胸背板有黄绿色光泽，散生青灰色小斑点。小盾片黄色，有2对淡褐色斑及一中横线，在中央有细黑色横沟。前翅灰白色，半透明，翅脉淡褐色，散布淡褐色斑点及短纹，在后缘中部具有1个大的三角形或半圆形淡褐斑，两翅合拢时呈菱形斑纹，在菱形斑纹中有上下排列的3个小淡色斑，

凹缘菱纹叶蝉成虫

斑纹周缘较浓，翅端部暗褐色，有4个灰白色小圆点。腹面黄色或淡黄绿色，腹部背面中央黑褐色。足淡黄色。

卵弯半月形，一端稍尖，一端钝圆，长径约1.5毫米，横径约0.6毫米。

若虫5龄，初孵淡黄色，后色变深至淡黄褐色，蜕皮时变黑色。体长24～34毫米，头冠黄绿色，生稀疏褐色斑点，有中纵线1条。复眼深绿色，单眼黄褐色。胸部背板暗褐色，散生黄褐色斑点。翅芽黄褐色，与第三腹节等齐。

生活习性

1年发生4～5代。成虫和若虫均有强趋嫩性和趋黄性。成虫具有趋光习性。羽化几天后雌雄成虫进行交配，交配后经3～5天产卵。产卵期长，可持续30天，每头雌成虫平均产卵62粒。卵产在叶柄基部或嫩梢上。初孵若虫聚集在嫩梢或嫩叶上刺吸汁液，二龄后分散为害。

防治方法

农业防治：剪除带卵嫩梢，降低虫口基数。

物理防治：在成虫发生前期布置黄板或打开诱虫灯，可诱杀部分成虫。

生物防治：凹缘菱纹叶蝉的捕食性天敌有蜘蛛、猎蝽、螳螂、瓢虫等，可捕食成虫和若虫。寄生性天敌姬蜂和缨小蜂亦有明显的抑制作用，可利用它们进行生物防治。

化学防治：于凹缘菱纹叶蝉若虫低龄期喷施15%茚虫威乳油3 000倍液、10%虫螨腈悬浮剂1 500～2 000倍液、25%噻嗪酮可湿性粉剂1 000～1 500倍液、3%啶虫脒乳油2 000～2 500倍液、2.5%溴氰菊酯乳油1 000～1 500倍液等进行防治。

（六十）茶小绿叶蝉 *Empoasca onukii* Matsuda, 1952

发生为害

茶小绿叶蝉属半翅目（Hemiptera）叶蝉科（Cicadellidae）。在中国、越南等腰果种植区发生为害。除为害腰果外，还为害桃、李、梨、苹果、油茶、大豆、蚕豆、豌豆、猪屎豆、水稻、棉花、烟草、甘蔗、桑等。茶小绿叶蝉主要以成虫和若虫在腰果嫩梢或嫩叶上吸取汁液，受害嫩梢或叶片生长迟缓。

形态特征

成虫体长3.1～3.8毫米，体淡绿色或黄绿色，触角3节，刚毛状。头部向前呈钝角突出，缘圆微尖。复眼灰褐色，无单眼，仅在单眼处有2个绿色小圈（称为假单眼）。中胸小盾片有淡白色斑点。前后翅膜质，前翅淡绿色，基部颜色较深，翅端透明或烟褐色，三端脉，二、三端脉起于一点或共柄，形成1个三角形的端室，后翅透明。足与体同色。雌、雄异型，雌成虫体型比雄成虫大，体色相对较深。雌、雄成虫的腹部末端也存在很

茶小绿叶蝉成虫

大的差别，雌成虫产卵瓣嵌合于尾节，端部呈锯齿状突起，包折至腹面，条缝明显可见；雄成虫腹部末端第九节退化为三角形的基瓣，基瓣后为基部三角形的下生殖板，弯向背面，端部具毛。

卵不足1毫米，表面光滑，新月形，上细下粗，中部微弯，初产为白色透明状，逐渐变为黄绿色，孵化前可见赤灰色小眼点。

若虫5龄，一龄若虫虫体乳白色，头宽体细，体表被细毛，复眼灰褐色。二龄若虫浅黄色，体节渐明显，无翅芽。三龄若虫黄绿色，翅芽初露。四龄若虫翅芽明显，生殖板开始分化。五龄若虫浅绿色，翅芽伸达腹部第五节，形似成虫。

生活习性

1年发生约11代，世代重叠。成虫和若虫趋嫩怕光，高温天气有利于茶小绿叶蝉发生。雌成虫将卵产于嫩茎内，也可产在叶柄、叶片主脉和花蕾的柄上。

防治方法

参考凹缘菱纹叶蝉。

（六十一）棉叶蝉　*Amrasca biguttula* (Ishida, 1913)

发生为害

棉叶蝉属半翅目（Hemiptera）叶蝉科（Cicadellidae）。在中国、印度等腰果种植区发生为害。除为害腰果外，还为害木棉、锦葵、茄、马铃薯、番茄、烟草、甘薯、蕹菜、向日葵、大丽花、萝卜、芝麻、葡萄、桑、紫苏、苘麻、油桐、豆类、凹头苋等。棉叶蝉主要以成虫和若虫刺吸为害腰果嫩叶，受害叶片出现褐色斑点。

形态特征

成虫体长约3毫米，体淡黄绿色。头部微呈角状突出，头冠中央长度短于二复眼间宽度，近前缘有2个黑色小圆点，黑色小圆点四周绕以白色环，复眼深褐色。颜面黄色较深，中央有淡色纵线，触角与体同色。前胸背板淡黄绿色，前缘弧圆，后缘微凹，前缘域有3个淡白色斑，后缘域基部亦具1个白色斑，小盾片淡黄绿色，基部中央和两侧基角、侧缘中央各具淡白色斑1个。前翅透明，微带黄绿色，端部略灰暗，在爪片末端有一黑色斑点。胸腹板及足淡黄绿色。腹部背、腹面黄绿色，背面黄色较深。

卵长肾形，长约0.7毫米，宽约0.15毫米，无色透明，孵化前淡绿色。

末龄若虫体长约2.2毫米。头部复眼内侧有2条斜走的黄色隆线。胸部淡绿色，中央灰白色。前胸背板后缘有2个淡黑色小点，四周环绕黄色圆纹。前翅芽黄色，伸至腹部第四节。腹部绿色。

棉叶蝉成虫和若虫

棉叶蝉为害叶片

生活习性

1年发生14～15代。成虫白天活动，高温晴朗天气最为活跃，善飞行，稍遇惊即飞走，若虫不能飞翔。卵多在白天气温较高时孵化，初孵若虫约在6分钟后静止取食，体色渐变淡绿。一、二龄若虫常群集于叶片主脉的基部，三、四龄若虫分散为害。卵期约7天，若虫期6～7天，成虫期15～20天。

防治方法

参考凹缘菱纹叶蝉。

（六十二）黑尾大叶蝉 *Bothrogonia ferruginea*（Fabricius, 1787）

发生为害

黑尾大叶蝉属半翅目（Hemiptera）叶蝉科（Cicadellidae）。在中国、越南、缅甸、泰国、印度、印度尼西亚、菲律宾等腰果种植区发生为害。除为害腰果外，还为害甘蔗、桑、草莓、葡萄、柑橘、梨、枇杷、桃、苹果等。黑尾大叶蝉主要以成虫和若虫刺吸腰果嫩叶汁液，导致腰果嫩叶枯萎。

形态特征

成虫体长12.0～13.5毫米，体橙黄色，并常有变异。头部、前胸背板及小盾片深黄色。头部有一明显的圆形黑斑，头顶的另一黑斑向颜面部位呈长方形延伸。前、后唇基相交处有一横跨的黑色斑。复眼、单眼均黑色。前胸背板有呈三角形的圆形黑点3个。前翅橙黄色，肩角有黑斑1个，翅端为黑色。后翅黑色。胸、腹面均为黑色，有时侧缘及腹节间呈淡黄色。若虫体黄绿色。

黑尾大叶蝉成虫

黑尾大叶蝉若虫

生活习性

1年发生1代。一般躲在荫蔽处，善于跳跃和飞行。

防治方法

参考凹缘菱纹叶蝉。

（六十三）黑颜单突叶蝉 *Olidiana brevis*（Walker, 1851）

发生为害

黑颜单突叶蝉属半翅目（Hemiptera）叶蝉科（Cicadellidae）。在中国腰果种植区发生为害。除为害腰果外，还为害柑橘、葡萄、甘蔗等。黑颜单突叶蝉主要以成虫和若虫刺吸腰果叶片汁液。

形态特征

雄成虫体长5.7～6.1毫米，雌成虫体长7.1～7.3毫米。成虫体黑褐色，头部颜色较浅。复眼略带黄色。前胸背板至小盾片呈蓝黑色或青灰色。前翅蓝黑色，基部1/3和端部1/5处各具一黄色横带纹。足黑褐色。

黑颜单突叶蝉成虫

1年发生约1代。雌成虫将卵产于嫩叶或嫩梢上。

■ 防治方法

参考凹缘菱纹叶蝉。

（六十四）龙眼扁喙叶蝉 *Idioscopus clypealis*（Lethierry, 1889）

■ 发生为害

龙眼扁喙叶蝉属半翅目（Hemiptera）叶蝉科（Cicadellidae）。在中国腰果种植区发生为害。除为害腰果外，还为害龙眼、芒果等。龙眼扁喙叶蝉主要以成虫和若虫刺吸为害腰果嫩叶和花序，导致嫩叶和花序枯萎、脱落。

■ 形态特征

成虫体长3.5 ～ 4.7毫米。头部及前胸背板黄褐色，头顶前缘通常具有2个黑点，后唇基基部有2个黑点或无，前唇基黄色。中胸小盾片淡黄色，两基角各有1个黑色三角斑。前翅淡褐色半透明，后翅透明。胸部腹面及足淡黄色。腹部背面褐色，腹面中央区域褐色，其余为淡黄色。尾节中央淡褐色。头冠短，约为前胸背板长度的1/3，复眼伸过前胸背板侧缘。前胸背板宽为长的3倍，后缘稍凹。中胸小盾片宽度大于长度。

龙眼扁喙叶蝉成虫背面

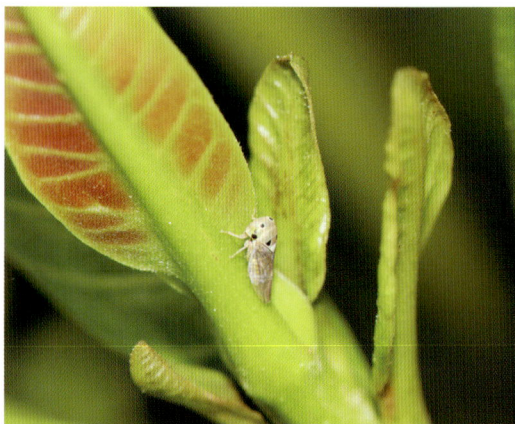

龙眼扁喙叶蝉成虫侧面

■ 生活习性

1年发生1代。该虫为害高峰期为5月，7月后种群数量逐渐下降。雌成虫将卵产于嫩叶或花序上。卵孵化期为9～17天。若虫期为20～24天。

防治方法

参考凹缘菱纹叶蝉。

（六十五）大青叶蝉　*Cicadella viridis* (Linnaeus, 1758)

发生为害

大青叶蝉属半翅目（Hemiptera）叶蝉科（Cicadellidae）。在中国腰果种植区发生为害。除为害腰果外，还为害刺槐、苹果、桃、梨、梧桐、日本扁柏、粟、玉米、水稻、大豆、马铃薯等。大青叶蝉主要以成虫和若虫为害腰果叶片，刺吸汁液，造成叶片褪色、畸形、卷缩，甚至全叶枯死。

形态特征

成虫体长7～10毫米，雄成虫较雌成虫略小，青绿色。头橙黄色，左右各具1个小黑斑，单眼2个，呈红色，单眼间有2个多角形黑斑。前翅革质，绿色微带青蓝色，端部色淡近半透明。前翅反面、后翅和腹部背面均为黑色，腹部两侧和腹面橙黄色。足黄白色至橙黄色。

卵长卵圆形，微弯曲，一端较尖，长约1.6毫米，乳白色至黄白色。

若虫与成虫相似，共5龄。初龄灰白色。二龄淡灰色微带黄绿色。三龄灰黄绿色，胸、腹背面有4条褐色纵纹，出现翅芽。四、五龄同三龄，老熟时体长6～8毫米。

大青叶蝉成虫

大青叶蝉若虫

生活习性

1年发生约3代，世代重叠。若虫期30～50天。成虫有趋光性。成虫和若虫日夜均可活动取食，产卵于腰果叶柄、叶片主脉、枝条等组织内，以产卵器刺破表皮形成月牙形伤口，产卵6～12粒于其中，整齐排列，产卵处的植物表皮呈肾形突起。每头雌成虫可产卵30～70粒。

防治方法

参考凹缘菱纹叶蝉。

（六十六）长瓣三刺角蝉　*Tricentrus longivalvulatus* Yuan & Fan, 2002

发生为害

长瓣三刺角蝉属半翅目（Hemiptera）角蝉科（Membracidae）。在中国腰果种植区发生为害。除为害腰果外，还为害芒果、荔枝等。长瓣三刺角蝉主要以成虫和若虫刺吸为害腰果嫩梢。

形态特征

雌成虫体长5.4毫米。头部黑色，宽大于长，多粗刻点，被白毛，头顶上缘弧形，下缘倾斜，边缘上翘。复眼淡褐色，有黑斑。单眼浅黄色，位于复眼中心连线稍上方，单眼彼此间距离略大于到复眼的距离。额唇基分瓣明显，长大于宽，1/2伸出头顶下缘，顶端宽，半球形，边缘上翘。前胸背板黑色，具刻点和金色绒毛；胝大，被疏毛，具光泽；肩角三角形，上肩角顶端尖，向两侧平伸并后弯，其长等于两基间距离的1/2。小盾片两侧外露。前翅黄褐色，半透明，基部褐色。后翅白色，透明，3端室。胸、腹黑色。足的转节、腿节的大部分黑色，爪褐色，腿节的端部、胫节、跗节黄色。后足转节内侧具小齿。产卵器长，伸达前翅端膜。雄成虫外形与雌成虫相似，但体较小，长约4.5毫米。

长瓣三刺角蝉成虫背面

长瓣三刺角蝉成虫侧面

长瓣三刺角蝉为害嫩梢

生活习性

1年发生3代。成虫飞翔能力不强，只能作短距离的跳跃或飞翔。白天活动取食，用手驱赶时围绕枝条转圈，干扰强度大时，可飞跃离去。夜晚和早晨栖息于枝条或叶片背面或叶柄上。傍晚后若受到侵扰，只围着枝条转圈，一般不飞走。成虫和若虫多散居，但仍有部分若虫始终聚集。卵期15～20天。若虫期35～40天。低龄若虫从卵中孵化后，便一直有蚂蚁伴随，互惠共生。蚂蚁可从长瓣三刺角蝉若虫处获得蜜露，而长瓣三刺角蝉也因此获益，既可让蚂蚁帮助驱赶天敌，也可让蚂蚁食去身上或枝条上的蜜露。若虫分泌蜜露随虫龄增大而增多。

防治方法

农业防治：清除果园杂草，切断寄主源。人工消除卵块，结合修剪，剪去带卵嫩梢，降低虫口基数。

生物防治：长瓣三刺角蝉的天敌有蜘蛛、螳螂等，应予以保护和利用。

化学防治：于长瓣三刺角蝉若虫低龄期喷施15%茚虫威乳油3 000倍液、10%虫螨腈悬浮剂1 500～2 000倍液、25%噻嗪酮可湿性粉剂1 000～1 500倍液、3%啶虫脒乳油2 000～2 500倍液、2.5%溴氰菊酯乳油1 000～1 500倍液等进行防治。

（六十七）金牛弧角蝉　*Leptocentrus taurus* (Fabricius, 1775)

发生为害

金牛弧角蝉属半翅目（Hemiptera）角蝉科（Membracidae）。在中国、印度、马来西亚、菲律宾、缅甸、斯里兰卡、印度尼西亚、柬埔寨等腰果种植区发生为害。除为害腰果外，还为害咖啡、依兰、茄、木槿、枣、刺桐等。金牛弧角蝉主要以成虫和若虫刺吸为害腰果嫩梢。

形态特征

雌成虫体中型，黑色，被稀疏的白色柔毛和刻点，小盾片基部和胸部两侧密被白色絮状物。头宽为高的3倍，头顶基缘拱起，下缘倾斜。复眼深褐色，半球状。单眼淡黄色，位于复眼中心连线稍上方，彼此间距稍大于到复眼的距离。额唇基长为宽的3倍，侧瓣小，中瓣端圆，其长1/2～2/3伸出头顶下缘。前胸背板黑色，有稀疏的粗刻点和灰白色毛。肩角发达，圆锥形，顶端钝；上肩角粗壮，长大于基部间的距离。上肩角后突起从前胸背板后端生出，基部远离小盾片，略向上斜伸，小盾片长宽略相等，顶端有宽而深的缺切。前翅狭长，长约为宽的3.5倍，基部革质，有粗刻点和稀疏的毛，基部和前缘红褐色，其余淡黄色且透明，前缘端区近顶角处有较长的黑色斑，中脉、亚前缘脉、经脉红褐色，其余黄色，5端室，2盘室，第一端室长约为宽的8倍。后翅4端室。足黑褐色，胫节带浅红褐色，后足胫节有3列发达的基兜毛。腹部腹面黑色。第二产卵瓣端部狭长，背缘有小齿。雄成虫与雌成虫基本相似，体略小，上肩角较扁平且弯曲，下生殖板端部3/4裂开，阳茎极弯曲。

五龄若虫体长约8.2毫米，宽约2.9毫米，新鲜虫体灰绿色，干标本黄色或棕色。

金牛弧角蝉成虫

金牛弧角蝉若虫

生活习性

1年发生约2代。成虫和若虫多群集于腰果嫩梢处为害，卵聚产在枝条或茎干上。

防治方法

参考长瓣三刺角蝉。

（六十八）蟪蛄 *Platypleura kaempferi* （Fabricius, 1794）

发生为害

蟪蛄属半翅目（Hemiptera）蝉科（Cicadidae）。在中国腰果种植区发生为害。除为害腰果外，还为害柑橘、苹果、梨、梅、桃、李、柿、桑等。蟪蛄主要以成虫和若虫刺吸为害腰果。若虫生活在土壤中，刺吸根部汁液，导致树势减弱。成虫刺吸枝梢汁液，刺破枝梢表皮和木质部并产卵于其内，导致枝梢枯死。

形态特征

成虫体长约25毫米，头、胸部暗绿色，具黑色斑纹。腹部黑色，各节后缘暗绿色或暗褐色。复眼大，褐色，单眼红色，3只，呈三角形排列于头顶。触角刚毛状，前胸宽于头部，近前缘两侧突出。翅透明，翅脉暗褐色，前翅有浓淡不同的暗褐色、不透明的云状斑纹，后翅黄褐色。腹面有白色细毛。雄成虫有发音器，雌成虫无发音器。

卵梭形，长约1.5毫米，乳白色。

若虫体长约22毫米，黄褐色，翅芽和腹背微绿色，前足腿节、胫节发达有齿。

蟪蛄成虫

生活习性

数年发生1代，以若虫在土中越冬。若虫老熟后爬出地面，在树干、杂草、农作物茎上蜕皮羽化。成虫5—6月出现，6—7月产卵，用产卵器刺破当年生枝梢表皮和木质部，在其中产卵。每孔产卵数粒。卵多纵向排列，不规则，一般于当年孵化。若虫落地入土，刺吸根部汁液。

防治方法

农业防治：及时剪除有蟪蛄的枝条，集中销毁，减少虫源基数。每年冬、春季进行园内松土，将羽化的若虫从蛹室翻出，集中处理。

物理防治：利用成虫群栖和趋光扑火习性，于晚上举火把在成虫集中栖息的树下，突然摇动树体，使其飞向火光，因翅膀烧伤而被捕捉。

化学防治：在成虫羽化盛期，可用20%甲氰菊酯乳油2 000～2 500倍液或40%噻虫啉悬浮剂2 000～3 000倍液进行防治。

04 第四章
鞘翅目害虫

（一）咖啡皱胸天牛　　*Neoplocaederus obesus* (Gahan, 1890)

发生为害

咖啡皱胸天牛属鞘翅目（Coleoptera）天牛科（Cerambycidae）。在中国、印度、越南等腰果种植区发生为害。除为害腰果外，还为害橡胶、咖啡、芒果、枣、厚皮树、吉贝等。咖啡皱胸天牛主要以幼虫钻蛀腰果树干引起树干干枯，为害严重时可导致植株死亡。

形态特征

成虫体长28～43毫米，宽11～14毫米，红褐色，鞘翅缝缘常呈黑色。触角红褐色，第一节大部和第二至十节的末端黑褐色，雄成虫触角超出体长的3/4，雌成虫触角约与体等长或略短，第五至十节外端角尖锐突出，雄成虫第十节比末节短，雌成虫的第十节与末节等长。前胸背板宽度大于长度，具不规则隆起皱褶。鞘翅长度是宽度的2倍，端部斜切，外端角突出呈齿状，内端角呈刺状。前胸腹板凸片有一圆筒形瘤突。雄成虫腹端圆形，雌成虫腹端较平直。

卵长椭圆形，乳黄色，表面被有小刺，长约4.1毫米，宽约1.4毫米。

幼虫黄白色，头前部红褐色。前胸背板前缘两边各具1个红褐斑，后半部暗绿色并具小刻点。体扁宽，近椭圆形，前胸前部显著狭窄，后部近于平行，具胸足3对，体长75毫米以上。

蛹黄白色，体肥大，触角卷曲至腹部末端，触角节的端部膨大，前胸具发达的侧尖刺，翅芽短而窄。蛹茧扁椭圆形，长径约25毫米，短径约15毫米，由末龄幼虫分泌的碳酸钙组成，坚硬不易破碎。

咖啡皱胸天牛成虫背面

咖啡皱胸天牛成虫正面

咖啡皱胸天牛幼虫

咖啡皱胸天牛为害后的树干

咖啡皱胸天牛为害严重的树干

咖啡皱胸天牛为害植株

生活习性

1年发生1代。成虫于5月中旬飞出茧室交尾及产卵，卵多产在离地1米以内的树皮缝隙处，幼虫孵出后先在皮下及边材部分为害，然后蛀入心材，孔道纵横交错，老熟幼虫能分泌碳酸钙类物质在树皮下隧道内较宽处结成扁椭圆形坚实的茧壳，蛹在茧内。成虫大多在4—7月羽化。整年均可在田间找到不同龄期的幼虫。一株树中常有多头同龄或不同龄期的幼虫在其中为害。在管理粗放的腰果园，腰果植株受害率高达10%～15%。

防治方法

农业防治：每月逐株检查腰果园植株，及早发现并清除受害部位，小心剥开树皮，人工清除害虫幼虫，并用石硫合剂涂刷进行保护。拔除被咖啡皱胸天牛为害死亡或难以治愈的腰果植株，以免咖啡皱胸天牛转移为害新的腰果植株。

物理防治：腰果收获后进行果园清洁，用生石灰1份，硫黄粉2份，水10份配制成涂白剂进行树干涂白，防止天牛在树干产卵。

生物防治：可充分利用病原真菌，如金龟子绿僵菌和球孢白僵菌对其进行防治，这些病原菌可在咖啡皱胸天牛体内寄生，致使天牛发病死亡。

化学防治：可采用注射针筒将80%敌敌畏乳油或40%辛硫磷乳油注入最后一个排粪孔，以杀死隧道内的天牛幼虫。注药前应仔细清除排粪孔口的虫粪，以保证药剂顺利进入隧道。若用棉花沾药液堵塞虫洞，则需用湿泥封住大多数排粪孔以保药效。

（二）脊胸天牛 *Rhytidodera bowringii* White, 1853

发生为害

脊胸天牛属鞘翅目（Coleoptera）天牛科（Cerambycidae）。在中国、越南、缅甸、印度尼西亚、印度等腰果种植区发生为害。除为害腰果外，还为害芒果、人面子、橄榄、厚皮树、朴树等。脊胸天牛主要以幼虫钻蛀为害腰果枝干，导致枝干枯死或折断，使腰果植株生长势减弱，严重时可导致植株死亡。

形态特征

成虫体长30～38毫米，宽6～8毫米。体狭长，两侧平行，栗色至栗黑色。额上有刻点，头顶后方有许多小颗粒。雄成虫触角约为体长的3/4，雌成虫触角稍短，第五至十节外侧扁平，外端角钝，第十一节扁平如刀状。触角与复眼间有纵脊纹，复眼后方中央有1条短纵沟。前胸前端狭于后端，前胸背板前后端具横脊，中间具19条隆起的纵脊，脊沟丛生淡黄色绒毛。小盾片较大，密被金色绒毛。鞘翅前宽后狭，后缘斜切，内缘角突出，刺状；翅面刻点密布，基端刻点较粗密呈皱状，除具灰白色短毛外，还有金黄色

脊胸天牛幼虫背面

脊胸天牛幼虫侧面

脊胸天牛成虫

脊胸天牛为害小枝条

脊胸天牛为害大枝条

脊胸天牛为害幼龄植株

毛组成的长斑纹，排列成5纵行。

卵长圆筒形，长约1毫米，黄褐色，表面无光泽。

老熟幼虫体长58～77毫米，胸宽8～11毫米，乳黄色，被稀疏的褐色毛，圆筒形。头部背面前端漆黑色。前胸背板平滑，前缘有断断续续的褐色条纹，前部具较浅的小刻点，后方呈乳白色盾状隆起，上具纵沟，两侧的纵沟较细且平行。前胸腹板主腹片后缘具5～7个乳状突起。气门9对，中胸气门约为腹部气门的2倍；胸部气门位于中胸中部，椭圆形。具胸足3对。

蛹黄白色，长36～39毫米，宽约11毫米，体较扁平，裸蛹。腹部侧面及背面有大量弯曲的刺。触角纤细，呈弧状贴在体的侧面，与翅芽平行，不达体末端。

生活习性

在中国华南地区1年发生1代，跨年完成，部分地区2年1代。在海南腰果种植区，成虫出现于3—7月，4—6月是其羽化高峰期；在云南腰果种植，6—8月为成虫羽化盛期。成虫产卵于枝条、叶面及枝条断裂处或树缝隙中。卵散产，大多每处1粒，也有6～8粒黏结成块，卵期约10天。幼虫孵化后大多从枝条末梢的端部侵入，由枝端向主干方向蛀入，蛀至分叉处，往往先向上蛀食枝条的一小段后再返下往主干方向蛀食。隧道为简单的圆筒形，内壁黑色，幼虫可在其中上下活动。被害枝条上每隔一定距离有一排粪孔。幼龄时排粪孔小而密，随着虫龄增长，排粪孔渐大且距离逐渐加大。小枝条上的孔洞排出粒状虫粪及木屑，疏松呈黄白色。大枝干上虫粪混着黑色黏稠液体由排粪孔排出，掉落至下方的叶片或地面，凝结成块，该特点是脊胸天牛存在的重要标志。

幼虫钻蛀的隧道，如果在小枝条里，沿树枝中心向下延伸；如果在大枝干里，则常靠边材钻蛀；如枝条侧斜，其隧道及排粪孔常在下侧方；若枝干竖直，则各个方向均可被虫蛀害。不论隧道在枝干的方向如何，其排粪的分支隧道一定是向下倾斜的，以利排粪且防雨水。幼虫期260～310天。老熟幼虫在隧道内筑一段长7～10厘米，略宽于一般隧道的蛹室化蛹，蛹室两端常用含碳酸钙的白色分泌物隔开。蛹期30～50天。成虫羽化后在蛹室中滞留一段时间（10～30天），而后拓宽排粪孔爬出。通常在夜间活动，有趋光性。白天藏匿于浓密的枝叶丛中。交尾发生在21时至22时，经交尾的雌成虫在雄成虫离去数分钟即开始产卵。每雌产卵6～25粒，成虫寿命13～36天。

防治方法

农业防治：在腰果收获后，结合果园的修枝工作，剪除被害枝条，或将被害枝条砍下劈开取出幼虫。根据脊胸天牛的为害习性，从每年7月份起，逐株检查腰果园植树，发现虫枝即从最后（最下方）一个排粪孔下方15厘米处剪锯虫害枝，之后每隔1～2个月复查1次，可将此虫控制在为害初期。操作时应检查切口断面是否有虫道，如发现有虫道，可用铁丝刺杀其中可能残留的幼虫。新种植腰果园在种植后第二年起，就应采取此措施，并年年坚持，能长期有效地控制此虫为害。对受害严重的腰果树，可在收果后采取重修剪的办法，将病、虫、老、弱枝全部锯除，仅保留主干，同时加强抚管，增施有机肥，促进新树冠形成。

化学防治：每月进行1次腰果园植株逐株检查，及早发现为害并清除为害部位，然后小心剥开树皮，人工清除害虫幼虫，并用石硫合剂涂刷进行保护。可采用注射针筒将80%敌敌畏乳油或40%辛硫磷乳油注入最后一个排粪孔，以杀死隧道内的胸脊天牛幼虫。注药前应仔细清除排粪孔口的虫粪，以保证药剂顺利进入隧道。若用棉花沾药液堵塞虫洞，则需用湿泥封住大多数排粪孔以保药效。

（三）桑坡天牛 *Pterolophia annulate*（Chevrolat, 1845）

发生为害

桑坡天牛属鞘翅目（Coleoptera）天牛科（Cerambycidae）。在中国、越南、缅甸、泰国等腰果种植区发生为害。除为害腰果外，还为害桑、木薯、芒果、黑胡椒等。桑坡天牛主要以幼虫钻蛀为害腰果枝条。

形态特征

成虫体长7.5～8.0毫米，宽2.0～2.5毫米。体棕红色，体背面密被黑色、棕色、灰白色绒毛组成的花斑，腹面被灰色绒毛。额中央有1条凹陷纹，直达头后部。触角自第四节起，每节基部为灰白色，雌成虫触角长达鞘翅中部稍后，雄成虫的略长，近达翅末端。前胸背板长宽约相等，无侧刺突，前胸与头部等宽。小盾片半圆形，周缘被灰色毛。鞘翅中部之后加宽，至2/3处变狭，并向下倾斜；每翅基部1/4区中央近中缝处有1个隆起，上生较长的黑色毛；中部以后有2条显著的隆起直纹。前胸背板及鞘翅上的黑色斑较头部的明显，刻点也较大。

桑坡天牛成虫

幼虫老熟后体长可达22毫米，前胸背板宽可达5毫米。头颅侧缘弧圆，中额线明显。上唇横椭圆形，前区密生粗短毛。外咽区分界不明。侧单眼1对，色素斑黑色。触角3节，锥形主感器发达。前胸背板前区近前缘有1条横带，密生短毛，前区中部为黄褐色，疏生短毛，后两侧沟间的骨化板乳白色，呈"凸"字形隆起，表面光滑，具细纵纹。无足。气门具缘室。

生活习性

成虫具趋光性。幼虫多蛀食茎干和树梢下部，在蛀道内化蛹，蛹具有蛹室。

防治方法

参考脊胸天牛。

（四）黑盾阔嘴天牛 *Euryphagus lundii* (Fabricius, 1793)

发生为害

黑盾阔嘴天牛属鞘翅目（Coleoptera）天牛科（Cerambycidae）。在中国、越南、缅甸、泰国、印度、印度尼西亚、马来西亚、老挝等腰果种植区发生为害。除为害腰果外，还为害羯布罗香等。黑盾阔嘴天牛主要以幼虫蛀害腰果枝梢，成虫偶尔取食为害果梨。

形态特征

雌成虫体背面除小盾片及两鞘翅端部1/3处合成黑色大圆斑外，其余全部为红色，鞘翅背中区稍带橘黄色，黑斑上密被黑色短绒毛。触角黑色或暗棕色，柄节基部红色。头部及前胸的腹面红色，中、后胸及腹部腹面黑色，密被灰色绒毛，中胸腹板凸片稍带红色。足黑色。头短，与前胸前端等宽，额与头顶渐向前倾斜，额中央具一纵凹陷，唇基与额以横刻痕为界。触角较体短，第一节刻点细而密，从第四节起各节端部稍扩大，外角突出呈刺状。前胸横阔，两侧缘中央各具1个小瘤，背面明显隆起，密布细刻点及白色短毛，中区具3个瘤突，中央1个狭长，无刻点，两侧稍前方各有1个，具刻点。小盾片

黑盾阔嘴天牛成虫

黑盾阔嘴天牛交尾

黑盾阔嘴天牛为害果实

长三角形，密布细刻点。鞘翅与前胸等宽，背中央略拱起，各具2条纵线，末端钝圆，缘角圆形；翅面密布细小刻点，末端黑色部分无刻点。足光滑，散布极稀疏的微小刻点。

雄成虫头及前胸暗红色，鞘翅红褐色，每翅端部1/3处中缝附近，各有1个小黑斑。头与前胸宽度相近，额及头顶刻点较粗。触角超过体长。前胸背面微隆起。鞘翅表面密布细皱刻点。

生活习性

2年发生1代。雌成虫将卵产于腰果树皮或枝条上，幼虫孵化后即可钻蛀为害。幼虫在腰果枝条内取食为害并形成隧道，随着幼虫发育，隧道不断扩大和延长，并深入腰果枝条心材。幼虫在隧道末端筑蛹室化蛹。幼虫的钻孔活动会破坏腰果形成层，破坏腰果树对水分和营养物质的吸收，导致腰果植株干枯死亡。

防治方法

参考脊胸天牛。

（五）台湾瘤象天牛　*Coptops aedificator*（Fabricius, 1793）

发生为害

台湾瘤象天牛属鞘翅目（Coleoptera）天牛科（Cerambycidae）。在中国、泰国、印度、印度尼西亚、斯里兰卡、坦桑尼亚、莫桑比克、马达加斯加、肯尼亚、尼日利亚、加纳、科特迪瓦等腰果种植区发生为害。除为害腰果外，还为害芒果、柑橘、菠萝蜜、羊蹄甲、金合欢、无花果、肉桂、橡胶、刺桐等。台湾瘤象天牛主要以幼虫为害腰果树干和枝条，成虫也会咬食为害嫩梢和叶片。

形态特征

成虫体卵圆形。头部向前垂直，颊边向后。眼下部相对较小，只有上部的一半。触角结节几乎不隆起，触角与体等长，带有近直立的短刚毛。前胸背板宽大于长，中间具有不明显的盘状结节，两侧近顶端边缘通常有一小的钝突起；前胸背板两侧无体刺。鞘翅基部有一条宽大的浅棕色斜带呈"八"字形，顶部近中间有短条纹，像深棕色的标记线，近基部多疣突。前足胫节中间有凹陷，中足胫节外部具凹口，跗爪分叉。

老熟幼虫体长约36毫米，前胸宽约7.5毫米。头中等扁平，稍伸长，最宽处位于中部，在后方1/3处明显收狭，之后急剧收狭。

台湾瘤象天牛成虫

生活习性

2年发生1代。成虫具趋光性。卵产于受害腰果树皮的缝隙或受害部位周边。通常在树干或枝条内化蛹，羽化孔圆形。

防治方法

参考脊胸天牛。

（六）斑锈天牛 *Rhytiphora bankii* (Fabricius, 1775)

发生为害

斑锈天牛属鞘翅目（Coleoptera）天牛科（Cerambycidae）。在中国、泰国、菲律宾、越南等腰果种植区发生为害。除为害腰果外，还为害楝、龙舌兰、夹竹桃、菊花等。斑锈天牛主要以幼虫钻蛀为害腰果枝条。

形态特征

成虫体长6~12毫米，体色偏褐色。前胸背板外侧有刺状突起，全身覆满短毛，并有黄褐色、红褐色斑点。翅鞘前缘及后段具灰白色横带。卵长椭圆形，乳白色。

生活习性

1年发生1代。幼虫历期约22个月。成虫具趋光性。

防治方法

参考脊胸天牛。

斑锈天牛成虫

（七）纵条细胴天牛　*Pothyne formosana* Schwarzer, 1925

发生为害

纵条细胴天牛属鞘翅目（Coleoptera）天牛科（Cerambycidae）。在中国腰果种植区发生为害。除为害腰果外，还为害楝、龙舌兰、夹竹桃、菊花等。纵条细胴天牛主要以幼虫钻蛀为害腰果枝条。

形态特征

体长10~17毫米，体为瘦天牛科典型的长圆筒形，体色为深褐色至黑色，各足呈黑色。前胸背板及翅鞘表面皆有数道黄褐色纵纹，而且布满点刻。各足腿节及胫节未覆盖明显的短毛。触角长度超过翅鞘末端。

生活习性

成虫在4—6月活动，喜欢在夜间活动，具有趋光性。

防治方法

参考脊胸天牛。

纵条细胴天牛成虫

（八）斜顶天牛　*Pseudoterinaea bicoloripes*（Pic, 1926）

发生为害

斜顶天牛属鞘翅目（Coleoptera）天牛科（Cerambycidae）。在中国腰果种植区发生为害。除为害腰果外，还为害南酸枣等。斜顶天牛主要以幼虫蛀害腰果枝梢，成虫也可为害嫩梢、嫩芽等。

形态特征

成虫体长6～9毫米，体淡红棕色，被黄褐色及灰白色绒毛。头部从后至头顶强烈倾斜。触角柄节短于第三节，第三节长于第四节。前胸宽胜于长，侧刺突极短小，位于两侧中部之后。鞘翅基部3/4具不规则的黄褐色绒毛斑纹，端部1/4被灰白色绒毛，翅端宽圆。

斜顶天牛成虫正面

斜顶天牛成虫背面

生活习性

2年发生1代。雌成虫将卵产于腰果树干缝隙或枝条上，幼虫孵化后即可钻蛀为害。成虫白天常隐蔽在树枝下，咬食嫩叶、嫩梢、幼芽及树皮。

防治方法

参考脊胸天牛。

斜顶天牛成虫为害嫩梢

（九）蔗根土天牛　*Dorysthenes granulosus*（Thomson, 1861）

发生为害

蔗根土天牛属鞘翅目（Coleoptera）天牛科（Cerambycidae）。在中国、越南、缅甸、泰国、印度、老挝等腰果种植区发生为害。除为害腰果外，还为害甘蔗、龙眼、柑橘、栗、木薯、油棕、椰子、槟榔、橡胶、厚皮树、麻栎等。蔗根土天牛主要以幼虫蛀食为害腰果地下部分，咬成空心，植株被害后易倒伏或整株枯死。

形态特征

成虫体长24～63毫米，体宽8～25毫米，体型大，但个体大小差异悬殊。棕红色，前胸背板色泽较深，头部、上颚及触角基部3节黑褐色至黑色，有时前足腿节、胫节黑褐色。头正中有1条纵沟，以额部为深，额的前端有1条横深凹。复眼上叶顶端至复眼内缘的前端，各有1条呈"八"字形隆脊。雄成虫触角粗大、扁阔，长达鞘翅末端。雌成虫触角细小，长达鞘翅中部之后。

卵长椭圆形，长1～3毫米，初产乳白色，后为淡黄色，孵化前灰白色，表面光滑，具纵纹。

幼虫体较粗大，圆筒形，前端稍扁平，后端略窄。乳白色，上颚、头及前胸背板几丁质化，呈黑褐色或黄褐色，体表光亮，有极少棕褐色细毛。头略横阔，大部分嵌入前胸背板。

裸蛹，体长33～70毫米，黄褐色，复眼紫红色，头部向下弯，下颚须与下唇须向后呈放射状伸出。触角经前中足外侧绕到腹面中足末端。翅芽长达第四腹节，后足长达第六腹节的末端。一至七腹节背面残存有幼虫期的扁"田"字纹痕迹。

蔗根土天牛幼虫

土室中的蛹

蔗根土天牛成虫背面

蔗根土天牛成虫侧面

生活习性

2年发生1代，世代重叠。蔗根土天牛属土栖性昆虫，大部分发育时期在地下，只有成虫期才在土面进行交配产卵活动。成虫具有趋光性，一般在夜间进行交尾产卵。卵产于腰果茎干或附近表土1～3厘米深处。卵期为4～14天。交配前的雌成虫凶猛，同性间好斗，交配后则性情温顺。幼虫孵化后，立即钻入地下咬食嫩根。耐饥性强，幼虫数月不取食仍可以存活。老熟幼虫常在化蛹前用粪便、泥土、碎木屑等营造蛋形蛹室，蛰居其中等待化蛹。蛹期为15～31天。

防治方法

农业防治：犁耙或翻晒土壤，清除园内残留寄主，杀死土中部分蔗根土天牛的幼虫或蛹。

物理防治：在蔗根土天牛成虫羽化活动期巡视腰果园进行捕杀。利用蔗根土天牛成虫的趋光性，在成虫羽化期安装诱虫灯诱杀成虫。

化学防治：在幼虫孵化期，于腰果根部施用3%辛硫磷颗粒剂或15%毒死蜱颗粒剂。

（十）枣飞象 *Scythropus yasumatsui* Kôno & Morimoto, 1960

发生为害

枣飞象属鞘翅目（Coleoptera）象甲科（Curculionidae）。在中国腰果种植区发生为害。除为害腰果外，还为害枣、苹果、梨、杨树、泡桐、香柏等。枣飞象主要以成虫取食为害腰果嫩梢和嫩叶，发生严重时可将腰果嫩叶全部吃光。受害幼嫩叶呈现半圆形或锯齿状缺刻，被害腰果植株大量消耗树体营养，开花结果推迟，严重影响产量。

形态特征

雄成虫体长3.7~4.8毫米，宽1.4~1.8毫米。雌成虫体长4.0~5.6毫米，宽1.5~2.1毫米。体椭圆形，体壁褐色，触角与足红褐色，密被白色和褐色鳞片。头、喙背面及前胸两侧被有稀疏直立的暗褐色鳞片状毛。头管较短粗，端部扩大，背面中部略凹陷。触角肘状，11节，柄节不超过眼后缘，索节第一节大于第二节的2倍，第三至七节球形、棒梭形，末端3节膨大。复眼近圆形，紫红色。前胸宽略大于长，两侧略圆，前、后缘与头略等宽且呈截断形。小盾片三角形，后缘截断形。鞘翅近长方形，长为宽的2倍，中间之后最宽，端部钝圆，每侧各有9~10条纵列刻点，沟间具褐色鳞毛，鞘翅上具褐色晕斑。腹部腹面银灰色，可见5节。足的腿节无齿，前足胫节外缘直，端部内缘弯，爪合生。

卵长椭圆形，长径0.50~0.75毫米，短径0.25~0.42毫米。表面光滑，略有光泽，初产卵为乳白色，后渐变为淡黄色，近孵化时变为灰褐色或黑褐色，常几粒或几十粒堆产于一起。

枣飞象成虫背面

枣飞象成虫侧面

枣飞象交尾

枣飞象为害嫩叶

老熟幼虫体长3.9～5.2毫米，头部淡褐色，前胸背面淡黄色，胴部乳白色，无足型，体肥胖，略呈C形弯曲，各节多横皱，疏生白色细毛。

蛹体长4.2～5.4毫米，宽1.6～1.9毫米。纺锤形，初化蛹为乳白色，后渐变为淡黄色，接近羽化时变为红褐色。

枣飞象为害成熟叶片

枣飞象为害严重的叶片仅剩叶脉

枣飞象群集为害嫩梢

枣飞象为害严重的嫩梢

生活习性

1年发生1代。成虫上树后，白天晚上均可取食为害，尤其是10时至16时是枣飞象取食为害的高峰期。成虫通常喜欢在中午活动为害，早晚多潜伏于地面。成虫有很强的假死性，受惊时则从树上坠落于地面，成虫的飞行与温、湿度有很大的关系，早晚温度低，湿度大，即使受惊也不飞行。成虫有多次交尾的习性，且多在白天。交尾后产卵，产卵时间多集中于白天，产卵高峰在10时至16时之间，每头雌成虫产卵3～6块，一生产卵40～100粒。雌成虫的寿命为33～65天，雄成虫的寿命为25～49天。卵期9.5～13.8天。卵孵化率80%～98%。卵常成堆分布于腰果枝痕裂缝内、嫩芽间或叶面上。幼虫在表土层内营造蛹室化蛹，枣飞象化蛹深度不超过10厘米，大多数集中分布于1～3厘米的土层中。

防治方法

农业防治：翻耕土壤，破坏幼虫在土壤中的生存环境，减少虫源基数。

物理防治：成虫出土上树初盛期，利用假死性振树防治。若用振树法防治成虫，必须在日出之前和日落之后进行，否则由于气温高，空气湿度小，成虫被振落至半空中又会飞走。振树前先在树下放一块塑料布，然后用木槌振树，收集后深埋或用药处理。此外，振树次数不可过多，一株树以振2～3次为宜。

化学防治：成虫开始出土上树时，用8%氯氰菊酯微囊悬浮剂300～500倍液、5%高效氯氟氰菊酯水乳剂1 000～1 500倍液、45%马拉硫磷乳油1 000～1 500倍液或2.5%溴氰菊酯乳油3 000～4 000倍液，喷洒树干及树干基部附近的地面，树干高1.5米范围内为施药重点，应喷施为淋洗状态。

（十一）蓝绿象　*Hypomeces pulviger*（Herbst, 1795）

发生为害

蓝绿象属鞘翅目（Coleoptera）象甲科（Curculionidae）。在中国、越南、柬埔寨、缅甸、泰国、印度尼西亚、菲律宾、马来西亚、印度等腰果种植区发生为害。除为害腰果外，还为害柑橘、可可、橡胶、油棕、芒果、红毛丹、菠萝蜜、人心果、木棉等。蓝绿象主要以成虫为害腰果树叶片和嫩叶，使其呈缺刻状，为害严重时可吃光腰果植株全部叶片，降低树势，导致产量严重下降。

形态特征

成虫纺锤形，体长15～18毫米，全体黑色，密被墨绿色、黄绿色、灰绿色、淡褐色、古铜色等闪闪发光的鳞毛，有时杂有橙色粉末。头连同头管与前胸等长，额及头管背面平坦，梯形，中间有一深沟。触角、触角槽及复眼黑色。复眼椭圆形，特别突出。前胸背板前缘狭，后缘宽，中央具纵沟。小盾片三角形。鞘翅以翅肩附近最宽，向后渐狭，上有10列点刻。足的腿节中间特别膨大。雄成虫腹部较小，雌成虫腹部较大。

卵椭圆形，长1.2～1.5毫米，黄白色。

老熟幼虫体长15～17毫米，乳白色至淡黄色，头黄褐色，体稍弯，多横皱，气门明显，橙黄色，前胸及腹部第八节气门特别大。

蛹长约14毫米，黄白色。

蓝绿象成虫

蓝绿象成虫交尾

蓝绿象为害嫩叶

蓝绿象为害成熟叶

蓝绿象群集为害

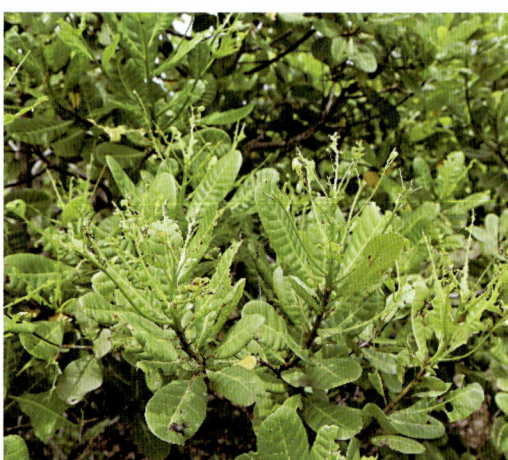

蓝绿象为害叶片仅剩叶脉

生活习性

1年发生1代。成虫具假死性，受惊即下落，但立即爬走逃跑。雌成虫在土中产卵，卵多产于疏松肥沃的土中。部分幼虫在土下营造土室化蛹，土室长椭圆形。

防治方法

参考枣飞象。

（十二）异色尖筒象 *Myllocerus discolor* Boheman, 1834

发生为害

异色尖筒象属鞘翅目（Coleoptera）象甲科（Curculionidae）。在中国、印度、斯里兰卡等腰果种植区发生为害。除为害腰果外，还为害荔枝、柚木、向日葵等。异色尖筒象主要以成虫为害腰果叶片，导致叶片缺刻或出现孔洞，幼虫也可取食为害腰果幼苗根部。

形态特征

成虫体长7～8毫米，体背表面铁褐色，密被黄褐色鳞片和大小不等的灰斑。喙顶端较宽。触角棍棒状，12节，其中10节为鞭节。前胸背板中部有一灰白色纵纹。鞘翅具有多条由大且粗糙的刻点组成的纵沟纹。雌成虫体大于雄成虫。足灰白色，腿节粗。

幼虫无足，明显弯曲。老熟幼虫体长7～8毫米，宽2～3毫米。头部几丁质化，砖红色，体淡白色。身体向后端略微变窄。

蛹浅棕色，长6～7毫米，宽4～5毫米。

异色尖筒象成虫

生活习性

1年发生约2代。成虫有假死性。单雌产卵量约为300粒。卵3～7天孵化。幼虫在离地面5～7厘米处化蛹，蛹期5～7天。

防治方法

参考枣飞象。

（十三）芒果长足象 *Alcides frenatus* Faust, 1894

发生为害

芒果长足象属鞘翅目（Coleoptera）象甲科（Curculionidae）。在中国腰果种植区发生为害。除为害腰果外，还为害芒果等。芒果长足象产卵于腰果嫩梢上，卵孵化后幼虫向下蛀食嫩梢枝条，致使嫩梢枯死。

形态特征

成虫体长7.5～9.5毫米，宽2.5～3.0毫米，长圆筒形，覆黄毛。喙稍弯曲，密布小刻点。触角黑色。前胸宽大于长，圆锥形，前端缩成领状。小盾片近似菱形。

卵长圆筒形，长约1.8毫米，宽约0.8毫米，初产卵乳白色，近孵化时两端稍透明，中间卵黄组织明显。

幼虫3龄。幼虫乳白色，肥且弯曲，头部发达，无足。头及口器向下。初孵幼虫体长约1.75毫米，宽约0.85毫米。老熟幼虫体长约12毫米，宽约3毫米，头宽约1.68毫米。头部红褐色，蜕裂线明显，上颚黑褐色，虫体多皱褶和刚毛。

蛹为离蛹，初为淡乳黄色，近羽化时呈红褐色。头、喙基部及前胸背板着生稀疏刚毛。体长约10.36毫米，宽约3.1毫米，前胸背板圆阔，喙紧贴胸部，长达腹部第一节。触角着生于喙近基部1/3处（雌蛹），沿着喙基紧贴于前胸腹板外缘。胸足向内收拢，前足跗节内卷，紧靠喙中部，中足跗节外伸，后足跗节也外伸，紧靠后翅末端。腹部可见第九节，各腹节背面均着生刺突。

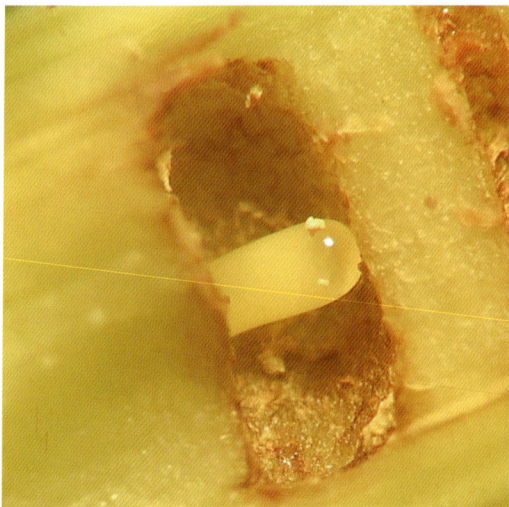

芒果长足象卵

芒果长足象雌成虫

芒果长足象雄成虫

芒果长足象交尾

芒果长足象幼虫

芒果长足象为害嫩梢

芒果长足象为害导致叶片干枯

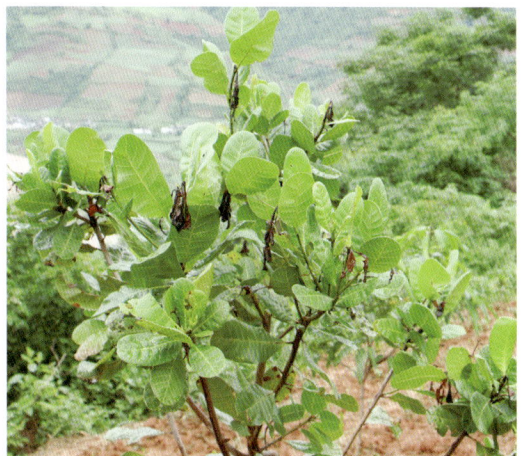

芒果长足象为害植株

生活习性

1年发生约3代。刚羽化的成虫身体柔软，黄白色。初羽化的成虫一般要在蛹室内停留一段时间，以使躯体充分骨化。成虫羽化10～15天后即交尾产卵，每次交尾时间不等，雌成虫可边交尾边取食，也可边交尾边产卵，具多次交尾习性，沿嫩梢从下到上产卵。每枝梢上具卵室3～6个。卵散产，卵期3～5天。幼虫孵出后即在嫩梢内钻蛀取食。随着幼虫的成长，嫩梢内部被吃空，取食长度7～15厘米，每一枝条内仅能容纳1头幼虫，幼虫期20～29天。幼虫老熟后，即用木屑和粪便在蛀道内营造蛹室，随之进入预蛹期，仅在蛹室顶端中间留一针刺状通气孔。预蛹期1～2天，蛹期5～10天。

防治方法

农业防治：剪除受害嫩梢，取出芒果长足象幼虫并集中销毁，减少虫源基数。

化学防治：在成虫盛发期，用8%氯氰菊酯微囊悬浮剂300～500倍液、5%高效氯氟氰菊酯水乳剂1 000～1 500倍液、45%马拉硫磷乳油1 000～1 500倍液或2.5%溴氰菊酯乳油3 000～4 000倍液进行防治。

（十四）橡胶材小蠹 *Xyleborus affinis* Eichhoff, 1868

发生为害

橡胶材小蠹属鞘翅目（Coleoptera）小蠹科（Scolytidae）。在中国、泰国、菲律宾、印度、斯里兰卡、马来西亚、柬埔寨、老挝等腰果种植区发生为害。除为害腰果外，还为害桉、橡胶、印度黄檀、木棉、楝、桑等。橡胶材小蠹主要以成虫和幼虫钻蛀为害腰果树干，被害部位出现针锥状蛀孔和黄褐色木质粉末，严重时茎干遍布蛀孔和粉末，导致腰果树枯死。

形态特征

体色微黄色至红褐色不等。前胸背板顶部呈窄的半圆形，背板前端瘤区粗糙，后端刻点区较光亮平滑，其上刻点细小较浅。鞘翅基部至顶部2/3两侧平直且平行，顶端缓慢收缩，呈宽阔的半圆形，刻点沟不明显，刻点相当小；鞘翅翅缝处稍突起，表面灰暗。第一和第三沟间部稍稍隆起，第二沟间部稍稍内陷，第一、三沟间部各生有2～4个小瘤突，第二沟间部有时无颗粒。

生活习性

1年发生约3代，每年9—10月为成虫出孔、迁飞和入蛀盛期。世代重叠，全年均可发现成虫和新钻蛀的坑道。成虫为害腰果树干，先从树皮因故致死的部位或从木质部裸

橡胶材小蠹背面（王建国供图）

橡胶材小蠹侧面（王建国供图）

橡胶材小蠹为害腰果枝干

橡胶材小蠹为害腰果植株

露的部分侵入，在木质部蛀成一条蛀入道。在离蛀入道不远处筑一"婚室"，雌、雄成虫在其中进行交配、产卵、孵化直到蜕变为成虫。

防治方法

农业防治：保持腰果园的清洁卫生，彻底清除死亡植株或枯死枝条，尽量减少橡胶材小蠹的生存场所。腰果树一旦遇上自然伤害，要及时将受损的枝干锯除，并用沥青柴油混合剂涂封伤口。

物理防治：可用诱剂诱集和灯诱等方法进行捕杀，常见的诱剂有乙醇和 α-蒎烯、β-蒎烯、马鞭草烯酮、顺-马鞭草烯酮混合物，灯诱时一般选择蓝紫色的光源。

化学防治：每隔1个月检查1次腰果园是否有虫害，一旦发现被害腰果树，要及时刮除腰果树受害部位的组织直至其木质部露出，再喷洒40%丙溴磷乳油1 000～1 500倍液或48%毒死蜱乳油1 000～1 500倍液等杀虫剂，每隔7天喷洒1次，共喷2～3次，再用沥青柴油混合剂涂封伤口。如果腰果树干被害，应向蛀孔注入40%丙溴磷乳油或48%毒死蜱乳油等杀虫剂，然后用黄泥封住虫孔。

（十五）中对长小蠹 *Euplatypus parallelus* Bright & Skidmore, 2002

发生为害

中对长小蠹属鞘翅目（Coleoptera）小蠹科（Scolytidae）。在中国、泰国、菲律宾、印度、斯里兰卡、马来西亚、柬埔寨、老挝等腰果种植区发生为害。除为害腰果外，还为害桉、橡胶、印度黄檀、木棉、楝、桑等。中对长小蠹喜钻蛀刚倒的腰果树主干和枝条，入侵孔常会有粉末状木屑，其挖掘的虫道通常会到达腰果木材的心材，大大降低木材的经济价值和使用价值。

形态特征

雄成虫体长4.2～4.4毫米，圆筒形，赤褐色或红棕色，鞘翅末端颜色加深。额头扁平，额面长大于宽，刻点圆，浅而稠密，形成网状纹，额中心具一明显小圆凹。前胸背板长方形，表面粗糙，刻点稀疏，中线前端无明显背孔，两侧缘中后处有凹入足窝，足窝前角不明显，后角明显，最宽处在足窝后角处，深色内凹的中线不达中部。鞘翅两侧缘自基部向后1/3部分平行延伸，然后略扩展延伸，最宽处在近后端1/3处，随后急剧向上收缩；斜面后端各侧缘从第九沟间部伸出1对大钝齿突，形成1对并列的锥体，端钝而边缘具3刺，翅端缘内陷；翅面刻点沟深陷，各沟间部隆起；斜面基部的沟间宽度几乎相等，斜面被有稀疏金黄色短毛，各沟间部在斜面隆起呈脊，第一沟间部末端隆起较明显，并突起呈齿，第三沟间部末端也隆起，但

中对长小蠹成虫

没第一沟间部的隆起明显。前足胫节外侧具5列斜向脊条，近基部被有小齿突。

雌成虫与雄成虫相似，但体型略大一些。额面刻点稀疏，具绒毛，额面中心内陷。前胸背板中线前端无明显背孔。鞘翅翅面刻点沟更浅，各沟间部也不隆起。鞘翅末端折曲下垂，斜面极短，端缘呈弧形凹入，斜面颜色较深，具短毛。

生活习性

为害高峰期为5—6月。大多数长小蠹仅钻蛀病树、残树或者刚刚死亡的树木，但中对长小蠹却是少数能成功为害活树的种类之一。

参考橡胶材小蠹。

（十六）双钩异翅长蠹　*Heterobostrychus aequalis*（Waterhouse, 1884）

发生为害

双钩异翅长蠹属鞘翅目（Coleoptera）长蠹科（Bostrichidae）。在中国、印度、泰国、马来西亚、印度尼西亚、越南、菲律宾、缅甸、斯里兰卡、马达加斯加等腰果种植区发生为害。除为害腰果外，还为害黄豆树、香合欢、合欢、楹树、凤凰木、黄桐、橡胶、木棉、琼楠、橄榄、海南苹婆、柳安、翅果麻、厚皮树、银合欢、黄檀、柚木、榆绿木、洋椿、榄仁树、大沙叶、黄牛木、山荔枝、桑、紫檀、嘉榄、芒果等。双钩异翅长蠹主要以成虫钻蛀为害树势衰弱的腰果植株树干或枝条，也可取食为害仓储腰果仁。

形态特征

成虫体长6～15毫米，赤褐色至黑色，具细粒状突起。触角10节，锤状部3节，其长度超过触角全长的一半，端节椭圆形。前胸背板前缘呈弧状凹入，前缘角有1个较大的齿状突，与之相连的还有5～6个锯齿状突起，前半部密布颗粒状突起。鞘翅刻点清晰，排列成行，有光泽，刻点行间光滑无毛。两侧缘基向后几乎平行延伸，至翅后1/4处急剧收缩。雌成虫鞘翅斜面仅有稍微隆起的瘤突，无尖钩；雄成虫鞘翅斜面两侧有两对钩状突起，上面的1对较大，呈尖钩状，向上向内弯曲，下面的1对较小，位于鞘翅边缘，无尖钩，仅稍隆起。

双钩异翅长蠹雌成虫

生活习性

1年发生2～3代，全年可见幼虫和成虫。被害的腰果木材表面可明显看到蛀孔及其附近的排泄物，蛀孔里面轻则蛀成许多洞，重则蛀成蜂窝状。成虫在夜间活动，具弱趋光性和较强的飞行能力，白天常隐蔽在腰果木材的缝隙中。雌成虫喜欢在腰果木材的缝隙或孔洞中产卵，卵较分散。幼虫取食坑道大多数沿木材纵向伸展弯曲并相互交错，长可达30厘米，直径约为6毫米，坑道中充满粉状的排泄物。成虫为害时排出大量的蛀屑。蛹期9～12天，成虫寿命约2个月。

防治方法

农业防治：在修剪时，将有新鲜粪屑堆积和有流胶现象发生的枝条剪除，集中处理，降低虫源基数。

化学防治：可用5%高效氯氟氰菊酯水乳剂1 000～1 500倍液、45%马拉硫磷乳油1 000～1 500倍液、2.5%溴氰菊酯乳油3 000～4 000倍液、1.8%阿维菌素乳油1 000～1 500倍液喷施杀灭成虫和幼虫。若发现枝条有新鲜的粪便排出，可用注射器从蛀孔注入少许80%敌敌畏乳油50倍液，并封住虫孔，熏杀成虫和幼虫。

（十七）绿豆象 *Callosobruchus chinensis* (Linnaeus, 1758)

发生为害

绿豆象属鞘翅目（Coleoptera）豆象科（Bruchidae）。在中国腰果种植区发生为害。除为害腰果外，还为害绿豆、豇豆、菜豆、豌豆、蚕豆等。绿豆象主要以幼虫在腰果园中钻蛀腰果坚果，取食腰果仁胚及胚乳，导致被害腰果坚果中空或种内呈粉状，丧失商品价值，造成严重损失。

形态特征

成虫体长约3毫米，宽约2毫米，尖卵圆形，红褐色或黑褐色。头较小，头顶红褐色。复眼黑色，呈马蹄形环绕于触角基部的后外侧。额中央具纵脊。触角红褐色，11节，雄成虫触角呈梳齿状，梳齿黑褐色，第三节端侧略膨大，第四节梳齿近三角形，第五至十一节梳齿较长。雌成虫触角呈锯齿状，第五至十一节锯齿较明显。前胸背板近三角形，刻点细密，前缘狭直，侧缘外斜，后缘中部略突，后缘中央有2个长椭圆形的白色毛斑，前部中央有黄褐色纵纹，纵纹后端两侧有近圆形的淡色斑。

绿豆象成虫

小盾片长方形，覆灰白色绒毛。鞘翅褐色近方形，刻点沟明显，覆灰白色、黄褐色和黑褐色密毛；翅基、翅端色较暗，中部近外缘有黑褐色斑。臀板几乎与体垂直，长三角形，具窄隆边，端部圆钝，覆近白色密细毛；雌成虫臀板两侧近端部或1/3与2/3处有近圆形的淡褐色毛斑各1对，或在两侧形成淡褐色纵毛带。足黄褐色，后足腿节下缘近端部有一明显的三角形齿，端部外侧下方有一钝齿。

卵椭圆形，稍扁平，初为乳白色，后变淡黄色。长约0.54毫米，宽约0.3毫米。

幼虫体长约3.4毫米，乳白色。体型粗肥，两端向腹面弯曲。头小，略带黄色，大部分缩入前胸内。胸足退化为小型肉质突起。

蛹长3.0～3.5毫米，淡黄色，椭圆形，头向下弯。前胸背中央有一纵沟直达后胸背。后足几乎伸达腹末，腹末肥厚，并显著向腹面斜削。

生活习性

1年可发生11代。卵散产于腰果果梨或坚果表面，平均在每个果实产5粒。卵历期4～5天。幼虫孵化后穿透果壳蛀入腰果仁，取食胚及胚乳部分。每个坚果有幼虫1～3头，幼虫历期10～16天。蛹于腰果仁内羽化，蛹历期4～5天。成虫多在夜间羽化，羽化后在腰果仁内停留1～4天后蛀孔外出，爬至坚果表面活动、觅偶交尾。交尾后4～9小时开始产卵，每头雌成虫平均产卵20～80粒。成虫有假死性、趋光性、喜飞性，善爬行，飞翔力强。成虫寿命为5～20天。

防治方法

可用0.3%印楝素乳油1 500～2 000倍液、8%氯氰菊酯微囊悬浮剂300～500倍液、5%高效氯氟氰菊酯水乳剂1 000～1 500倍液、45%马拉硫磷乳油1 000～1 500倍液或2.5%溴氰菊酯乳油3 000～4 000倍液等杀灭成虫和卵。

（十八）咖啡豆象 *Araecerus fasciculatus* (De Geer, 1775)

发生为害

咖啡豆象属鞘翅目（Coleoptera）长角象科（Anthribidae）。在中国、印度等腰果种植区发生为害。除为害腰果外，还为害可可、咖啡、玉米、棉花、槟榔、豇豆、扁豆、高粱、蒜、红参、枣、麦冬、党参、防风、山药等。咖啡豆象主要以幼虫在腰果园中钻蛀腰果坚果，取食腰果仁，成虫也可为害腰果嫩梢和果梨。

形态特征

成虫体长2.5～4.5毫米，虫体灰黑色或暗褐色，全身密生黄灰色或暗褐色细毛。头顶宽而扁平，喙短而宽。触角11节，棒状，细长且直，基部2节较粗短，第三至八节丝状，红棕色，末端第九至十一节扁平稍膨大，黑褐色。前胸背板梯形，宽大于长。小盾片圆形，腹部末节微露出鞘翅。雌成虫臀板较长，三角形末端边缘向上弯；雄成虫臀板直立，末端圆。

卵为卵圆形，顶宽而圆，底略尖，表面光滑，乳白色，有光泽，长约0.6毫米，宽约0.35毫米。

老熟幼虫体长4.5～6.0毫米，乳白色或淡黄白色，无足，多毛，表面有皱褶。头尾两端向腹面略弯如弓形，头部淡灰色，圆而大，不缩入前胸。口器红褐色，上颚粗大。腹部侧板不分裂。

蛹为裸蛹，蛹体长3.7～5.0毫米。淡黄白色，幼虫最后一次皮未脱下，紧缠在蛹的腹部末端，体表密生灰白色细毛，触角细长，弯向胸背面，末端超过中胸小盾片端部。鞘翅沿腹侧伸达腹部第七节，鞘翅末端有一骨化的小钩，后足跗节伸出鞘翅尖端。腹部末端具1对瘤状突起。

咖啡豆象成虫

生活习性

1年发生约5代，卵期5～8天，幼虫期25～35天，蛹期6～8天，成虫期约为50天。每头雌成虫产卵20～140粒，可多至150粒。幼虫自卵内孵出后蛀入坚果内为害。成虫有跳跃和飞翔能力，具假死习性，触碰虫体即掉落，暂时不动，稍停又爬动或飞翔。

防治方法

参考绿豆象。

（十九）漆蓝卷象 *Involvulus haradai*（Kôno, 1940）

发生为害

漆蓝卷象属鞘翅目（Coleoptera）卷叶象甲科（Attelabidae）。在中国腰果种植区发生为害。除为害腰果外，还为害橄榄、盐肤木等。漆蓝卷象主要以成虫为害腰果嫩梢和果实，受害嫩梢迅速枯蔫直至干枯，影响植株生长和翌年结果。

形态特征

成虫体长3.2～4.0毫米。前胸、鞘翅具青蓝色光泽，触角、足黑色。头宽远大于长，在眼后不缩窄。头顶中区略光滑，靠近眼的部分具稀疏刻点。眼大，突出于头的表面，两眼间的距离为喙基部宽的2倍。喙细长，略向下弯，长约等于前胸背板长的1.4倍，由中部向端部逐渐放宽。触角着生于喙基部1/4处，喙在触角窝上面略隆。触角11节，基节很短，柄节粗壮。前胸背板宽大于长，中部之后最宽，两侧圆，背面中区具很小的刻点和细小刚毛，靠近前胸背板基部和端部具浅缢痕。鞘翅长约为前胸背板的2倍，两侧基部近平行，中间以后向外略突出；肩显著，鞘翅基部向中间小盾片方向略倾斜；行间光滑，略宽于行纹，行纹具大而深的刻点列；鞘翅端部缩成圆形。小盾片明显，近方形。臀板部分外露，具明显刻点和细小刚毛。前足基节大，后足基节与后胸前侧片相连；腿节棒状，胫节细长，无端齿，内侧具纵脊。雄成虫腹部末节中间略凹陷，雌成虫则略突。

卵长椭圆形，长0.8 ~ 1.0毫米，宽0.5 ~ 0.7毫米，光滑略透明，初产时乳白色，近孵化时变为黄白色。

初孵幼虫体长1.0 ~ 1.4毫米，体宽约0.8毫米。体弯曲呈蛴螬形，被稀疏白色刚毛。上颚发达，呈浅褐色，先端黑褐色。身体除前胸背板靠近头部位置为浅褐色外，其余为乳白色至浅黄色，略透明。孵出1天后可略见深色内脏，数天后可明显见深色内脏。老熟幼虫体长4.0 ~ 5.3毫米，体宽1.7 ~ 2.2毫米，淡黄白色，化蛹前背中可见1条浅黑线。

漆蓝卷象成虫

漆蓝卷象为害嫩梢　　　　　　　　　　漆蓝卷象为害导致嫩梢枯萎

蛹体长3.7～4.3毫米，宽1.9～2.4毫米，乳白色，腹末、喙端部有刚毛。羽化前从复眼开始变黑色，其次翅芽、喙变黑，接着足由跗节、胫节开始变黑，最后身体全变为深蓝色，羽化为成虫。

生活习性

1年发生约2代。蛹羽化为成虫后在土室中停留4～8天，待体壁硬化后，以喙将土室钻破，并开掘隧道爬出地面。成虫主要取食嫩梢，每梢有12～30个针眼孔，雌成虫会在一些受害梢的针眼孔中产卵，一梢产卵1～2粒，最多5粒，最后在受害梢的基部呈环状或螺旋状刺吸1～3圈。由于受害枝梢汁液被吸，且基部被环状刺伤，切断了水分和养分的输送，导致受害梢在1～3天内迅速枯萎，每头成虫1天可为害新梢8～12枝。

雌、雄成虫均可多次交尾，雌成虫产卵时首先用喙在半萎蔫的受害梢内营造1个简单的卵室，产卵于其中，每孔产卵1粒。1头雌成虫一生产卵30粒以上。成虫寿命19～42天，成虫多在白天取食，具有群集取食为害习性。成虫有一定假死习性，有弱趋光性和向上性，对糖醋液没有趋性。卵期8～12天，卵在枯梢内孵化，初孵幼虫有取食部分或全部卵壳的习性，不具爬行能力。孵化后的幼虫在枯梢中取食蛀道，最后枯梢中间段被蛀空，仅剩一层表皮。老熟幼虫会咬破枯梢表皮掉落地上，钻入土中营造土室。土室卵圆形，长4.0～6.0毫米，宽2.8～3.2毫米，表面粗糙，内壁光滑。蛹期8～12天。

防治方法

农业防治：在新梢抽发为害期，利用受害梢易剥离的特点，组织人员对受害的枝梢进行摘除。将枯梢集中销毁，消灭卵和幼虫。

生物防治：主要防治掉落地面尚未化蛹的幼虫，有条件的地方可选择对漆蓝卷象有较强毒力的球孢白僵菌或昆虫病原线虫进行防治。

化学防治：因漆蓝卷象成虫受到惊动会立即飞走，给药剂防治造成困难，但农药喷布后，对成虫仍有一定作用，可以减轻对新梢的为害程度。化学防治主要是消灭枯梢内的幼虫，喷药时要注意喷湿枯梢，并且在幼虫老熟蛀空枯梢，仅剩一层表皮时防治效果最好。可在成虫羽化盛期，选用8%氯氰菊酯微囊悬浮剂300～500倍液、5%高效氯氟氰菊酯水乳剂1 000～1 500倍液、45%马拉硫磷乳油1 000～1 500倍液或2.5%溴氰菊酯乳油3 000～4 000倍液进行防治。

（二十）芒果切叶象 *Deporaus marginatus* Voss, 1938

发生为害

芒果切叶象属鞘翅目（Coleoptera）卷叶象甲科（Attelabidae）。在中国、印度等腰果种植区发生为害。除为害腰果外，还为害芒果、扁桃等。芒果切叶象主要以成虫啃食为害腰果嫩叶上表皮，留下下表皮，使叶片卷缩干枯。雌成虫产卵后将叶片于近基部整齐横向切割，影响植株长势。

形态特征

成虫体长约5毫米，全体红黄色，具白色绒毛，以中、后胸及腹部较密，复眼黑色。触角及触角以下喙管也呈黑色。鞘翅黄白色，周缘黑色，肩部及端部黑色带较宽，其上具深刻点，每边纵行排列成10行，刻点间着生白色毛，鞘翅肩部下伸，使肩角呈钝圆形。足的腿节黄色，胫节及跗节黑色。

卵长约0.8毫米，宽约0.3毫米，椭圆形，初产时白色，后呈淡黄色。

芒果切叶象甲为害嫩叶

芒果切叶象甲群集为害嫩叶

芒果切叶象甲为害导致嫩叶枯萎

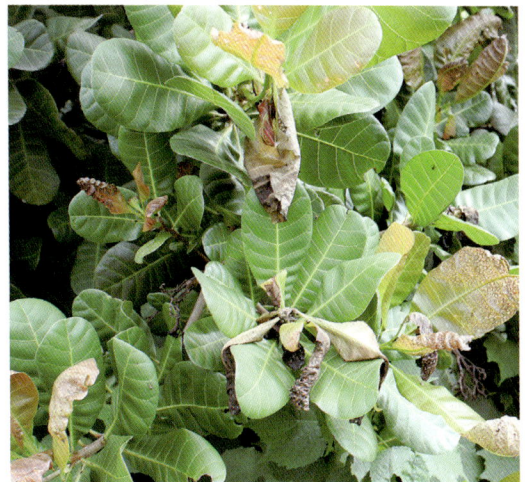

芒果切叶象甲为害导致嫩叶干枯

幼虫长5～6毫米，宽约1.7毫米，乳白色，无足，腹部各节两侧各有1对小肉刺。初孵化时乳白色，后变为淡黄色。

蛹体长约3.5毫米，宽约1.7毫米，淡黄色，老熟时呈浅褐色，头部具乳状突起，体背被细毛，末节具肉刺1对。蛹外具扁椭圆形土质的蛹室。

生活习性

1年发生约9代，1代需30～50天。成虫出土后4～15天才开始交尾，交尾后1～2天开始产卵，卵产于嫩叶下表面主脉两侧，在每张叶片上产卵10～20粒。雌成虫产卵后在靠近叶片基部2～3厘米处整齐地横向切断，使带卵部分落于地面。卵经过2～3天孵出幼虫，在温、湿度适宜时卵的孵化率达100%。孵出的幼虫继续潜食叶肉，经过6～8天爬至土中化蛹。蛹期7～8天。羽化的成虫先在蛹室内停留3～4天，然后出土，成虫终年可见，但在9月数量较多。

防治方法

农业防治：新建果园要避免与芒果园相邻种植，以减少虫源。结合除草、施肥或控梢，翻松园土，防治在土壤中的部分虫蛹和幼虫。在该虫发生期，要及时收集被咬断落地的嫩叶，消灭虫卵，降低下一代虫口基数。

生物防治：注意保护和利用蚂蚁、寄生蜂等天敌。

化学防治：可用18%杀虫双水剂500～1 000倍液、80%敌敌畏乳油1 000～1 500倍液、2.5%溴氰菊酯乳油1 500～2 000倍液、20%氰戊菊酯乳油2 000～3 000倍液进行防治。

（二十一）内氏长颈卷叶象 *Apoderus necopinus* Faust, 1893

发生为害

内氏长颈卷叶象属鞘翅目（Coleoptera）卷叶象甲科（Attelabidae）。在中国腰果种植区发生为害。除为害腰果外，还为害芒果等。内氏长颈卷叶象主要以成虫取食为害腰果叶片，导致叶片缺刻或出现孔洞，为害严重时仅剩网状叶脉。

形态特征

成虫体棕红色，头部细长如颈，前胸背板红褐色且无斑，前翅红褐色，具上下2排黄色斑，上排2个，下排5个。各足黄色。卵为卵圆形。

生活习性

1年发生约2代。1个叶苞内具卵1粒，偶见2粒。卵期10～15天，幼虫期11～16天，蛹期3～5天。

内氏长颈卷叶象成虫及其为害状

防治方法

农业防治：根据成虫假死性和二代成虫聚集性进行人工捕捉，集中消灭成虫。在成虫产卵盛期，发现树叶被剪切，可在树下寻找叶苞，同时人工摘除树上的卷叶苞，集中销毁或挖坑深埋。

化学防治：在成虫羽化盛期，选用8%氯氰菊酯微囊悬浮剂300～500倍液、5%高效氯氟氰菊酯水乳剂1 000～1 500倍液、45%马拉硫磷乳油1 000～1 500倍液或2.5%溴氰菊酯乳油3 000～4 000倍液进行防治。

（二十二）红脚异丽金龟　*Anomala cupripes* (Hope, 1839)

发生为害

红脚异丽金龟属鞘翅目（Coleoptera）金龟科（Scarabaeidae）。在中国、越南、缅甸、柬埔寨、泰国等腰果种植区发生为害。除为害腰果外，还为害橡胶、可可、荔枝、龙眼、椰子、油棕、芒果、红毛丹、甘蔗、花生、玉米及豆类和薯类等。红脚异丽金龟主要以成虫咬食腰果叶片，为害严重时被害叶片只剩下主脉，该虫有时也为害腰果果梨。

形态特征

成虫体长18～26毫米，体宽10～13毫米，椭圆形，体背绿色带光泽，体腹面紫红色具金属光泽。上唇基片半月形，密布深大点刻。复眼灰色，呈半球状突出。触角鳃叶状，棕红色且具光泽，全长约4毫米。前胸背板发达，均匀分布刻点，两侧边缘稍具紫红色光泽，前缘向前呈半圆形弯曲，两侧圆形并稍向上卷起似小边框，后缘弯曲，中央突出。小盾片钝三角形，稀布圆形小刻点，后缘具紫红色光泽。鞘翅布满圆形小刻点，各鞘翅中央隐约可见由小刻点排列形成的纵线4～6条。足跗节5节。腹部背面及腹面均可见6节。背板黑褐色，侧板及腹板紫红色，具光泽。臀板三角形；雄成虫臀板稍向前弯曲且隆起，尖端稍钝，第六腹板后缘具一黑褐色带状膜；雌成虫臀板稍尖，向后斜突出，不具黑褐色带状膜。

初产卵乳白色，椭圆形，表面光滑，长径约为2毫米，短径约为1.5毫米。即将孵化的卵胀大浑圆，淡黄色，透明水渍状，长约3毫米，宽约2.5毫米。

幼虫共3龄。一龄乳白色，末期黄白色，体长7～15毫米，头宽约1.5毫米；臀节腹面中央有2列淡黄色短刺毛列，排列成2平行线段，外具2列比刺毛列粗且长的钩状毛，钩状毛共有100根。三龄乳白色，老熟时黄色，体长40～50毫米，头宽约5.5毫米。

裸蛹黄褐色，长椭圆形，长径20～30毫米，短径10～13毫米。初化蛹淡黄色，之后逐渐变黄，羽化时为黄褐色。头部稍钝圆，尾部稍尖，前足伸至中胸腹板1/3处。

红脚异丽金龟成虫

红脚异丽金龟交尾

红脚异丽金龟为害嫩叶

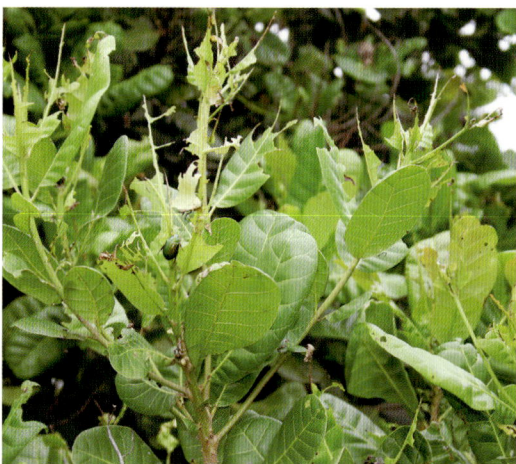

红脚异丽金龟为害叶片仅剩叶脉

生活习性

1年发生1代，其中卵期11～16天，幼虫期271～370天，蛹期9～21天，成虫期99～229天。成虫羽化后约1个月交配产卵，多于7时至10时交配，在树叶浓密处进行，一般一生交配1次，少数2次，交配后3～7天产卵。卵散产于土中，每天产卵20～40粒，一生产卵60～80粒，多的可达120粒，产卵后4～7天死亡。成虫最喜于新腐熟堆肥中产卵，待卵孵化为幼虫后亦多在其中度过，每天黎明及黄昏时成虫作短时间飞行，大部分时间无入土现象。此虫有假死性，在7—9月较明显。成虫具趋光性。高温低湿有利于红脚异丽金龟发生为害。

防治方法

农业防治：结合果园除草松土，杀死部分幼虫和蛹。在红脚异丽金龟成虫发生盛期进行人工捕杀。

物理防治：红脚异丽金龟成虫对灯光有趋性，对黑光灯的趋性更强，可用黑光灯诱杀成虫。也可利用成虫的假死性，摇动树枝，捕杀掉落地面的成虫。

生物防治：红脚异丽金龟及其幼虫的天敌种类很多，寄生天敌有土蜂、寄生蝇等，捕食天敌有食虫虻、螳螂、青蛙、蟾蜍、蜥蜴、鸟类等，应注意保护和利用。

化学防治：可用90%敌百虫可溶粉剂800～1 000倍液、50%辛硫磷乳油500～800倍液、80%敌敌畏乳油1 500～2 000倍液、2.5%溴氰菊酯乳油3 000～4 000倍液进行喷雾防治。

（二十三）白星花金龟　*Protaetia brevitarsis* (Lewis, 1879)

发生为害

白星花金龟属鞘翅目（Coleoptera）金龟科（Scarabaeidae）。在中国腰果种植区发生为害。除为害腰果外，还为害玉米、向日葵、苹果、番茄、西瓜、桃、葡萄、李、草莓、高粱、无花果、柑橘等。白星花金龟主要以成虫啃食为害腰果果梨、嫩叶和芽，以为害果梨为主。

形态特征

成虫体长17～23毫米，宽9～13毫米。体型中等，稍狭长，体表光亮或微光亮，一般体色为古铜色、青铜色，有的足带绿色，表面散布较多不规则波纹状白色绒斑。触角中等长，深褐色。复眼突出。前胸背板略短宽，两侧弧形，基部最宽，后角圆弧形，后缘有中凹；盘区刻点较稀小，通常有2～3对或排列不规则的白绒斑，有的沿边框具白绒带，近后缘较平滑。小盾片为长三角形，末端钝，除基角有少量刻点外很平滑。鞘翅宽大，肩部最宽，后外端缘呈圆弧形，缝角不突出；鞘翅背面遍布粗糙皱纹，肩突内、外侧的皱纹尤其密集，白绒斑多为横向波纹状，中、后部的白绒斑较集中。臀板短宽，密布皱纹和黄绒毛，每侧有3个白绒斑，呈三角形排列。中胸腹突扁平，前端圆弧形；后胸腹板中间光滑，两侧密布粗糙皱纹和黄绒毛。腹部光滑，两侧密布粗糙皱纹，第一至四节近边缘和第三至五节的两侧中央有白绒斑。后足基节后缘外端角尖齿状；足较粗壮，膝部有白绒斑；前足胫节外缘有3齿，跗节较短粗，爪中等弯曲。

卵为圆形至椭圆形，长1.7 ～ 2.0毫米，初产时为乳白色，表面较光滑，有弹性，后渐变为淡黄色。

幼虫3龄，初孵一龄幼虫体长4 ～ 6毫米，头壳宽0.8 ～ 1.2毫米。二龄幼虫头壳宽度为2.2 ～ 2.5毫米。三龄幼虫头壳宽度为4.0 ～ 4.5毫米。老熟幼虫体长24 ～ 39毫米，乳白色，柔软、肥胖、圆筒形，身体向腹面呈C形弯曲，背面隆起，多横皱纹。头部褐色，两侧各有1个黄色菱形斑，气门孔呈红棕色。胸足3对，黄色，很小。体背每节生刚毛3横列，腹末节膨大。肛腹片上的刺毛粗短，2纵行呈倒U形排列，每行具刺毛19 ～ 22根不等。胴部粗胖，黄白色或乳白色。幼虫行走时将身体翻转，借体背体节的蠕动向前迅速行进，不用足行走。

蛹为裸蛹，体长20 ～ 23毫米，卵圆形，先端钝圆，向后渐尖削。蛹的复眼较大，触角较短，腹部末端有1对叉状突起。蛹头部较小，向下微弯，初为黄白色，渐变为橙黄色。蛹外包以土室，形似鸡蛋，土室长2.6 ～ 3.0厘米，椭圆形，中部一侧稍突起。

白星花金龟成虫

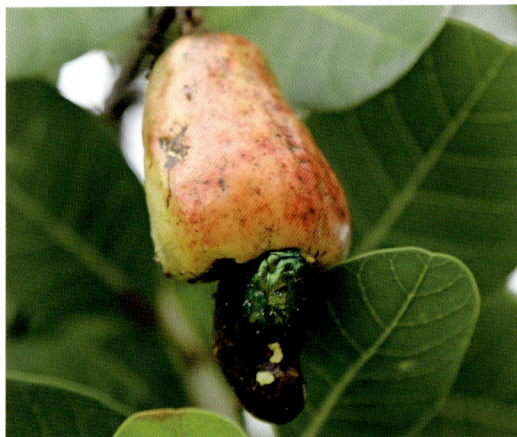

白星花金龟为害果梨

生活习性

1年发生1代，完成1代需320 ～ 360天。一龄和二龄幼虫历期约20天，三龄幼虫历期约125天，蛹期30 ～ 40天，蛹在土室内羽化后，仍需在土室内7 ～ 10天，然后用头及前足将土室顶破。白星花金龟成虫有明显的昼出夜伏习性。成虫的活动时间集中在10时至16时，成虫盘旋飞行时嗡嗡作响，稍受惊扰便迅速飞起，飞翔能力强。白星花金龟成虫多在8时至18时交配，交配时间为20～40分钟，卵多产于粪堆、腐烂秸秆堆、落叶堆等腐殖质较多、环境条件比较潮湿或施有未经腐熟土粪的地块，深度10～25厘米，产卵期30天左右，单雌可产卵20粒左右。白星花金龟成虫喜食成熟、腐烂的腰果果梨，常3～5头群集在一起啃食，尤以雨后较多。白星花金龟成虫具有趋化性、趋腐性、趋糖性、假死性、群聚性，但没有趋光性。卵期8～12天，平均10天。

防治方法

农业防治：利用白星花金龟的群集性和假死性，在成虫发生盛期，将塑料袋套在有大量成虫聚集的果实上，连同腐烂果实同时摘除，消灭成虫。对树冠高大的果园，可在地面铺塑料膜，用竹竿将白星花金龟振落于塑料膜上并及时收集，集中处理或喂养鸡、猪。

物理防治：白星花金龟有趋糖性，利用红糖液或糖醋酒液诱捕成虫。也可利用白星花金龟的趋腐性诱杀幼虫、成虫和卵。

生物防治：在白星花金龟发生较重的腰果园，可散养鸡、猪等，鸡、猪可猎食成虫，特别是在成虫暴发期，人为驱赶鸡、猪并用竹竿振落成虫，振落的成虫可及时被鸡、猪猎食，降低为害程度。也可选用昆虫病原线虫、金龟子绿僵菌、球孢白僵菌、苏云金芽孢杆菌等对白星花金龟进行生物防治，降低虫口基数。

化学防治：在成虫盛发期，用8%氯氰菊酯微囊悬浮剂300～500倍液、5%高效氯氟氰菊酯水乳剂1 000～1 500倍液、45%马拉硫磷乳油1 000～1 500倍液或2.5%溴氰菊酯乳油3 000～4 000倍液喷雾防治。

（二十四）凸星花金龟　*Protaetia orientalis*（Gory & Percheron, 1833）

发生为害

凸星花金龟属鞘翅目（Coleoptera）金龟科（Scarabaeidae）。在中国腰果种植区发生为害。除为害腰果外，还为害玉米、高粱、大麻、桃、李、苹果、麻栎、榆等。凸星花金龟主要以成虫啃食为害腰果果梨。

形态特征

成虫体长21～26毫米，宽11.5～15.0毫米，近长椭圆形，表面光亮，通常为绿色、铜红色、古铜色等。唇基近于长方形，前缘向上折翘，具较深中凹，两侧边框较高，其外向下呈钝角斜扩。前胸背板短宽，两侧边缘为弧形，后角微圆，后缘有中凹，除盘区散布小刻点外，其余密布粗糙刻点和皱纹；中部有2对白绒斑呈梯形排列，1对在中部，1对在后部，前部两侧各有1排由2～3个斑所组成的斜向白绒斑行，沿侧缘有1行白绒带，但有些呈断续状，有时消失。小盾片为长三角形，除基角有少量刻点外，其余平滑，末端较钝。鞘翅较宽大，肩部最宽，其后外缘弯曲明显，后外端缘呈圆弧形。臀板短宽，近于三角形，末端圆，表面密布粗糙横向皱纹；雄成虫的皱纹较稀，有4个白绒斑，雄成虫后部中央明显突出，雌成虫有中纵隆，其两侧具压迹。中胸腹突较小，近于圆形，有少量小刻点；中胸后侧片密布粗糙皱纹，后缘有1个横向白绒斑；后胸腹板中部除中央小沟外很光滑，两侧和后胸前侧片有稀大皱纹和黄绒毛，且散布较多白绒斑；后胸后侧片密布粗糙皱纹，有时具白绒斑；腹部中间光滑，散布小刻点，两侧密布皱纹和黄绒毛，第二至五节的两侧中部和一至四节的近侧端有较大横向白绒斑。后足基节散布稀大皱纹和白绒斑，后外端角向后延伸呈齿状；足短粗，前足胫节外缘有3齿，中齿和端齿大且接近；中、后足胫节外侧中隆突横向，膝部有白绒斑；跗节较细长，爪大且明显弯曲。雄成虫外生殖器末端弯翘。

凸星花金龟成虫背面

凸星花金龟成虫侧面

▶ 生活习性

1年发生1代。成虫有明显的昼出夜伏习性，飞翔能力强，喜食成熟、腐烂的腰果果梨。成虫具有趋化性、趋腐性、趋糖性、假死性、群聚性，但没有趋光性。

▶ 防治方法

参考白星花金龟。

（二十五）纺星花金龟　*Protaetia fusca*（Herbst, 1790）

▶ 发生为害

纺星花金龟属鞘翅目（Coleoptera）金龟科（Scarabaeidae）。在中国、缅甸、印度、斯里兰卡、泰国等腰果种植区发生为害。除为害腰果外，还为害桃、梨、柑橘、女贞等。纺星花金龟主要以成虫啮食为害腰果果梨。

形态特征

成虫体长1.3～1.5厘米，宽7.0～9.5厘米，近纺锤形，背面几乎无光泽，具细小白绒斑和浅黄色似柳叶形扁鳞毛。腹面和足光亮。唇基近于方形，前部稍狭窄，前缘向上折翘有浅中凹。背面除头部中纵隆较光亮外，其余密布粗糙刻点和浅黄色绒毛。前胸背板短宽，基部最宽，两侧向前明显收狭，后角宽圆形，后缘具深中凹；表面遍布稀大皱纹、黄色绒毛及不规则白绒斑。小盾片长三角形，平滑几乎无刻点。鞘翅稍狭长，肩部最宽，肩后外缘明显弯曲，两侧向后逐渐收狭。臀板稍短宽，密布皱纹和黄绒毛，两侧有不规则白绒斑。中胸腹突短宽，基部明显缢缩，非常光滑；后胸腹板中部除中央小沟外很光滑，两侧密布皱纹和黄绒毛，并散布较多绒斑。后足基节后外端角向后延伸；足较短粗，密布粗糙皱纹和黄绒毛，前足胫节外缘具3齿，雄成虫前足胫节较窄；跗节较细长，爪小，中等弯曲。

纺星花金龟成虫

纺星花金龟成虫为害果梨

生活习性

1年发生1代。成虫有明显昼出夜伏习性，飞翔能力强，喜食成熟、腐烂的腰果果梨。成虫具有趋化性、趋腐性、趋糖性、假死性、群聚性，但没有趋光性。

防治方法

参考白星花金龟。

（二十六）痣鳞鳃金龟 *Lepidiota stigma*（Fabricius, 1801）

发生为害

痣鳞鳃金龟属鞘翅目（Coleoptera）金龟科（Scarabaeidae）。在中国腰果种植区发生为害。除为害腰果外，还为害荔枝、龙眼、甘蔗、花生、菠萝蜜、油棕、椰子、绿豆、甘薯、木薯、橡胶和桉等。痣鳞鳃金龟主要以成虫为害腰果叶片，以幼虫为害腰果根部。

形态特征

成虫体长34～48毫米，体宽12～26毫米。体型大，长椭圆形。体深褐色至黑褐色，也有栗褐色个体。体上面密被灰白色或黄褐色鳞片，鳞片多呈披针形。鞘翅端突侧下方有乳白色椭圆形斑1个，斑上鳞片椭圆形。头阔大，唇基短阔，鳞片小而稀。触角10节，棒状部短小，由3节组成。前胸背板较长，基部与翅基等宽，中纵鳞片较大且密，呈1条黄褐纵线，侧缘呈弧形，边缘向上卷，并有锯齿状突起；前缘较窄，呈波浪形向前弯曲，具1列较密的黄褐色绒毛；后缘较宽，呈波浪形弯曲。小盾片三角形。鞘翅基侧角稍隆起，每鞘翅的近末端处突起，外侧密生一簇白色绒毛，形成2个明显的椭圆形小白点，隐约可见鞘翅有纵隆纹3条。前足胫节有3个齿状突起，跗节5节，末节发达，爪2个，呈分叉状；后足胫节发达，末端有2个扁平突起，并环生褐色短刺。

卵长3～5毫米，乳白色，光滑，椭圆形。

老熟幼虫体长50～117毫米，椭圆形，稍扁，乳白色。头部黄褐色，长7.2～7.4毫米，宽10.6～11.1毫米。头部前顶每侧具刚毛5～9根，呈一纵列，常仅前端毛较长，后顶毛每侧2～3根较明显，额中侧毛多，左右各15根。足淡黄色，每节末端均有1块或1环白色斑带。胴部第五至九节背板密布黄褐色短刚毛，形似马蹄。腹部第七节背面前侧

痣鳞鳃金龟成虫

痣鳞鳃金龟幼虫

横列长针状毛的前方密被短刺毛。复毛区由短锥状刺毛组成列，分2列，每列22～30根，间距较近，近于平行，刺毛排列不甚整齐，少数刺毛相互交错，毛尖端交叉；刺毛前缘远超过钩毛区前缘，超过复毛区的1/2处。肛门略呈V形裂口。

蛹为裸蛹，体长45～50毫米，宽20～25毫米。雄蛹在腹末倒数第二节腹面有乳头状突起，雌蛹无此特征。雌、雄两性末端均分二叉。

生活习性

2年完成1代。成虫有假死性，无趋化性，趋光性微弱。雌雄成虫在黄昏时交配。每头雌成虫一生产卵20～30粒，卵散产在沙土深10～20厘米处，每粒卵均有1个土室，卵期15天左右。幼虫期582～645天。幼虫在土中的活动深度一般不超过20厘米，蜕皮前钻入30～40厘米深处，蜕皮后返回较浅土层中活动。老熟幼虫深入到100～120厘米土层中筑一蛹室，并在其中化蛹。蛹期约30天。若蛹室被破坏，绝大部分个体便会在羽化前死亡或羽化不良。

防治方法

参考白星花金龟。

（二十七）甘薯腊龟甲　*Laccoptera nepalensis* Boheman, 1855

发生为害

甘薯腊龟甲属鞘翅目（Coleoptera）叶甲科（Chrysomelidae）。在中国、缅甸、印度、斯里兰卡、泰国、马来西亚、越南等腰果种植区发生为害。除为害腰果外，还为害甘薯、五爪金龙、蕹菜等。甘薯腊龟甲以成虫和幼虫在叶面取食，导致叶片呈缺刻状或产生孔洞，影响植物光合作用和生长发育。

形态特征

成虫长7～10毫米，宽6～9毫米，体背隆起，黄褐色，初羽化时色较淡。头部及身体覆盖于前胸背板及前翅下，复眼黑色，外突，椭圆形。触角11节，黄褐色，雌成虫末端3节为黑色，雄成虫末端5节为黑色。前胸背板和两鞘翅周缘向外延伸，延伸部分呈半透明黄褐色。前胸背板横椭圆形，密布粗皱纹，中心两侧各有1个黑色斑点。小盾片三角形，棕黄色，光

甘薯腊龟甲成虫

滑。前翅密布刻点与网纹，中部隆起，有较大的变异黑色斑纹，外缘前后各有1对黑褐色斑纹，其中后斑较大，有的个体的后斑与翅中部的黑斑合并，形成1个大的黑色C形斑。鞘翅后缘有3～5个黑斑，其中中缝近基部、后部，特别是末端处黑色斑较为明显。足棕黄色，跗节3节，爪黑色。

卵长约1.5毫米，宽0.5～0.7毫米，椭圆形，黄褐色，覆于黄褐色胶膜中，常2粒并列。

幼虫共5龄。末龄体长8～9毫米，宽7.5～8.0毫米，长椭圆形，黄褐色至黑褐色。各龄幼虫头黑色，缩于前胸下方，体周缘有16对透明黄白色至黄褐色长锥形枝刺，每枝刺上长满小棘刺，前方第一、二对枝刺基部相连，后方第十六对枝刺位于肛门后方，不易发现。近第四枝刺、第九至十五枝刺背部外缘有外突短管状白色气门8对。前胸背板前方有1对不规则半圆形凹陷眼斑。中胸及腹部中央光洁，四周有皱褶。具尾须1对。

蛹黄褐色，前胸背板扁平，宽于后部身体，前缘与两侧密布硬刺，前缘中间两侧4个硬刺较长；中部、后部黑色，黑色中央有一浅色倒T形纹。中胸、后胸、腹部第一至五节背面呈黑褐色，有黄色点线纹。腹节两侧扩展成5对黄白色略透明的扁平状刺，其周缘长有小刺；各腹节背部外缘有5对外突短管状黄白色气门；第七、第八腹节及末节各有长须1对。末龄幼虫蜕壳不脱落，在蛹体尾部与各幼龄幼虫蜕壳连成串，与粪便结合翻卷覆盖于蛹体背面。

生活习性

1年发生约6代，世代重叠。成虫有假死习性，白天活动，常静伏于叶面取食、交尾，有一定的飞翔能力。静止或受惊吓时触角收缩，开始行动前触角外伸。卵单产，常2粒并列，被黄褐色胶膜覆盖并黏于叶背。幼虫行动缓慢，每龄期蜕壳与下一龄期尾须黏连在一起，不脱落，易分辨龄期。蜕壳反扣在身体背面，肛门外伸延长，左右摆动，将排泄物黏连在蜕壳上，随着幼虫的成长，蜕壳及黏连的排泄物不断变大变宽，逐渐形成三角形或扇形硬壳，反向覆盖在体背，遇到天敌等危险时可不断开合，对自身起到保护作用。幼虫在叶面化蛹，蛹体黏连于叶片。春季气温回升越快，发生时间越早。

防治方法

农业防治：加强栽培管理，及时中耕、培土、除草，合理施肥，适度灌水。收获后清洁田园并深翻土壤，可消灭部分虫源。

生物防治：于发生初期，特别是幼虫低龄期，选择0.36%苦参碱水剂500倍液、5%除虫菊素乳油800倍液、1%苦皮藤素乳油500倍液、2.5%鱼藤酮乳油800倍液喷雾防治。

化学防治：于幼虫发生期，选用25%噻虫嗪水分散粒剂1 500～2 000倍液、10%溴氰虫酰胺可分散油悬浮剂1 500～2 000倍液、4.5%高效氯氰菊酯乳油1 000～1 500倍液、10%联苯菊酯乳油1 000～1 500倍液进行防治。

（二十八）甘薯小绿龟甲　*Cassida circumdata* Herbst, 1799

发生为害

甘薯小绿龟甲属鞘翅目（Coleoptera）叶甲科（Chrysomelidae）。在中国腰果种植区发生为害。除为害腰果外，还为害甘薯、空心菜、牵牛花、五爪金龙等。甘薯小绿龟甲以成虫和幼虫在叶面取食，使叶片呈缺刻状或形成孔洞，影响植物光合作用与生长发育。

形态特征

成虫体长4.0～5.5毫米，宽3.50～4.50毫米。体椭圆形，体背拱起，体绿色或黄绿色，具有金属光泽。前胸背板及鞘翅外缘透明，体背部有3条明显的纵向黑色条纹，中央1条较短，外侧2条在近鞘翅末端接连一起。两鞘翅的黑斑呈U形，有时在翅端不完全汇合，中缝有黑斑，黑斑大小及粗细不一，有的完全消失。触角向后伸过肩角。前胸背板光洁无刻点，侧角狭圆。鞘翅驼顶隆起，但不呈瘤状，刻点粗深，排列整齐。

甘薯小绿龟甲成虫

卵为长椭圆形，长约1.25毫米，宽约0.50毫米，翠绿色，卵的分泌物为翼状，具2条对称的深褐色线条，其余大部分透明。卵位于分泌物中央，1次仅产1卵，未聚集成卵块。

幼虫共5龄，老熟幼虫长约5.1毫米，宽约3.8毫米，体色绿，两侧节间具气孔，可用肉眼看出，在化蛹前，腹尾肉会前翘黏于尾部，足亦会缩紧呈平面化。

蛹绿色，体长约4.5毫米，宽约3.7毫米，躯干背部周围有深绿色斑纹。头部与体同色，欲羽化前，前胸背部有黑色斑纹浮现，足变为黄色，腹部变为黑色。

生活习性

1年发生约6代，世代重叠。春夏之交、夏季至中秋之前是发生为害的主要时期。蛹期4～5天。成虫羽化6～7天后开始交配产卵，卵一般散产于叶脉附近，雌成虫平均一生能产卵84～101粒，产卵期为33～43天。成虫随着温度升高活动为害增强，天气闷热时能迅速飞翔，行动活泼，中午太阳强烈时，大多潜伏于叶背或植株基部为害。成虫有假死性，遇到惊动即缩足下落土中。

防治方法

参考甘薯腊龟甲。

（二十九）黄守瓜 *Aulacophora indica* (Gmelin, 1790)

发生为害

黄守瓜属鞘翅目（Coleoptera）叶甲科（Chrysomelidae）。在中国腰果种植区发生为害。除为害腰果外，还为害樟、柑橘、桃、梨、苹果、朴树、桑、茄等。黄守瓜主要以成虫取食为害腰果叶片，导致叶片缺刻或出现孔洞。

形态特征

成虫体长7～8毫米。全体橙黄色或橙红色，有时略带棕色。上唇栗黑色，复眼、后胸和腹部腹面均呈黑色。前胸背板宽约为长的2倍，中央有一弯曲深横沟。鞘翅中部之后略膨阔，刻点细密。雌成虫尾节臀板向后延伸，呈三角形突出，露在鞘翅外，尾节腹片末端呈角状凹缺。雄成虫触角基节膨大如锥形，腹端较钝，尾节腹片中部长方形。

卵圆形，长约1毫米，淡黄色，卵壳背面有多角形网纹。

幼虫初孵时白色，之后头部变为棕色，胸、腹部为黄白色，前胸盾板黄色。各节生有不明显的肉瘤。腹部末节臀板较长，向后方伸出，上有圆圈状褐色斑纹，并有纵行凹纹4条。

黄守瓜成虫

蛹纺锤形，长约9毫米，黄白色，接近羽化时为浅黑色。各腹节背面有褐色刚毛，腹部末端有粗刺2个。

生活习性

1年发生约4代。成虫在温暖的晴天活动频繁，阴雨天很少活动或不活动。成虫受惊后飞离或假死，耐饥力强，有趋黄性。雌成虫交尾后1～2天开始产卵，每头雌成虫产卵150～2000粒，一般堆产或散产在腰果根部或土壤缝隙中。

防治方法

农业防治：利用成虫的假死性，敲击枝干收集害虫，集中处理。

物理防治：利用成虫的趋黄性，在成虫发生期用黄色黏虫板集中诱杀。

生物防治：黄守瓜的天敌有瓢虫、螳螂、赤眼蜂、跳小蜂、寄蝇和鸟类，应注意保护和利用。

化学防治：可用5%吡虫啉乳油1 000 ～ 2 000倍液、3%啶虫脒乳油2 000 ～ 2 500倍液、80%杀虫单可溶粉剂1 500 ～ 2 000倍液、25%噻虫嗪水分散粒剂1 500 ～ 2 000倍液、5%高效氯氟氰菊酯水乳剂1 000 ～ 1 500倍液进行防治。

（三十）董色突肩叶甲　*Cleorina janthina* Lefevre, 1885

发生为害

董色突肩叶甲属鞘翅目（Coleoptera）叶甲科（Chrysomelidae）。在中国腰果种植区发生为害。除为害腰果外，还为害樟、油茶等。董色突肩叶甲主要以成虫取食为害腰果嫩叶，造成嫩叶缺刻或出现孔洞。

形态特征

成虫体长约4毫米，体型宽广短胖，体色为蓝绿色，头部及前胸背板具刻点，翅鞘蓝绿色，具纵向排列的刻点，翅面在阳光下有蓝色、紫色光泽。

生活习性

1年发生2 ～ 3代。成虫有假死性。

防治方法

参考黄守瓜。

董色突肩叶甲成虫及其为害状

（三十一）黑额光叶甲　*Physosmaragdina nigrifrons* (Hope, 1842)

发生为害

黑额光叶甲属鞘翅目（Coleoptera）叶甲科（Chrysomelidae）。在中国腰果种植区发生为害。除为害腰果外，还为害猕猴桃、枣、酸枣、花椒、栗、野蔷薇、玫瑰、玉米、算盘子、榛、南紫薇、木荷、油茶、楝等。黑额光叶甲主要以成虫取食腰果叶片，导致叶片缺刻或出现孔洞。一般停留在叶正面取食，啃食部分叶肉，很少将叶片全部食光。虫口多时，无论嫩叶或成熟叶片，大都留下数个或数十个孔洞。

形态特征

成虫体长5.6～7.2毫米，宽3.2～4.1毫米，长椭圆形。头黑色，下口式，唇基与额无明显分界。触角短细，基部4节黄褐色，其余各节黑褐色至黑色，第五节以后的各节呈锯齿状。新鲜标本的前胸背板杏黄色，死虫的为红褐色，光亮，隆突而无刻点，后角圆形并向后突出。小盾片光滑呈等边三角形。鞘翅与前胸背板同色，具变化较大的黑色斑纹。一般在鞘翅基部和中部稍后有2条黑色宽横带，有的个体基部的黑带变为2个黑斑，也有的仅肩瘤处有1个黑斑，翅基部与前胸背板等宽，并嵌合紧密，鞘翅具不规则的细小刻点，翅端合缝及边缘为黑色。足基节和转节黄褐色，其余部位黑色。腹部大部分为黑色，雌成虫腹末中央有1个凹窝，雄成虫无。

黑额光叶甲成虫

卵长椭圆形，长0.45～0.55毫米，直径0.22～0.23毫米。初产时为浅黄色，半透明，光滑。

初孵化幼虫淡黄色，略透明，头黄褐色，口器黑色。

生活习性

1年发生2～3代。成虫有假死性，喜在阴天或早晚取食，雨天或晴天的中午很少为害，此时大都躲息于叶背面。成虫无趋光性，有群集性。雌成虫交配后2天内即可产卵，卵聚产，卵粒排列不规则，卵期4～6天。雄成虫交配后1～2天死亡，雌成虫产卵后2～3天死亡。

防治方法

参考黄守瓜。

（三十二）蓝跳甲 *Altica aenea* (Olivier, 1808)

发生为害

蓝跳甲属鞘翅目（Coleoptera）叶甲科（Chrysomelidae）。在中国腰果种植区发生为害。除为害腰果外，还为害丁香蓼等。蓝跳甲主要以成虫取食腰果叶片，导致叶片缺刻或出现孔洞。

形态特征

成虫体长约5毫米，宽约2.5毫米，长椭圆形。体色为蓝黑色或蓝色带绿光。触角黑色，基部2节的顶端略带棕色。头顶光洁，无皱纹，额瘤圆形，触角间隆脊上半部粗宽，下半部细狭。触角约为体长的2/3，较粗壮，第三节约为第二节长的1.5倍，之后各节均长于第三节。前胸背板侧缘直，以基部较阔，渐向前收狭，沟前盘区光洁无刻点，沟后区有细刻点。小盾片近似半圆形。鞘翅基部较前胸宽，刻点较粗密，略呈凹窝状，刻点之间稍隆突，有时每翅具3条很不清楚的纵肋状隆起。雄虫阳茎腹面端前具2个卵形凹窝。

蓝跳甲成虫

生活习性

成虫不善跳跃或飞行，雌成虫将卵产于叶片背面，幼虫3龄，老熟幼虫钻入土中以泥建成蛹室化蛹。

防治方法

参考黄守瓜。

（三十三）松丽叩甲　*Campsosternus auratus* (Drury, 1773)

发生为害

松丽叩甲属鞘翅目（Coleoptera）叩甲科（Elateridae）。在中国腰果种植区发生为害。除为害腰果外，还为害松科植物。松丽叩甲主要以幼虫取食为害腰果根部，成虫偶尔取食为害果梨。

形态特征

成虫体长约42毫米，宽约14毫米。体色为铜绿色，前胸背板和鞘翅周缘具金色或紫色反光，十分光亮、艳丽，触角和跗节蓝黑色。头顶中央相当凹陷，略呈三角形，靠近触角基窝处突出。触角短而扁平，向后伸达前胸背板基部，第三节长约为第二节的3倍，第四至八节明显扁宽，各节长度约相等，端末3节略狭、稍短。前胸背板基宽端狭，侧缘及前缘具粗边框，略上卷，后角钝，顶端略向下弯，背面无脊；沟盘区刻点稀细，刻点间光滑，向两侧明显加密。小盾片近似心脏形，表面凹陷，具稀疏细刻点。鞘翅自中部向后渐收狭，顶端尖锐，基部在肩胛内侧明显低凹，表面布满刻点，点间呈皮纹状或龟纹状。

松丽叩甲成虫为害果梨

生活习性

2年发生1代。

防治方法

可将3%辛硫磷颗粒剂或0.5%噻虫胺颗粒剂稀释液灌入腰果根部周围进行防治。

（三十四）茄二十八星瓢虫 *Henosepilachna vigintioctopunctata* (Fabricius, 1775)

发生为害

茄二十八星瓢虫属鞘翅目（Coleoptera）瓢虫科（Coccinellidae）。在中国腰果种植区发生为害。除为害腰果外，还为害茄、马铃薯、番茄、辣椒、黄瓜、冬瓜、丝瓜等。茄二十八星瓢虫主要以成虫取食为害腰果叶片，被害叶片背面叶肉被食，残留上表皮，形成许多不规则、半透明的细凹纹，为害较重时叶片布满空洞或仅留叶脉。

形态特征

成虫体长5.2～7.4毫米，体宽4.6～6.2毫米。体背面黄褐色或红褐色，被有金黄色细密短毛，黑斑上的毛为黑色。头部无斑，复眼黑色。前胸背板上有7个黑色斑点，在浅色个体中，斑点部分消失或全部消失；在深色个体中，斑点扩大、联合以至前胸背板呈黑色而仅留有浅色的前缘及外缘。每鞘翅上有6个基斑及8个变斑，在一些个体中变斑部分消失或全部消失而仅留下6个基斑，或者基斑扩大、联合而形成各种斑纹；大多数个体每鞘翅上共有14个斑点，斑点近于圆形。腹面黄

茄二十八星瓢虫成虫及其为害状

褐色，上颚末端、后胸腹板后角或后面部分黑色，但一些个体黑斑扩大至整个后胸腹板，以至腹基部也为黑色，黑色部分甚至延及后足股节基部。虫体周缘近于心形或卵形，背面拱起。鞘翅端角与鞘缝的连合处呈明显的角状突起；后基线近于完整，其后缘达腹板的5/6而后弧形上弯。雄成虫第五腹板后缘平截或稍内凹，第六腹板后缘有缺切。雌成虫第五腹板后缘平截或中央微突，第六腹板中央纵裂。雄成虫外生殖器阳基中叶从侧面看，基刃的最高处距基部的1/4左右，自中叶的1/2处至近末端的外方着生细毛；内缘较平直地伸出，至端部的1/4开始向外斜伸，末端形成向外弯曲的小钩；侧叶与中叶等长，末端有向内突出的角突；弯管细长而弯曲，开口位于末端的背面。

卵长形，直立，初产白色，1～2天后变黄。

幼虫体背生有白色枝刺，枝刺基部黑褐色，老熟幼虫7毫米左右。

蛹黄白色，背面有黑色环纹，长约5.5毫米。

生活习性

1年发生约5代。夏季高温时，成虫匿居静伏，枝叶茂盛、荫蔽的腰果园发生较严重。成虫早晚静伏，白天取食、交尾和产卵。10时前和16时后活动最盛，阴雨天、刮风天气很少飞翔。卵产于叶背面近叶脉处，集中排列，每卵块具卵15～40粒，竖立排列。成虫受惊易飞翔或掉落，卵6～7天孵化为幼虫。幼虫4龄，初孵幼虫为乳白色，群集卵壳周围啃食，二龄后分散为害，三龄食量渐增，四龄后食量最大。幼虫期20天左右，幼虫老熟后，将在叶背蜕皮，腹末黏附其上化蛹，蛹期约7天。成、幼虫均有残食同种卵的习性。

防治方法

农业防治：利用成虫假死习性，拍打植株，收集掉落成虫并集中销毁。人工摘除卵块，虫卵集中成群，颜色鲜艳，及早发现，及时摘除。

化学防治：幼虫孵化盛期是药剂防治的关键时期，可选用2.5%高效氯氟氰菊酯乳油2 000～3 000倍液、10%阿维菌素悬浮剂1 500～2 000倍液、2.5%溴氰菊酯乳油1 500～2 000倍液或20%氯虫苯甲酰胺悬浮剂3 000～5 000倍液进行防治。

（三十五）大斑沟芫菁　*Hycleus phaleratus* (Pallas, 1781)

发生为害

大斑沟芫菁属鞘翅目（Coleoptera）芫菁科（Meloidae），在中国腰果种植区发生为害。除为害腰果外，还为害花生、棉花、白花泡桐、木油桐、棉花、吊钟花、油茶、乌榄、高山榕、枫香、黄粱木、胡枝子、酸枣、柑橘、牛耳枫、楝、刺竹子等。大斑沟芫菁主要以成虫啃食为害腰果果梨和叶片。

形态特征

雌成虫体长21～25毫米，头宽4～5毫米，雄成虫体长16～21毫米，头宽2.5～3.5毫米。头呈圆三角形，黑色。触角1对，11节，黑色，末端数节逐渐膨大呈棒状，基部2节最短，末端1节最长，各节均被有少而短的绒毛。腹面全为黑色，密被黑色长毛。胸足3对，雄成虫前足跗节褐色，雌成虫胸足均为黑色，布满黑色长毛。前翅为鞘翅，革质，翅的前端阔于基部，翅面生有稀而短的黑色绒毛，并具有黄色或棕黄色相间的波浪形带纹，每翅基部各有1个大黄斑；后翅膜质，透明，棕褐色，折合于鞘翅下。

卵椭圆形，上端粗，下端细，表面光滑，淡黄色至黄色，长3.5～4.3毫米，宽1.8～2.5毫米。

幼虫5龄。初孵幼虫上颚和足棕色，体淡黄色，数小时后变为棕色，体长3.2～6.0毫米；头卵圆形，宽0.8～1.0毫米；触角4节，第一、二节粗壮，三、四节细小；复眼1对，呈圆形，上颚镰状；前胸背板较宽，色较深，中胸节色最淡，后胸节较小，色也较深。胸足3对，长且大，被有绒毛；腿节粗壮，呈棕色，胫节长于腿节，呈棕黑色，跗节长而细，棕黑色，先端有爪，分为2片；腹部9节，每节后缘有1列绒毛，末节的后缘具有2根长刚毛；在第一至八节的侧板上各有气门1个，较小，中胸节气门较大。二龄体长3.5～5.5毫米，淡黄

大斑沟芫菁成虫

大斑沟芫菁为害红色果梨

大斑沟芫菁为害黄色果梨

色；头宽0.7～1.0毫米，淡褐色；触角4节；全身被有短而密的绒毛，气门较明显。三龄体长5.2～12.0毫米，淡黄色；头宽1～2毫米，淡褐色；触角4节；腹节上被有细而密的绒毛；气门大而明显。四龄体长8.2～13.5毫米，黄色；头宽1.7～2.2毫米，淡褐色；胸足短小，胫节短，其端部有一微小的跗节，并具有一爪；全身被有微细的绒毛。五龄体长11.0～15.5毫米，乳黄色；头宽1.7～2.2毫米，淡褐色；胸足粗短，胫节和跗节明显可见，仍具有小爪；全身被微细绒毛。

蛹体长12.3～14.0毫米，黄色。头宽2.0～2.3毫米，淡黄色。复眼黑色。后胸足特长，几乎达腹部末端。触角斜向背面，翅芽微向腹面。

生活习性

1年发生约2代。成虫在土室中羽化，群集取食为害，白天活动，取食后交配。产卵期约35天，雌成虫寿命约51天，雄成虫寿命约43天。一龄幼虫行动敏捷，有假死性，二龄幼虫行动缓慢。

防治方法

农业防治：结合中耕除草，深翻土地，可消灭蛹和成虫。

物理防治：利用成虫的群集性和假死性，可采用捕捉方法，消灭成虫。在成虫活动期，设置诱虫灯和黏虫板诱杀成虫，可以减少成虫来源。

生物防治：大斑沟芫菁的天敌有姬蜂、土蜂及跳小蜂等，应注意保护和利用。

化学防治：可选用2.5%高效氯氟氰菊酯乳油2 000～3 000倍液、10%阿维菌素悬浮剂1 500～2 000倍液、2.5%溴氰菊酯乳油1 500～2 000倍液或20%氯虫苯甲酰胺悬浮剂3 000～5 000倍液进行防治。

05

鳞翅目害虫

（一）腰果云翅斑螟 *Nephopterix* sp.

发生为害

腰果云翅斑螟属鳞翅目（Lepidoptera）螟蛾科（Pyralidae）。在中国、印度、印度尼西亚等腰果种植区发生为害。除为害腰果外，还可为害人心果等。腰果云翅斑螟主要以幼虫蛀食正在发育的腰果坚果、果梨以及成熟的果梨，致使其腐烂、干枯。

形态特征

成虫翅展18～25毫米，暗灰色。前翅镶有白色或稍带橙褐色的鳞片，靠近外缘具1条稍弯曲的灰白色线状纹，外缘具一明显黑纹，缘毛基部色深，外观呈1条黑色线纹；后翅白黄色。雄成虫触角栉齿状，体较小；雌成虫触角丝状，体较肥大。

卵为扁椭圆形，长约0.7毫米，宽约0.5毫米，紫红色，卵壳表面具皱状突起。

幼虫共5龄。老熟幼虫体长13～16毫米，头壳宽1.4毫米，紫红色带灰绿色。前胸盾片紫黑色，中央有1条白色纵线将其分为左右相等的两部分，其上各着生刚毛5根。中、后胸各节背面具4个呈横向排列的刚毛瘤，内侧2个较小。腹部各节背面前半部具4个刚毛瘤，后半部具2个刚毛瘤，前半部内侧2个刚毛瘤与后半部2个刚毛瘤呈前窄后宽的梯形排列；腹部第一至八节气门圆形，呈紫红色并具黑色边框，第八腹节上的气门最大，约为其他气门的

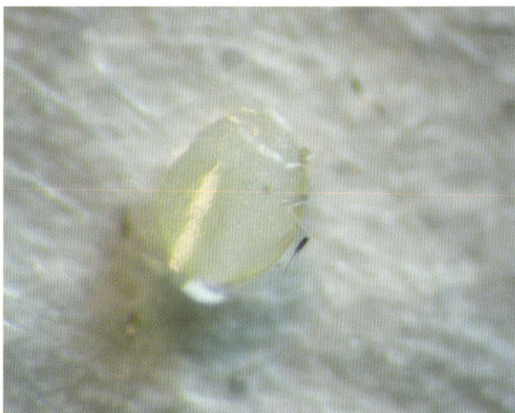

腰果云翅斑螟卵

1.5倍，第九腹节背面具1个黑色斑。臀板黑色具光泽，呈圆形，第三至六腹节及第十腹节具腹足，趾钩为双序。

蛹为长椭圆形，长约10毫米，宽约3毫米。裸蛹，背面褐红色，腹面前半部淡绿色，腹部第一至七节背面中央具不规则的黑斑，尾端黑色。蛹外有老熟幼虫吐丝制作而成或吐丝缀连碎屑及土粒而成的蛹茧包裹，蛹茧呈椭圆形。

腰果云翅斑螟幼虫

腰果云翅斑螟初蛹

腰果云翅斑螟蛹

腰果云翅斑螟雌成虫

腰果云翅斑螟雄成虫

腰果云翅斑螟为害果实

腰果云翅斑螟为害果实和花序

腰果云翅斑螟为害导致果实干枯

腰果云翅斑螟为害果梨和坚果结合处

腰果云翅斑螟幼虫为害坚果

腰果云翅斑螟为害腰果仁

生活习性

在海南1代需时30～34天。成虫于傍晚及晚上羽化，第二天清晨开始交尾，交尾呈"一"字形，交尾1次需时3～5分钟，交尾后第二天即开始产卵，产卵多次，单产，产卵时间在夜晚。雌成虫最高产卵量达125粒，在坚果果腹、果蒂、果柄上，花萼萼片背面及花枝脱落处产卵。卵期为5～7天。坚果上的幼虫从卵中孵出后立即蛀害，而其他部位的幼虫从卵中孵出后转移至坚果或果梨进行蛀害。蛀孔入口呈圆形，洞口布满呈条状或堆状的排泄物，受害坚果的果肉或种仁可被蛀食一空，剩下果壳最后呈干枯状，生长发育较久的坚果果仁被蛀害后呈扭曲状，果梨被蛀害后腐烂。幼虫期15～19天。老熟幼虫随落果或夜间通过悬丝直接下地，在离地表约1厘米深的土中吐丝结缀土粒作茧并蜕去旧皮在其内化蛹。蛹期6～10天。

防治方法

农业防治：在结果初期，人工摘除树上被害果实或被害花枝，以降低当年虫源基数。捡拾地上被害落果并集中处理。在树冠下撒施药剂，以减少下代虫源。

化学防治：在盛果期初期，可用2.5%高效氯氟氰菊酯乳油2 000～3 000倍液、10%阿维菌素悬浮剂1 500～2 000倍液、25%杀虫双水剂500～1 000倍液、2.5%溴氰菊酯乳油1 500～2 000倍液或20%氯虫苯甲酰胺悬浮剂3 000～5 000倍液进行防治。第一次喷药后，每隔10天或7天再喷1次，共喷2～3次即可保护大多数果实免遭虫害。

（二）缀叶丛螟　*Locastra muscosalis* Walker, 1865

发生为害

缀叶丛螟属鳞翅目（Lepidoptera）螟蛾科（Pyralidae）。在中国、印度、越南、印度尼西亚等腰果种植区发生为害。除为害腰果外，还为害核桃、枫杨、黄连木、盐肤木、南酸枣、黄栌、悬铃木、火炬树等。缀叶丛螟主要以幼虫取食为害腰果叶片和花序，导致被害叶片缺刻、焦黄，严重时叶片被全部吃光，影响植株正常生长。

形态特征

雌成虫体长14～18毫米，展翅32～36毫米；雄成虫体长12～14毫米，展翅25～28毫米。头、胸部、腹部红褐色，下唇须内侧淡褐色，外侧红褐色，基部鳞片白色，下颚须暗褐色，夹杂红褐色鳞片。胸面、腹面淡褐色，夹杂红褐色鳞片。足淡褐色，跗节末端白色。前翅暗褐色，前缘混杂黄色、红色鳞片，翅基暗褐色，有黑褐色丛状鳞片，内横线深褐色，呈锯齿状，中室内有黑色鳞丛，外横线深褐色，呈锯齿状，两横线间栗褐色，外缘暗褐色，有黑色缘斑。后翅暗褐色，向基部色渐淡。前、后翅缘毛白色，各脉端缘毛暗褐色。雄成虫外生殖器爪形突舌状，端部密被刚毛。

卵椭圆形，初产时为浅豆绿色，密集排列，呈鱼鳞状，受精卵24小时后逐渐由绿色变赤红色（未受精卵不变色），孵化前变为黑褐色。卵壳布满网状纹，有黏液，黏着牢固。

幼虫初孵时为乳白色，渐变乳黄色，头部和臀板为黑色。每蜕1次皮后虫体色泽逐渐转深。成熟幼虫长31～42毫米，头黑色，有光泽，宽约3毫米。前胸背板黑褐色，中间有1条浅色纵沟，背中线宽阔，杏红色，亚背线与气门线间基色为黑褐色，间有黄褐色斑纹，气门线以下为棕黄色至浅黄色。臀板黑褐色，腹面和足均深黄色，全体有白色短毛。

蛹长12～19毫米，黄褐色、黑褐色至黑色。茧灰褐色，革质，扁椭圆形，长16～20毫米，宽8～12毫米，结实，近似牛皮纸。

缀叶丛螟成虫

缀叶丛螟幼虫背面

缀叶丛螟幼虫腹面

缀叶丛螟为害叶片

生活习性

1年发生1代。成虫常于凌晨羽化，夜晚活跃，以上半夜最活跃，飞行迅速，有很强的趋光性。羽化1天后交尾，1～2天后开始产卵，卵多产在腰果叶片背面。成虫寿命3～5天，产卵后死去。产卵一般经2～3昼夜，在邻近叶片上连续产卵多块，每块有卵30～100粒不等。卵孵化期为7～10天，孵化率95%左右，1个卵块孵化几十头至上百头幼虫。初孵幼虫吐丝结网，将邻近枝叶黏在一起形成大巢，啃食叶肉，保留表皮和网状叶脉。此时幼虫活泼，白天在网内叶片上游走，蜕皮、排泄全部在网中进行。一至二龄幼虫取食量较小，仅取食叶肉。三龄后食量增加，取食叶片仅保留叶脉。幼虫4～5天增1龄，共6龄，同一批卵块孵化的幼虫，蜕皮时间较集中。幼虫各龄期初蜕皮时胴体为白色，30～40分钟后从头壳渐恢复色泽。三龄后，幼虫开始分为小群，将叶片缀成筒状，静止在筒内取食。四龄后幼虫多在夜间取食和转移，白天静伏在叶片或网筒内不动，偶遇惊吓即可爬出落地串爬。老熟幼虫陆续下树寻适宜土地钻入结茧。

防治方法

农业防治：在幼虫为害期应加强虫害巡查，利用幼虫群居为害的特点，摘除虫苞，集中销毁，清除虫源。

物理防治：利用成虫的趋光性，在成虫羽化盛期设置黑光灯诱杀成虫。

生物防治：缀叶丛螟的天敌较多。蛹期可用真菌寄生；卵期天敌有螳螂、瓢虫等；幼虫期的寄生性天敌有茧蜂、姬蜂等，捕食性天敌有麻雀、灰喜鹊、画眉、黄鹂、白头翁等鸟类，也可用球孢白僵菌等生物制剂防治不同龄期幼虫。

化学防治：做好害虫预测预报，适时施药，化学防治的关键时期是树冠上部和外围的虫巢出现被啃食为灰白色半透明的网状斑时，此时进行药剂防治效果最佳。可用5%高效氯氟氰菊酯乳油1 500 ～ 2 000倍液、10%阿维菌素悬浮剂1 500 ～ 2 000倍液、25%杀虫双水剂500 ～ 1 000倍液、2.5%溴氰菊酯乳油1 500 ～ 2 000倍液或20%氯虫苯甲酰胺悬浮剂3 000 ～ 5 000倍液进行防治。

（三）亚洲玉米螟　*Ostrinia furnacalis*（Guenée, 1854）

发生为害

亚洲玉米螟属鳞翅目（Lepidoptera）草螟科（Crambidae）。在中国腰果种植区发生为害。除为害腰果外，还为害玉米、高粱、粟、棉花、大麻、甘蔗、向日葵、水稻、甜菜、甘薯及豆类等。亚洲玉米螟主要以幼虫钻蛀为害腰果枝条和嫩梢，导致枝条和嫩梢折断然后干枯死亡，为害严重时可导致植株死亡。

形态特征

成虫体黄褐色，雄成虫体长10 ～ 14毫米，翅展20 ～ 26毫米。触角丝状，灰褐色。复眼黑色。前翅内横线为暗色波状纹，内侧黄褐色，基部褐色；外横线为暗褐色锯齿状纹，外侧黄褐色，外横线与外缘线之间有1条褐色带，内横线与外横线之间淡褐色，有2个褐色斑。缘毛内侧褐色，外侧白色，后翅灰黄色，中央和近外缘处各有1条褐色带。雌成虫体型大于雄成虫，体长13 ～ 15毫米，翅展25 ～ 34毫米，体色浅，前翅淡黄色，线纹与斑纹均为淡褐色。外横线与外缘线之间的阔带极淡，不易察觉。后翅灰白色或淡灰褐色，后翅基部有翅缰，雄成虫1根，较粗壮，雌成虫2根，稍细。

卵长约1毫米，扁椭圆形，卵块呈鱼鳞状排列。卵初产时为白色，半透明，后转为黄白色。临孵化前卵粒中央出现黑点，为幼虫头壳。

幼虫体长约25毫米，头和前胸背板深褐色，体背为淡灰褐色、淡红色或黄色等。第一至八腹节各有2列横排毛瘤，前列4个，后列2个，前大后小；第九腹节具毛瘤3个，中央1个较大。胸足黄色，腹足趾钩为三序缺环。

蛹纺锤形，黄褐色至红褐色，体长15 ～ 18毫米，体密布细小波状横皱纹。下唇须很小。下颚须呈三角形，下颚须后缘与前足前端相接。下颚末端与中足末端平齐。前足腿节可见。触角末端到达翅芽末端。中足末端和下颚末端在触角末端之前。后足末端可见，在下颚和中足末端之后。翅芽未到达第四腹节后缘。中胸背板前缘略平。腹部背面有颗粒状突起，并着生刚毛，第一至七腹节各节有突起的横皱纹，第五至七腹节各节前缘有突边板，第五和六腹节腹面各有腹足痕迹1对。腹部末端臀棘较长，末端有较短的小钩刺5 ～ 8 根。雄蛹腹部较瘦，尾端尖，生殖孔在第七腹节气门后方，开口于第九腹节腹面。雌蛹腹部较雄蛹肥大，尾端较钝圆，交尾孔在第七腹节，开口于第八腹节腹面。

亚洲玉米螟卵

亚洲玉米螟一龄幼虫

亚洲玉米螟三龄幼虫

亚洲玉米螟五龄幼虫

亚洲玉米螟蛹

亚洲玉米螟雄成虫

亚洲玉米螟雌（下）雄（上）成虫

亚洲玉米螟幼虫为害嫩梢

亚洲玉米螟幼虫为害导致嫩梢折断

亚洲玉米螟幼虫钻蛀为害枝干

生活习性

　　1年发生约6代。蛹期6～10天。成虫羽化后，白天隐藏在作物及草丛间，傍晚出来活动。成虫飞翔能力强，有趋光性和较强的性诱反应，一般羽化后当天夜间交尾，交配后1～2天产卵。卵一般产在叶背中脉的两侧，少数产在枝条或嫩梢上。平均每头雌成虫可产卵10 ~ 20块，共300 ~ 600粒。卵期长短因气温而异，一般3 ~ 5天。幼虫孵化后先集中在卵壳上，有取食卵壳的现象，约经1小时即开始爬行分散。遇风或触动即吐丝下垂，转移到植株其他部位及邻近植株。幼虫有趋糖性，钻蛀嫩梢或枝条为害时，蛀孔内常有大量虫粪。幼虫共5龄，幼虫期为20 ~ 31天。

防治方法

农业防治：结合田间管理，剪除有虫卵或幼虫的枝条和嫩梢，集中销毁。避免与玉米等亚洲玉米螟嗜好性作物相邻种植。

物理防治：利用成虫的趋光性，在成虫羽化盛期设置黑光灯诱杀成虫。也可使用人工合成的亚洲玉米螟性信息素诱芯，在成虫交尾的场所诱杀雄成虫，使群体交配率下降，降低下一代的发生率。

生物防治：利用自然或人工释放的赤眼蜂消灭亚洲玉米螟，也可应用苏云金芽孢杆菌或球孢白僵菌等生物农药进行防治。

化学防治：可用5%高效氯氟氰菊酯乳油1 500 ~ 2 000倍液、10%阿维菌素悬浮剂1 500 ~ 2 000倍液、25%杀虫双水剂500 ~ 1 000倍液、2.5%溴氰菊酯乳油1 500 ~ 2 000倍液或20%氯虫苯甲酰胺悬浮剂3 000 ~ 5 000倍液进行防治。

（四）瓜绢野螟 *Diaphania indica*（Saunders, 1851）

发生为害

瓜绢野螟属鳞翅目（Lepidoptera）草螟科（Crambidae）。在中国腰果种植区发生为害。除为害腰果外，还为害黄瓜、葫芦、西瓜、常春藤、木槿、冬葵等。瓜绢野螟主要以幼虫取食为害腰果嫩叶和嫩梢。

形态特征

成虫体长11 ~ 15毫米，翅展22 ~ 26毫米，前翅前缘褐色宽带内侧不平滑，呈波状，前翅顶角、前翅前缘与前翅外缘褐色宽带相交。前翅顶角翅面为三角形，前后翅平展翅钩相钩时，前翅外缘臀角与后翅外缘顶角相连处的褐色宽带向内突且加宽，前翅外缘褐色宽带与后翅外缘褐色宽带形成弧形。腹末两侧各有1束黄褐色鳞毛丛。

瓜绢野螟成虫

幼虫共5龄，老熟幼虫体长23～26毫米，头部、前胸背板淡褐色，胸、腹部草绿色，亚背线呈2条较宽的乳白色纵带，幼虫进入前蛹期时，老熟幼虫的亚背线消失，在卷叶内做一白色薄茧化蛹。气门黑色，各体节上有瘤状突起，并着生短毛。

生活习性

1年发生约5代。初孵幼虫先取食腰果植株生长点和幼嫩叶片下表皮及叶肉，留上表皮。三龄幼虫吐丝将叶片或嫩梢卷起并藏匿其中取食，严重时可将植株叶片全部吃光仅剩叶脉。幼虫在叶片中化蛹。成虫白天多在叶丛或杂草间隐藏，受惊后作近距离飞行，一般于傍晚后开始活动并产卵，有较强的趋光性。雌成虫产卵具有明显的趋嫩性，卵粒多产在叶片背面，分散或者几粒堆在一起。幼虫活泼，受惊后可吐丝下坠，也可借丝摆动转移为害。

防治方法

农业防治：发现幼虫为害时可人工摘去卷叶，带出果园集中处理，以减少田间的虫口。及时翻耕土壤，适当灌水，增加土壤湿度，降低羽化率。

物理防治：可采用杀虫灯和性诱剂诱杀成虫，降低田间落卵量。

化学防治：在瓜绢野螟低龄幼虫期施药，以免虫龄过大影响防治效果。可用2.5%高效氯氟氰菊酯乳油2 000～3 000倍液、10%阿维菌素悬浮剂1 500～2 000倍液、25%杀虫双水剂500～1 000倍液、2.5%溴氰菊酯乳油1 500～2 000倍液或20%氯虫苯甲酰胺悬浮剂3 000～5 000倍液进行防治。

（五）甜菜白带野螟 *Spoladea recurvalis* (Fabricius, 1775)

发生为害

甜菜白带野螟属鳞翅目（Lepidoptera）草螟科（Crambidae）。在中国腰果种植区发生为害。除为害腰果外，还为害甜菜、尾穗苋、土牛膝、鸡冠花、藜、千日红、碰碰香、马齿苋、绿豆等。甜菜白带野螟主要以幼虫取食为害腰果嫩叶和嫩梢。

形态特征

成虫体长8.9～10.6毫米，翅展20.4～23.7毫米，棕褐色。头部白色，额有黑斑。触角丝状，黑褐色。下唇须黑褐色，向上弯曲。胸部背面灰褐色，腹部黄褐色。翅黄褐色，前翅中央有1条黑缘宽白带，静止时相互连接，呈两端内斜的盖形，前翅前缘近外缘端有较短的白带，邻近有2个小白点。后翅色泽较前翅稍暗，中央亦有斜向白带1条。两翅展开时，前、后翅2条白带相接，呈倒"八"字形。

卵淡黄色，透明，多为扁椭圆形，长0.7～0.8毫米，宽0.6～0.7毫米。卵壳是一层柔软薄膜状组织，表面有若干不规则网纹。

幼虫低龄时黄白色，高龄时淡绿色，光亮透明。老熟幼虫浅红色，体长约17毫米，宽约2毫米。头部前伸，稍平，黄褐色，口器色深，额部上方的"人"字形凹纹明显。前胸和中胸背面两侧各有2个圆形黑色斑块，随着虫龄增大，斑块增大。老熟时前胸两侧具1对圆形黑斑，中胸1对月牙形黑斑较为明显。

蛹体长9.2～10.9毫米，宽2.4～3.0毫米，纺锤形，黄褐色。复眼突出，黑褐色。腹部末端有钩状臀刺6～8根。

甜菜白带野螟幼虫

甜菜白带野螟蛹

甜菜白带野螟成虫

甜菜白带野螟在叶片活动

生活习性

1年发生约5代，世代重叠。成虫多在夜间羽化，白天极少羽化，寿命5～15天。成虫飞翔力比较弱，飞翔高度1～2米。白天很少活动，但受惊飞翔很活跃。成虫多在22时以后活动交配与产卵。卵多产在叶脉处，通常散产，也有2～5粒卵聚在一起。每头雌成虫产卵46～165粒，卵历期3～10天。幼虫孵化出即可昼夜取食。幼龄幼虫在叶背面活动，啃食叶肉，仅留表皮，蜕皮时拉一薄网在内蜕皮。三龄以后的幼虫将叶片啃食为网状、缺刻状。幼虫共5龄，幼虫期11～26天。老熟幼虫体色变成桃红色，不食不动开始拉网，24小时后身体又变成黄绿色，多在地表碎土中吐丝做薄茧蜕皮化蛹，也有的在杂草残枯叶片下面或叶柄基部间隙中化蛹。蛹期9～37天。

▌ 防治方法

参考瓜绢野螟。

（六）枇杷扇野螟 *Pleuroptya balteata* (Fabricius, 1798)

▌ 发生为害

枇杷扇野螟属鳞翅目（Lepidoptera）草螟科（Crambidae）。在中国、印度、斯里兰卡、越南、印度尼西亚等腰果种植区发生为害。除为害腰果外，还为害枇杷、枪栎、栗、蒙古栎、黄连木、黄栌、香苹婆、牛至等。枇杷扇野螟主要以幼虫取食为害腰果嫩叶和嫩梢。

▌ 形态特征

成虫翅展25～34毫米。头、胸部黄褐色，腹部黄色，各节后缘白色。翅黄色，前翅内横线及外横线暗褐色、弯曲、不清晰，中室内有暗褐色小点，中室端脉具暗褐色、条纹状斑，外缘暗褐色，后翅中室内有暗褐点，外横线及外缘暗褐色。两翅缘毛黄褐色，末端白色。雄成虫外生殖器爪形突宽圆，颚形突狭长，顶端平圆；抱器瓣宽阔、舌状，抱器长尖、略弯曲；抱器腹发达，端部有一尖突；囊形突宽圆；阳端基环纺锤状，侧缘具细短刺；阳茎粗壮，呈筒状，内有1个细长、尖、基部弯曲的角状器，端部钝刺密集。

老熟幼虫体长21～27毫米，头宽1.6～1.9毫米。体黄白色或绿色，带浅棕色棘突。头部深棕色。前胸背板深棕色。胸足棕色。气孔乳黄色，气门为浅棕色。

▌ 生活习性

1年发生约5代。成虫白天隐藏起来不活动，夜间才开始活动。雌成虫一般在腰果叶片背面产卵，多集中在叶片中脉的两侧，每块有卵50～100粒。幼虫孵化后吐丝缀嫩叶呈饺子状或圆筒状，或从叶缘将叶片折叠，藏在其中取食。雨量大、湿度高时，适合枇杷扇野螟生长发育。

枇杷扇野螟成虫

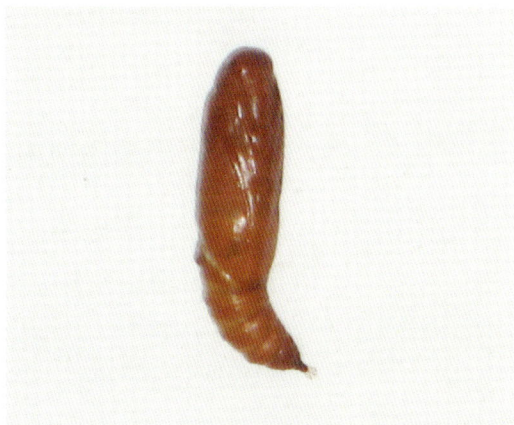

枇杷扇野螟蛹

枇杷扇野螟幼虫

▶ 防治方法

参考瓜绢野螟。

（七）桃蛀螟　*Conogethes punctiferalis* Guenée, 1854

▶ 发生为害

桃蛀螟属鳞翅目（Lepidoptera）草螟科（Crambidae）。在中国、印度等腰果种植区发生为害。除为害腰果外，还为害可可、蓖麻、香蕉、姜、龙眼、荔枝、芒果、番石榴、石榴、红毛丹、高粱、玉米、粟、向日葵、棉花、桃、柿、核桃、栗和无花果等。桃蛀螟主要以幼虫钻蛀腰果坚果取食腰果仁，导致腰果经济价值降低。

形态特征

成虫体长 9～12 毫米，翅展 20～26 毫米，体和翅均为黄色。触角丝状，长达前翅的一半。下唇须发达上弯，两侧黑色且似镰刀状，喙基段背面具黑色鳞毛。胸部颈片中央具黑斑 1 个，肩板前端外侧及近中央处各 1 个黑斑，胸部背面中央 2 个黑斑。前翅基部，内、中、外及亚缘线和中室端部分布 23～28 个黑点，后翅黑点 10～16 个，缘毛褐色。腹部背面第一、三、四、五节各具 3 个黑斑，第六节有时具 1 个黑斑，第二、七节无黑斑。

卵椭圆形，长 0.6～0.7 毫米，宽约 0.5 毫米。表面粗糙，布有细微圆点。初产乳白色，渐变为橘黄色，孵化前红褐色。

幼虫 5 龄，初孵幼虫体长 1.2～3.0 毫米，灰白色中略带红色，随着日龄增加，体色渐深。一至四龄幼虫刚蜕皮时体躯柔软、透明，呈淡粉红色，之后体色渐趋淡黄色，略透红色，五龄幼虫近化蛹时灰褐色。幼虫胸足发达，5 节，末端具一弯形爪。腹部共 10 节，第三至六节各着生 1 对腹足，第十节着生 1 对臀足。腹足趾钩双序缺环式。幼虫各体节毛片明显，灰褐色至黑褐色，背面的毛片较大，腹部第一至八节气门以上各具 6 个毛片，呈 2 横列，前面 4 个，后面 2 个。气门椭圆形，围气门片呈黑褐色突起。老熟幼虫体长 22～25 毫米，体为淡灰褐色或淡灰蓝色，背面紫红色，头暗褐色，前胸背板褐色，臀板灰褐色。三龄后各龄幼虫腹部第五节背面灰褐色斑下有 2 个暗褐色性腺者为雄成虫，否则为雌成虫。

蛹为被蛹，纺锤形，头顶钝圆，长约 13 毫米，宽约 4 毫米。初化蛹浅黄色，体躯稍柔软，之后渐变为橘红色或红褐色，近羽化时呈深褐色，翅芽出现明显的豹纹状黑色斑点。雌蛹第八腹节的生殖孔与第九腹节的产卵孔相连，呈一纵向裂缝，该裂缝长约 0.4 毫米，周围较平坦，无突起。雄蛹第八腹节无裂缝，生殖孔位于第九腹节，为一纵向裂缝，长约 0.2 毫米，周围突起明显。另外，雌蛹第八腹节生殖孔和产卵孔与第十腹节肛裂缝之间的距离较长，约 1.15 毫米，而雄蛹生殖孔与肛裂缝之间的距离仅约 0.15 毫米，明显短于雌蛹两裂缝之间的距离。茧为长椭圆形，灰白色。

桃蛀螟幼虫

桃蛀螟蛹

桃蛀螟成虫

生活习性

1年发生约6代。成虫大多于20时至22时羽化，白天静伏于叶背，清晨活动，取食花蜜补充营养，有趋光性。雌成虫补充营养后交尾，卵散产于枝叶茂盛处的果面、两果连接处或幼虫将要蛀入处。卵期3～4天，初孵幼虫在坚果表面吐丝蛀食果皮，二龄后蛀入坚果内取食，蛀孔处常见排出细丝缀合的褐色颗粒状粪便。随蛀食时间的延长，果内可见虫粪，并伴有腐烂、霉变特征。幼虫经15～20天老熟。

防治方法

农业防治：在果园养鸡、鸭、鹅等家禽，可啄食脱果幼虫，起到一定的防治作用。

物理防治：在果园安装黑光灯，挂诱集罐、性引诱芯等诱杀成虫，可起到预测预报和诱杀成虫的作用。

生物防治：注意保护和利用姬蜂、赤眼蜂、啄木鸟等自然天敌，也可用苏云金芽孢杆菌、球孢白僵菌、金龟子绿僵菌等生物药剂进行防治。

化学防治：可用5%高效氯氟氰菊酯乳油1 500～2 000倍液、10%阿维菌素悬浮剂1 500～2 000倍液、25%杀虫双水剂500～1 000倍液、2.5%溴氰菊酯乳油1 500～2 000倍液或20%氯虫苯甲酰胺悬浮剂3 000～5 000倍液进行防治。

（八）腰果贝细蛾　*Eteoryctis syngramma*（Meyrick, 1914）

发生为害

腰果贝细蛾属鳞翅目（Lepidoptera）细蛾科（Gracillariidae）。在中国、越南、柬埔寨、印度、斯里兰卡、印度尼西亚、菲律宾、马来西亚、莫桑比克、坦桑尼亚、巴西等腰果种植区发生为害。除为害腰果外，还为害芒果、海南蒲桃等。腰果贝细蛾主要以雌成虫产卵于嫩叶上表皮，幼虫孵出后立即往下钻蛀咬食叶肉，使被害嫩叶出现弯曲的为害纹。幼虫继续潜食叶肉，为害纹逐渐扩大，外观呈灰白色水泡状。待被害叶片成熟后，水泡状被害处破裂，出现1个大洞。最后整片叶只剩一层角质层膜，白色水泡状被害处变为黑褐色，叶片枯萎脱落。

形态特征

成虫银灰色，体长8～9毫米，翅展8～9毫米。头部布满白色和褐色鳞片。眼红棕色，圆形。触角丝状，灰褐色。胸部光滑，布满白色鳞片。前翅披针形，浅灰色，有银白色条纹从基部延伸至臀角。

卵较小，白色略透明。

初孵幼虫浅白色，头部黄褐色。幼虫体圆筒形，由前向后逐渐变细，体节明显。消化道清晰可见，像1条黑线。老熟幼虫红褐色，幼虫体长5～9毫米。

蛹长约4.5毫米，亮黄色略带红色，眼为椭圆形，草黄色，腹部从前往后逐渐变细。

腰果贝细蛾初龄幼虫

腰果贝细蛾老龄幼虫

腰果贝细蛾预蛹

腰果贝细蛾雌成虫

腰果贝细蛾雄成虫

腰果贝细蛾为害初期

腰果贝细蛾为害末期

腰果贝细蛾为害嫩梢

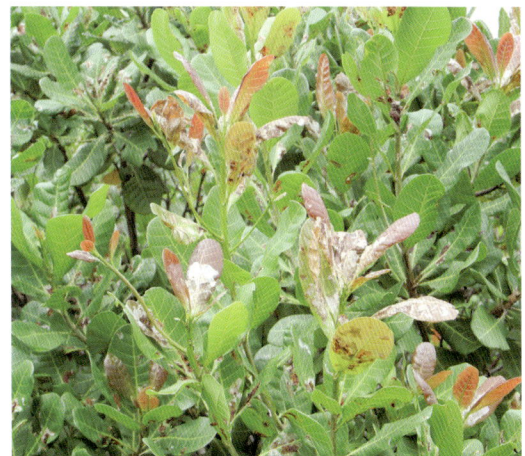

腰果贝细蛾严重为害的嫩梢

生活习性

卵期5～7天，幼虫期9～15天，蛹期7～9天，成虫期20～25天。雌成虫将卵产于腰果嫩叶上，幼虫孵化后即可取食为害。幼虫主要取食腰果嫩叶叶肉，为害初期幼虫在嫩叶上移动选择取食点，造成曲折弯曲的为害纹，当其选定取食点后，为害纹随着取食范围的扩大而扩大成为水泡状斑，后期水泡状被害部位破裂，叶片受害处呈现褐色干枯。一般每片叶有2～8个水泡状为害斑，有多头幼虫为害。有的年份有些腰果园嫩叶被害率在90%以上，对嫩叶造成了永久性破坏，严重影响腰果植株的光合作用。幼虫大部分时间在叶片的"水泡"里活动。老熟幼虫在土壤中化蛹，有时也在叶片化蛹，一般是在叶片下表皮中脉附近。化蛹时腰果贝细蛾在体外分泌出膜状保护壳。

防治方法

农业防治：结合修剪剪除被害枝叶，清除虫源。

物理防治：可利用腰果贝细蛾成虫的趋光性，在成虫盛发期利用频振式杀虫灯诱捕成虫，每天18时至第二天6时开灯进行诱杀。也可利用腰果贝细蛾成虫的趋黄性，悬挂黄板诱杀。

生物防治：跳小蜂和姬蜂幼虫可寄生腰果贝细蛾，应该保护和利用这些天敌昆虫。

化学防治：可选用25%灭幼脲3号悬浮剂1 500～2 000倍液、5%杀铃脲悬浮剂1 500～2 000倍液、2.5%高效氯氟氰菊酯乳油2 000～3 000倍液、10%阿维菌素悬浮剂1 500～2 000倍液或2.5%溴氰菊酯乳油1 500～2 000倍液，喷药时要均匀喷施叶片正反两面。

（九）褐带长卷叶蛾 *Homona coffearia*（Nietner, 1861）

发生为害

褐带长卷叶蛾属鳞翅目（Lepidoptera）卷蛾科（Tortricidae）。在中国腰果种植区发生为害。除为害腰果外，还为害柑橘、龙眼、杨桃、枇杷、梨、银杏、栗、石榴、柿等。褐带长卷叶蛾主要以幼虫为害腰果嫩叶、嫩梢、花穗和果实，幼虫常吐丝将几张叶片牵连在一起，然后在其中取食为害，造成叶片穿孔或缺刻。

形态特征

成虫体暗褐色，雌成虫体长8～10毫米，翅展25～28毫米，雄成虫体长6～8毫米，翅展16～19毫米。头小，头顶有深褐色鳞片。触角细短，约为前翅前缘的1/4。雌成虫前翅近长方形，翅底暗褐色，翅基部有黑褐色斑纹，约占翅长的1/5，前缘中央有一深褐色宽带向内缘斜生，翅顶也常为深褐色。雌成虫后翅近三角形，淡黄色。雄成虫前翅基部和中部有黑褐色斑纹，后翅也近三角形，淡黄色。

卵淡黄色，椭圆形，长径0.80～0.85毫米，横径0.55～0.65毫米，呈鱼鳞状排列，卵粒周围有薄膜隔开，膜上有不规则皱纹。

一龄幼虫体长1.2～1.6毫米，头黑色，前胸背板和前、中、后足深黄色。二龄幼虫体长2～3毫米，头部、前胸背板及3对胸足黑色，体黄绿色。三龄幼虫体长3～6毫米，形态、色泽与二龄幼虫相同。四龄幼虫体长7～10毫米，头深褐色，后足褐色，其余部位黑色。五龄幼虫体长12～18毫米，头部深褐色，前胸背板黑色，体黄绿色。六龄幼虫体长20～23毫米，体黄绿色，头部黑色或褐色，前胸背板黑色，头与前胸相接的地方有一较宽的白带，前足、中足黑色，后足褐色。

雌蛹体长12～13毫米，雄蛹8～9毫米，均为黄褐色，中胸后缘中央向后突出，突出部分的末端近截平状。腹部第二节至第八节背面近前、后缘有2排齿状突起，第十腹节末端狭小，具8条卷丝状臀棘。

褐带长卷叶蛾幼虫

褐带长卷叶蛾蛹

褐带长卷叶蛾雌成虫

生活习性

1年发生约6代。成虫期4～13天，卵期7天，幼虫期12～19天，蛹期5～7天，一般完成一世代发育约40天。

防治方法

农业防治：加强果园管理，合理施肥，促使每批新梢抽发整齐健壮，缩短嫩梢期，减少褐带长卷叶蛾产卵和繁殖时间，以减轻为害。冬季清园，修剪病虫害枝叶，清除枯枝落叶，减少虫口基数。结合中耕除草，铲除果园内的杂草，消除部分虫源。在嫩梢期、花期和幼果期，剪除褐带长卷叶蛾虫苞或受害花穗、幼果等，巡视果园时随时摘除卵块和蛹，捕捉幼虫和成虫。

物理防治：于成虫盛发期用黑光灯或频振式杀虫灯诱杀成虫，或用糖醋液诱杀。

生物防治：在第一、二代成虫产卵期释放松毛虫赤眼蜂或玉米螟赤眼蜂进行防治。

化学防治：在形成虫苞之前的低龄幼虫期喷药，可用25%除虫脲可湿性粉剂1 500～2 000倍液、5%高效氯氟氰菊酯乳油1 500～2 000倍液、10%阿维菌素悬浮剂1 500～2 000倍液、25%杀虫双水剂500～1 000倍液、2.5%溴氰菊酯乳油1 500～2 000倍液或20%氯虫苯甲酰胺悬浮剂3 000～5 000倍液进行防治。

（十）柑橘黄卷叶蛾 *Archips micaceana*（Walker, 1863）

发生为害

柑橘黄卷叶蛾属鳞翅目（Lepidoptera）卷蛾科（Tortricidae）。在中国腰果种植区发生为害。除为害腰果外，还为害柑橘、荔枝、龙眼等。柑橘黄卷叶蛾主要以幼虫为害腰果嫩叶、嫩梢和幼果，可造成腰果叶片缺刻或出现孔洞，影响腰果生长发育。

形态特征

成虫体长8～10毫米。雄成虫翅展约19毫米，雌成虫翅展约20毫米。全体黄褐色。雌成虫触角平滑；唇须向上弯曲，基节短小，第二节最长，第三节最小。雄成虫前翅褐色，中横带褐色，由前缘中部通向后缘，端纹黑褐色，纹前方有黑色弧线纹，纹后下方及顶角间有楔状纹，略与前缘平行；后翅淡褐色，近顶角处无黑色鳞毛束。雌成虫前翅褐色，中横带黑色，由前缘1/3处斜向后缘，端纹深褐色，后缘中部至臀角之间有黑褐斑；后翅土黄色，前缘顶角处有一束黑色鳞毛。

卵成块，长椭圆形，深黄色，两侧有1列黑色鳞毛。卵粒扁而薄，椭圆形，叠置为鱼鳞状。

老熟幼虫体长16～24毫米，头部黑褐色，体青绿色，被有稀疏长毛。前胸背板黑色，前缘黄白色。前足黑色，中、后足黄绿色。体背毛片大而明显，具横皱纹。腹部气孔8对，以第八腹节的1对最大。腹足趾钩双序环状，臀足趾钩三序环状。

蛹体长约11毫米，褐色。中胸背面后缘突出，遮盖后胸，翅芽短，仅达第三腹节。腹部背面第二至七节前、后缘各有横排钩状刺1列，腹末有臀棘4根。雄蛹的生殖孔在第九腹节，雌蛹生殖孔在第八腹节。

柑橘黄卷叶蛾幼虫

柑橘黄卷叶蛾蛹

柑橘黄卷叶蛾成虫

生 活 习 性

1年发生6代。成虫有趋光性，白天潜伏不动，夜间活动，在清晨将卵产于叶片，每头雌成虫产卵2块，共200～300粒。一、二龄幼虫常将1～2张叶片卷合在一起，匿居于内取食，三龄以后可将3～5张或更多叶片卷在一起，受害叶片呈缺刻状或穿孔。幼虫若受惊动便立即弹跳后退，吐丝下坠逃跑。幼虫老熟后，在叶苞内或迁移至老叶上吐丝结一薄茧化蛹。

防治方法

参考褐带长卷叶蛾。

（十一）灰白卷叶蛾 *Dudua aprobola* (Meyrick, 1886)

发生为害

灰白卷叶蛾属鳞翅目（Lepidoptera）卷蛾科（Tortricidae）。在中国、斯里兰卡、印度、印度尼西亚等腰果种植区发生为害。除为害腰果外，还为害芒果、柑橘、荔枝、龙眼、无患子等。灰白卷叶蛾主要以幼虫为害腰果嫩叶、嫩梢和花序，可导致腰果叶片缺刻或出现孔洞，影响腰果生长发育。

形态特征

雌成虫体长7～8毫米，翅展23.0～25.5毫米。头小，复眼圆形、黑色。额部毛丛疏松，黑色，两触角间的毛丛棕褐色。触角丝状，灰褐色。胸部背面灰黑褐色。前翅前缘黑褐色，有钩纹，其余为灰白色，且密布黑色小点；前缘2/3处有1个近方形斜置的黑斑，近顶角处有一黑褐色带自前缘伸至外缘1/2处；后缘基部有1个近方形黑白色相间的斑，后缘约2/3处具1个较大的方形黑色斑。后翅前缘从基部至端部为灰白色，其余为灰黑色，臀角宽大。雄成虫臀角边缘有1束灰黑毛。

老熟幼虫12～15毫米。头部褐色，前胸盾片和3对足均为黑褐色，中胸以后各体节为淡黄绿色，气门圆形。

蛹深褐色，体长约10毫米。第二至七腹节前、后缘有两横列钩状刺突，近前缘钩状刺突较粗大。腹部末端尖锐突出，着生8条臀棘，呈卷丝状。

灰白卷叶蛾幼虫

灰白卷叶蛾蛹

灰白卷叶蛾成虫

生活习性

1年发生约6代。幼虫常将几片叶片缀成较大的虫苞。幼虫期19～20天，蛹期8～9天。

防治方法

参考褐带长卷叶蛾。

（十二）黑尾黄卷叶蛾　*Archips nigricaudana*（Walsingham, 1990）

发生为害

黑尾黄卷叶蛾属鳞翅目（Lepidoptera）卷蛾科（Tortricidae）。在中国、斯里兰卡、印度、印度尼西亚等腰果种植区发生为害。除为害腰果外，还为害苹果、梨、栗、麻栎、桑、柿、柑橘、荔枝、龙眼等。黑尾黄卷叶蛾主要以幼虫为害腰果嫩叶和嫩梢，导致腰果叶片缺刻或出现孔洞，影响腰果生长发育。

形态特征

成虫体长约9毫米。雄成虫翅展19～23毫米。头部、触角、下唇须和胸部淡赭褐色。前翅端部略扩大，前缘弯曲到中部为止；顶角短，外缘略波折和倾斜；底色为黄赭色，斑纹深褐色；基斑突出，中带由前缘褶中部伸向臀角前，前沿有淡赭黄色边，亚端斑位于前缘2/3～5/6处；缘毛淡赭黄色，臀角处呈褐色。后翅褐色，顶角缘毛褐黄色。雌成虫翅展23～27毫米，前翅端部略扩大，前缘基部明显弯曲，顶角略延长，外缘稍有波曲；底色为赭褐色，褐色横线很少；缘毛赭黄色，臀角灰色。后翅灰赭色，顶角部分更赭些；缘毛灰赭色。雄成虫外生殖器爪形突相当短，颚形突两臂细长，抱器瓣基部宽、端部窄；抱器腹直，末端有一小游离齿状刺；阳茎弯曲，端部尖，腹面有齿刺。雌成虫外生殖器阴片小，导管端片宽，杯状，前半截窄。囊导管长，管带从1/4开始直到交配囊。

老熟幼虫体长18～22毫米，头黑褐色，体青绿色，毛片呈深灰色。

黑尾黄卷叶蛾幼虫

黑尾黄卷叶蛾蛹

黑尾黄卷叶蛾成虫

■ 生活习性

1年发生约6代。成虫白天蛰伏，夜间活动。

■ 防治方法

参考褐带长卷叶蛾。

（十三）双线盗毒蛾 *Somena scintillans* Walker, 1856

发生为害

双线盗毒蛾属鳞翅目（Lepidoptera）裳蛾科（Erebidae）。在中国、缅甸、马来西亚、印度、斯里兰卡等腰果种植区发生为害。除为害腰果外，还为害柑橘、芒果、红毛丹、棉花、豇豆、花生、粉葛、丝瓜、辣椒、菜豆、甘薯、玉米、梨、桃、甘蔗等。双线盗毒蛾主要以幼虫取食为害腰果叶片，为害严重时叶片仅剩网状叶脉，降低腰果树势，影响植株生长和产量。该虫还为害腰果果梨和坚果。

形态特征

雄成虫体长8～11毫米，翅展20～27毫米，雌成虫体长9～12毫米，翅展25～37毫米。头部橙黄色，复眼黑色，触角黄白色，栉齿黄褐色，胸部浅黄棕色，腹部黄褐色，肛毛簇橙黄色。雌成虫腹部呈长筒形，雄成虫腹部末端尖。足上密布黄色长毛。前翅黑褐色，内线与外线黄色，向外呈弧形，有的个体不明显；前缘和外缘的缘毛黄色，外缘缘毛被赤褐色部分分割成3段。后翅黄色。

卵为扁圆形，中间凹陷，直径约0.67毫米，表面光滑，有光泽，上覆黄褐色或棕色绒毛。初产时黄色，后逐渐变为红褐色。

老熟幼虫体长21～28毫米。头部浅褐色至褐色，胸、腹部暗棕色。前、中胸和第三至七节及第九腹节背线黄色，中央贯穿红色细线。后胸红色。前胸侧瘤红色，第一、二和第八腹节背面有黑色绒球状短毛簇，其余毛瘤污黑色或浅褐色。

蛹为椭圆形，黑褐色。雄蛹长8～10毫米，雌蛹长11～14毫米。前胸背面毛较多。中胸背面有椭圆形隆起，中央有1条纵脊，纵脊的两侧有2簇长刚毛。后胸及腹部各节背面的刚毛长而密。臀棘圆锥形。

茧为长椭圆形，浅棕褐色，丝质，不透明，表面分散有许多毒毛。

生活习性

1年发生4～5代。成虫在傍晚或夜间羽化，有趋光性，喜在夜间活动，白天栖息在叶背。雌成虫在叶背产卵，卵黄色块状，覆盖黄色绒毛，每头雌成虫可产卵40～84粒。卵期5～10天。初孵幼虫有群集性，食叶下表皮和叶肉。二至三龄幼虫分散为害，受害叶片缺刻或产生穿孔，还会咬坏花及幼果。幼虫期15～20天，末龄幼虫吐丝结茧黏附在残株落叶上化蛹，蛹期5～10天。

防治方法

农业防治：结合中耕除草和冬季清园，适当翻松果园土壤，杀死部分虫蛹。也可修

双线盗毒蛾初孵幼虫

双线盗毒蛾幼虫

双线盗毒蛾成虫

双线盗毒蛾为害幼嫩坚果

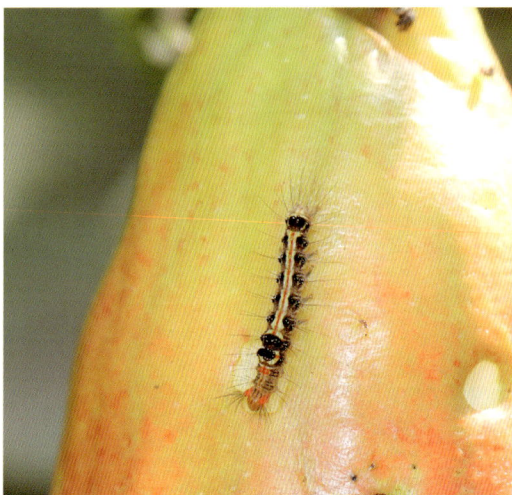

双线盗毒蛾为害果梨

剪枝条，将有虫枝叶剪除，可捕杀部分幼虫和蛹。

物理防治：利用成虫趋光性，用杀虫灯诱杀。

生物防治：双线盗毒蛾幼虫的天敌主要有黑卵蜂、姬蜂和小茧蜂等，应注意保护和利用。也可用球孢白僵菌、苏云金芽孢杆菌、核型多角体病毒等生物药剂防治双线盗毒蛾幼虫。

化学防治：在双线盗毒蛾幼虫三龄前，可用25%除虫脲可湿性粉剂1 500 ～ 2 000倍液、5%高效氯氟氰菊酯乳油1 500 ～ 2 000倍液、10%阿维菌素悬浮剂1 500 ～ 2 000倍液、25%杀虫双水剂500 ～ 1 000倍液、2.5%溴氰菊酯乳油1 500 ～ 2 000倍液或20%氯虫苯甲酰胺悬浮剂3 000 ～ 5 000倍液进行防治。

（十四）棉古毒蛾 *Orgyia postica*（Walker, 1855）

发生为害

棉古毒蛾属鳞翅目（Lepidoptera）裳蛾科（Erebidae）。在中国、缅甸、印度、斯里兰卡、菲律宾、印度尼西亚、马来西亚等腰果种植区发生为害。除为害腰果外，还为害黑荆、桉、假玉桂、合欢、木麻黄、桑、茶、橡胶、柑橘、苹果、桃、梨、橄榄、葡萄、蓖麻、棉花、荞麦、大豆、花生、甘薯、马铃薯、甘蓝、茄、葱等。棉古毒蛾主要以幼虫取食腰果叶片叶肉组织，严重时叶片仅剩网状叶脉，也可为害腰果果梨和坚果，啃食果实表皮。

形态特征

雌成虫体长13 ～ 16毫米，黄白色，腹部稍暗，虫体密被灰白色短毛，无翅。雄成虫体长9 ～ 12毫米，体和足棕褐色，触角浅棕色，栉齿黑褐色，翅展约25毫米；前翅棕褐色，基线黑色，外斜；内线黑色，波浪形，外弯；横脉纹棕色，具黑边和白边；外线黑色，波浪形，前半外弯，后半内凹，在中室后缘与内线靠近，两线间灰色；亚外缘线黑色，双线，波浪形，亚端区灰色，具纵向黑纹；端线由1列间断的黑褐色线组成。缘毛黑棕色，有黑褐色斑。后翅黑褐色，缘毛棕色。

卵为球形，直径0.7 ～ 0.8毫米，顶端稍扁平，具淡褐色轮纹。初产时浅黄色，每天逐渐增大，孵化前褐黄色，中间有1个黑点。

幼虫体长20 ～ 39毫米。头部红褐色，体部淡赤黄色，全身多处长有毛块，头端两侧各具长毛1束，背部有黄毛4束，胸部两侧各有白毛束1对，尾端背片亦生长毛1束，具腹足5对。初孵化幼虫体长2 ～ 3毫米，胸、背部白色，全身长有毛。老熟幼虫体长36 ～ 37毫米，浅黄色，具稀疏棕色毛，背线及亚背线棕褐色，前胸背面两侧和第八腹节背面中央各有一棕褐色长毛束，第一至四腹节背面具4个黄色刷状毛，第一、二腹节两侧各具灰黄色长毛束。翻缩腺红褐色。

蛹长16～19毫米，宽7～14毫米，初化蛹时吐白色丝包住虫体，后虫体各色毛变为白色，最后变为褐色。茧椭圆形，灰黄色，表面粗糙，并附着黑褐色毒毛。

棉古毒蛾卵

棉古毒蛾幼虫

棉古毒蛾蛹

棉古毒蛾雌（左）雄（右）成虫

棉古毒蛾雄成虫

棉古毒蛾为害叶片

棉古毒蛾严重为害的枝条

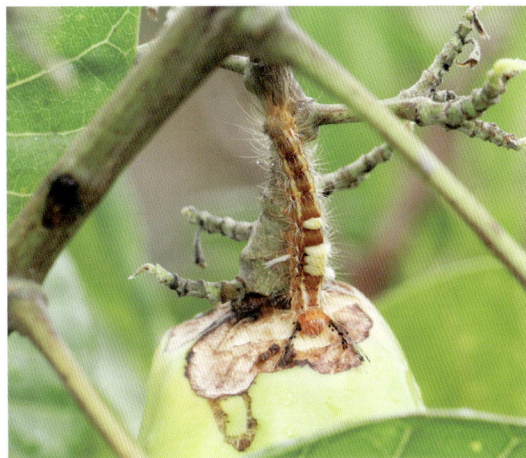

棉古毒蛾为害果梨

生活习性

1年发生6代。幼虫孵化时先在卵壳咬一小圆孔，然后头部慢慢钻出，最后全身爬出卵壳，昼夜可见孵化现象。初孵化幼虫整齐排列在叶背，以卵壳为食物，3日龄后通过自己吐出的丝网爬到周围植株上取食17天。低龄幼虫取食叶肉组织和表皮，仅留叶脉。大龄幼虫取食叶片幼嫩组织和顶芽。老熟幼虫化蛹时先借丝的拉力将几张叶片靠近，然后在叶片下吐丝作茧。刚作茧时，虫体颜色各异，当天变白色，蛹期为5天。蛹体在夜间进行羽化，羽化时不断摆动腹部，茧壳开裂，成虫慢慢从蛹壳中爬出。雄成虫刚羽化时双翅湿润、柔软，向腹部弯曲折叠，翅面皱缩状，随后双翅逐渐展开，羽化完成，羽化后的雄成虫寻找雌成虫交配。雌成虫羽化时无翅，头部有2个黑点，柔软，出来后足紧紧抓住茧，挂在空中，8～10小时后开始产卵。产卵时尾部弯曲至与茧接触，然后把卵产在茧上，每次只能产1粒卵，重复多次可将卵整齐产在茧上。只要雌成虫还能动，就可不断产卵，直至死亡。底层卵多，上层卵少，卵块呈锥状，初产卵白色，随天数增加卵变大变黄色，7～8天幼虫破壳而出。

防治方法

参考双线盗毒蛾。

（十五）菱带瘤毒蛾　*Euproctis croceola* Strand, 1918

发生为害

菱带瘤毒蛾属鳞翅目（Lepidoptera）裳蛾科（Erebidae）。在中国腰果种植区发生为害。除为害腰果外，还为害芒果等。菱带瘤毒蛾主要以幼虫取食腰果叶片表皮及叶肉组织，导致叶片缺刻或出现孔洞，为害严重时叶片只剩主脉。

形态特征

雄成虫体长约15毫米，雌成虫体长约18毫米。触角黄色，头和下唇须橙黄色。前翅黄色，在中室末端有黑色鳞斑，在中室后缘与翅后缘中央之间具黑褐色鳞斑。

卵圆球形，初产时黄绿色，后变黄白色。

低龄幼虫黄绿色，后胸背部中央有2排4个圆形黑斑。末龄幼虫体长约28毫米，黑色，头部和腹部末端红褐色，腹部背面正中部有一黄色纵线，全身布满黑色毛瘤。低龄幼虫毒毛白色，高龄幼虫毒毛黑白交错。

蛹黄褐色，长约15毫米，腹部有稀疏白毛，臀棘圆锥形。蛹茧黄褐色，梭形，丝质紧密，上有分散毒毛。

菱带瘤毒蛾低龄幼虫

菱带瘤毒蛾幼虫及其为害状

菱带瘤毒蛾幼虫群集为害

菱带瘤毒蛾成虫

菱带瘤毒蛾严重为害的枝条

生活习性

1年发生约6代。卵期约10天，初孵幼虫在叶的前缘整齐排列，从前向后取食，老熟幼虫分散取食，幼虫期约30天。老熟幼虫将2片叶贴在一起吐丝黏连体毛结茧化蛹，蛹期约15天。雄成虫先羽化，约9天后雌成虫开始羽化，雌成虫羽化后约3天开始产卵。

防治方法

参考双线盗毒蛾。

（十六）铅茸毒蛾　*Dasychira chekiangensis* Collenette, 1938

发生为害

铅茸毒蛾属鳞翅目（Lepidoptera）裳蛾科（Erebidae）。在中国腰果种植区发生为害。

除为害腰果外，还为害芒果、凤凰木等。铅茸毒蛾主要以幼虫取食腰果叶片，导致叶片缺刻或出现孔洞。

形态特征

雄成虫翅展29～34毫米。触角干黄棕色，栉齿褐棕色，下唇须黄棕色，头、胸部褐棕色带黑褐色，腹部白黄色带棕色，背面基部有褐黑色毛丛，体下面黄棕色，足黄棕色且有黑褐色斑。前翅黑褐色，散布浅紫色铅粉，内线暗褐色，微外弯至臀脉后；横脉纹黄色，肾形，外上方与外线接触；中区后缘黄棕色；外线暗褐色，锯齿形，亚端线黄棕色；端线由1列黄棕色点组成；缘毛暗褐色，脉端处色浅。后翅和缘毛淡褐色，横脉纹与外线色暗。前、后翅反面淡褐色，横脉纹褐色，外线褐色。

幼虫体浅灰色，密被灰色长毛，头部左右有2丛长型黑色毛束，背部有4丛棕色簇毛。

铅茸毒蛾低龄幼虫为害叶片

铅茸毒蛾低龄幼虫在花枝上活动

铅茸毒蛾老龄幼虫为害叶片

铅茸毒蛾成虫

生活习性

1年发生约5代。雌成虫将卵产于腰果叶片，初龄幼虫喜聚集为害。

防治方法

参考双线盗毒蛾。

（十七）基斑毒蛾　*Olene mendosa* Hübner, 1823

发生为害

基斑毒蛾属鳞翅目（Lepidoptera）裳蛾科（Erebidae）。在中国腰果种植区发生为害。除为害腰果外，还为害睡莲、假玉桂、柑橘、榕树、槟榔、芒果等。基斑毒蛾主要以幼虫取食腰果叶片，导致叶片缺刻或出现孔洞。

形态特征

成虫中小型，前翅近基部各具1个大型斑块，白色或黄褐色，斑纹差异很大。雄成虫触角羽状。雌成虫触角简单。中室下方有多条黑褐色纵纹达外缘或亚端线。

幼虫头部红色，左右有2丛长型毛束，腹部前节有一白一黑的毛丛，背上有4丛白色毛斑，背中央有1条不明显的白色纵斑，体背密生像红宝石般的瘤刺。腹足红色，盘状，周边密生勾爪。

基斑毒蛾雌成虫（卢芙萍供图）

基斑毒蛾雄成虫（卢芙萍供图）

基斑毒蛾幼虫为害花枝

基斑毒蛾为害花果

生活习性

1年发生约6代。卵孵化期约6天，幼虫期40～45天，蛹期约6天，雌成虫寿命约10天，雄成虫寿命约8天。每雌产卵260～340粒，多产在腰果叶片下表面。

防治方法

参考双线盗毒蛾。

（十八）线茸毒蛾 *Dasychira grotei* Moore, 1859

发生为害

线茸毒蛾属鳞翅目（Lepidoptera）裳蛾科（Erebidae）。在中国腰果种植区发生为害。除为害腰果外，还为害悬铃木、重阳木、樟、黑荆、榔榆、月季花、芒果、木樨、可可等。线茸毒蛾主要以幼虫取食腰果叶片，导致叶片缺刻或出现孔洞。

形态特征

雌成虫体长26.0～27.5毫米，翅展70～80毫米。雌成虫头部和胸部白灰色，腹部灰色。前翅灰白色，散布黑褐色鳞片。后翅灰白色，散布浅褐色鳞片，横脉纹新月形，黑褐色，较前翅色深，靠臀区近端部有1个不明显的黑斑，缘线为黑褐色，缘毛灰色。雄成虫体长18.5～22.0毫米，翅展40～46毫米。雄成虫头和胸白灰色带浅褐色。腹部灰棕色。前翅棕白色，散布黑褐色鳞片。后翅棕黄色，横脉纹和外缘灰棕褐色；前后翅缘毛白色。雄成虫抱器近弧形，其端部略圆，内外均生有长鳞毛。阳茎基端近抱器基两侧各有1根刺，阳茎距基部2/3处有一小突起。雌成虫外生殖器产卵瓣扁平，交配囊发达，但无囊突。

卵黄褐色，圆球形，直径1.1～1.2毫米。中间微凹，近孵化时颜色变深，呈灰黑色。

老熟幼虫体长35.0～42.5毫米，体色变化大，有3种不同色型。头部黄色、灰黄色或黄褐色，前胸盾黄褐色，臀板为黑褐色，中后胸及腹部第一至七节背面黄褐色或黄黑色，胸足及腹足为黄色，腹足趾钩为黑色，单序中带。

蛹棕黄色，雌蛹长28.6～31.8毫米，雄蛹长17.6～20.5毫米。

线茸毒蛾幼虫

线茸毒蛾成虫

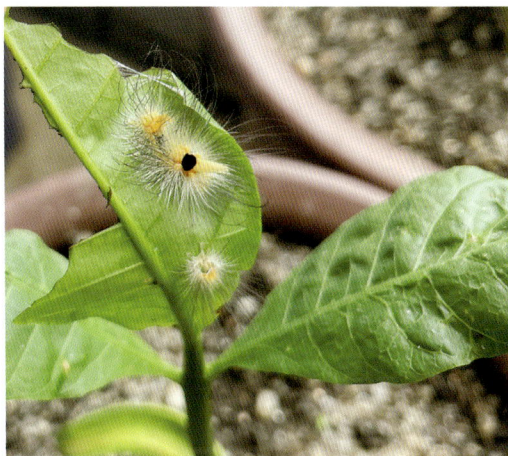

线茸毒蛾幼虫为害叶片

生活习性

1年发生约5代。成虫从茧中爬出，半小时后飞翔。成虫白天蛰伏于叶背小枝条或树干基部，晚上活动。雄成虫飞翔力较强，雌成虫较弱。成虫有明显的趋光性，雄成虫比雌成虫趋光性更强。羽化后数小时即可交配，多在傍晚，雌雄交配历时2～4小时。每头雌成虫可产2～3卵块，产卵后1～2天死亡。雌成虫交配后第二天即可产卵，卵一般产在叶背或树皮上，卵排列整齐呈块，每卵块具卵153～184粒。幼虫均在白天取食，夜间栖息。幼虫老熟时，四处爬动，寻找隐蔽场所，先吐少量丝固定，继而以丝将两叶缀合在一起，或把叶子扭弯后，吐丝结一较松散的白黄色或褐色的薄茧，茧留有明显的羽化孔，茧有时也附在枝干交叉处。经2～3天预蛹期后化蛹。

防治方法

参考双线盗毒蛾。

（十九）八点灰灯蛾 *Creatonotos transiens* （Walker, 1855）

发生为害

八点灰灯蛾属鳞翅目（Lepidoptera）裳蛾科（Erebidae）。在中国腰果种植区发生为害。除为害腰果外，还为害玉米、荞麦、白菜、甘蓝、大豆、桑、柑橘等。八点灰灯蛾主要以幼虫取食腰果叶片。

形态特征

雌成虫体长20 ～ 23毫米，翅展50 ～ 60毫米。头、胸白色，稍带褐色，下唇须第三节、额缘、触角与复眼黑色。腹部背面橘黄色，背中纵列6个黑点，腹面白色，有黑点2列，背腹面黄白两色相交处有1列黑点，合起来腹部便有5列黑点。前翅白色，除前缘及翅脉外褐色，中室上、下角内外方各有1个黑点。后翅灰白色，近外缘有4 ～ 5个黑色亚端点。雄成虫较小，体长约16毫米，翅展约46毫米，前、后翅灰色，中室端也有4个黑点；后翅无亚端点。腹部背面黄色，腹面浅灰色，腹末较尖细。

卵圆形，乳白色。

初孵幼虫体灰黄色，蜕皮后二至四龄幼虫头部褐色，胴部则呈黄黑色相间。腹部第二至六节气门上线区橙黄色，背线淡黄色。前胸盾板黑色，着生有黑毛簇。体各节生有黑色毛瘤，毛瘤上疏生黑色长毛。五龄后体色加深，六龄后体全变黑色，老熟幼虫体长约45毫米，头及前胸盾板黑色，密生黑色毛簇。体各节均有毛瘤，多少不一，胸部8个，腹部第一、二、七、八节各16个，第三节与第六节12个，各瘤均密生黑色长毛。气门白色。腹足黑色，趾钩19 ～ 25个。

蛹体长18 ～ 23毫米，初为浅红色，后转深褐色，即将羽化时变黑褐色。体表生有软毛，翅芽伸达第三腹节。各腹节背面着生有黄色小圆点，尾端具臀棘10 ～ 22根。

生活习性

1年发生约3代。成虫白天羽化，并静伏于腰果树或杂草上，晚上才飞出寻偶交配和产卵。卵呈块状，多产于腰果树底部叶背上，每块有卵5 ～ 248粒，每头雌成虫可产卵1 ～ 6块，产卵历期1 ～ 8天。成虫有强趋光性。卵多于14时至次日0时孵化，以20时至22时孵化最盛。初孵幼虫群集于腰果叶片，咬食边缘导致叶片缺刻，三龄后始逐渐分散，为害叶片呈大缺刻状或仅留中脉。

八点灰灯蛾卵

八点灰灯蛾幼虫

八点灰灯蛾蛹

八点灰灯蛾雄成虫

八点灰灯蛾雌成虫背面

八点灰灯蛾雌成虫侧面

防治方法

农业防治：在幼虫化蛹期，结合中耕除草消灭部分蛹。有条件时可人工摘除有卵块或初孵幼虫群集的叶片。

物理防治：利用成虫较强的趋光性，设置黑光灯诱杀。

化学防治：于幼虫盛发为害期用2.5%高效氯氟氰菊酯乳油2 000 ～ 3 000倍液、10%阿维菌素悬浮剂1 500 ～ 2 000倍液、25%杀虫双水剂500 ～ 1 000倍液、2.5%溴氰菊酯乳油1 500 ～ 2 000倍液或20%氯虫苯甲酰胺悬浮剂3 000 ～ 5 000倍液进行防治。

（二十）粉蝶灯蛾 *Nyctemera adversata*（Schaller, 1788）

发生为害

粉蝶灯蛾属鳞翅目（Lepidoptera）裳蛾科（Erebidae）。在中国、印度、斯里兰卡、印度尼西亚、马来西亚等腰果种植区发生为害。除为害腰果外，还为害油茶、柑橘、狗舌草、菊花、无花果等。粉蝶灯蛾主要以幼虫取食腰果叶片，导致叶片缺刻或出现孔洞。

形态特征

成虫翅展44 ～ 56毫米。头黄色，头顶及额中央具黑斑，下唇须黄色，颈板黄色，胸与翅基片黄白色，颈板、肩角及胸部各节具黑点1个，翅基片具2个黑斑，足白色且具黑褐色条纹，基节黄色具黑点，腹部多数白色，末端2 ～ 3节黄色，腹部背面第一节有3个黑点，其余各节及侧面各具1列黑点。前翅白色，内半部前缘具黑褐色边，外半翅翅脉黑褐色。后翅白色，中室下角处具1个黑褐斑，具亚端斑4 ～ 5个。

卵半球形，直径约0.79毫米。卵壳表面自顶部向周缘有放射状纵纹。初产黄白色，有光泽，后渐变为灰黄色至暗灰色。

幼虫头部橙红色，体背黑色，各节侧缘具毛丛，背中央有白色横纹排列为纵带。

蛹长22 ～ 26毫米，胸部宽9 ～ 10毫米，黑褐色，有光泽，有臀刺10根。

粉蝶灯蛾幼虫

粉蝶灯蛾蛹

粉蝶灯蛾成虫

粉蝶灯蛾初羽成虫

生活习性

1年发生约3代。成虫白昼喜访花，夜晚亦具趋光性，将卵成块产于叶背。初孵幼虫群集为害，三龄后渐分散，食量大增，爬行快，受惊后落地假死，蜷缩呈环。

防治方法

参考八点灰灯蛾。

（二十一）红缘灯蛾 *Aloa lactinea* （Cramer, 1777）

发生为害

红缘灯蛾属鳞翅目（Lepidoptera）裳蛾科（Erebidae）。在中国、印度腰果种植区发生为害。除为害腰果外，还为害玉米、棉花、大豆、高粱、马铃薯、甘薯、向日葵、罗布麻、葱、桑、柑橘等。红缘灯蛾主要以幼虫取食腰果叶片。

形态特征

雌成虫体长24～31毫米，翅展65～71毫米。雄成虫体长20～27毫米，翅展56～65毫米。触角呈线状，黑色。头红色，领片后缘深红色，两翅基片中、前方各有1个黑点。前、后翅粉白色，前翅前缘鲜红色，前、后翅中室端各有1个黑点。雄成虫后翅外缘有2个黑点，雌成虫有3个或1个黑点，或1个也没有。腹部背面黄色，但第一节为白色，自第二节起每节基缘呈黑色带状，腹部背面具7条黑色横带。腹面白色。前足腿节外侧红色，内侧白色；胫节外侧白色，内侧褐色；跗节白色，但基部黑色。

卵半球形，直径约0.79毫米，卵壳表面自顶部向周缘有放射状纵纹，初产时黄白色，有光泽，后渐变为灰黄色至暗灰色。

老熟幼虫体长45～55毫米，体棕褐色或黄褐色，头黄褐色，胴部深褐色或黑色，全身密被红褐色或黑色长毛，胸足黑色，腹足红色，体侧具1列红点，背线、亚背线和气门下线由1列黑点组成，气门红色。初孵幼虫体灰黄色。

蛹长22～26毫米，胸部宽9～10毫米，黑褐色，橄榄状，有光泽，有臀刺10根。

红缘灯蛾幼虫

红缘灯蛾成虫

生活习性

1年发生3代。成虫昼伏夜出，有趋光性，将卵成块产于叶背，可达数百粒。幼虫孵化后群集为害，三龄后分散为害。幼虫行动敏捷。老熟后入浅土或于落叶等内结茧化蛹。卵期6～8天，幼虫期27～28天，成虫期5～7天。

防治方法

参考八点灰灯蛾。

（二十二）拟三色星灯蛾 *Utetheisa lotrix* (Cramer, 1777)

发生为害

拟三色星灯蛾属鳞翅目（Lepidoptera）裳蛾科（Erebidae）。在中国腰果种植区发生为害。除为害腰果外，还为害猪屎豆、蓖麻、木豆、甘蔗等。拟三色星灯蛾主要以幼虫取食腰果叶片。

形态特征

成虫翅展28～40毫米。触角丝状，具纤毛。头、胸黄白色，下唇须第三节及触角黑色、额、头顶、颈板、翅基片和胸部具黑点，下唇须第二节、头顶、颈板、翅基片橙黄色，足具黑带，跗节的爪不对称，后足腿节与胫节在内侧与外侧的鳞片形状不同，内侧的鳞片色浅，形状较长，外侧的鳞片短密，色较深。腹部白色，亚侧面有1列黑点。前翅黄白色，前缘从基部至翅顶具6个黑点与5个红斑，端线为1列黑点，其中臀角上的2个黑点比其他黑点大，缘毛上也有1列褐点。后翅白色，横脉纹上具2黑点，有时相连，前缘脉中部有2黑点，翅顶至1脉处有一黑褐斑带。前翅反面前缘的红斑及黑点较正面的大而明显，后翅反面翅顶黑点不连成片。

幼虫头部红褐色，体黑色，刚毛黑色白色均有，常具橙红色节间带，背面有或多或少的白斑。

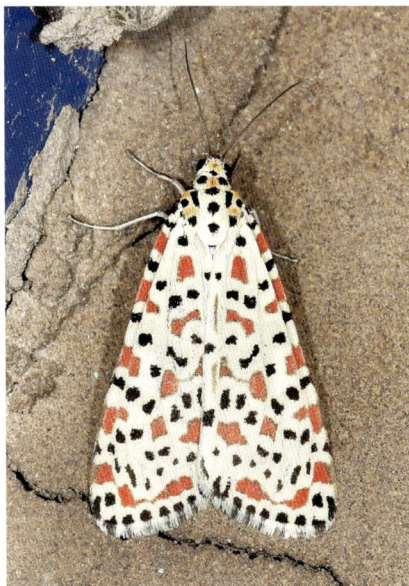
拟三色星灯蛾成虫

生活习性

成虫昼伏夜出，有趋光性，卵产于腰果叶片。

防治方法

参考八点灰灯蛾。

（二十三）渺樟翠尺蛾 *Thalassodes immissaria* Walker, 1861

发生为害

渺樟翠尺蛾属鳞翅目（Lepidoptera）尺蛾科（Geometridae）。在中国、印度、泰国、斯里兰卡、马来西亚、印度尼西亚等腰果种植区发生为害。除为害腰果外，还为害荔枝、龙眼、芒果、莲雾等。渺樟翠尺蛾主要以幼虫取食腰果嫩叶、嫩梢和花序，导致叶片缺刻或呈网孔状。

形态特征

雄成虫触角基部1/2双栉形，雌成虫触角线形。额和下唇须灰红褐色，额鳞片粗糙，雄成虫下唇须约1/4伸出额外，雌成虫第三节延长，略短于1/2伸出额外。头顶前半部白色，后半部及体背蓝绿色，腹部背面无立毛簇，腹部背中线有1列小白斑。雄成虫后足胫节膨大，有毛束和端突。雄成虫第三腹节腹板具1对刚毛斑。雄成虫第八腹节腹板中部为1对三角形骨化突。成虫前翅长17.0～18.5毫米。前翅顶角尖，后翅顶角略突出，前后翅外缘光滑，后翅外缘中部突起明显。翅面蓝绿色，散布淡绿色碎纹，线纹淡绿色，纤细。前翅前缘黄色。雄成虫外生殖器钩形突向尖端渐细，呈钩状，抱器瓣狭长，较直，端部钝圆，抱器瓣中央具一发达近长方形骨化突，上具小刺。阳茎较细长，端部尖，骨化，具一钝突状角状器。雌成虫外生殖器后表皮突约为前表皮突的5倍，交配孔周围骨化，囊导管粗壮，长约为囊体长度的1.5倍，与交配孔相接处有骨化的骨环；囊体近球形，无囊片。

卵呈圆柱形，直径0.7～0.6毫米，高约0.3毫米。卵初产为粉褐色，孵化前为深红色。

幼虫仅有2对腹足，臀足发达，头顶两侧有角状隆起，后缘呈"八"字形沟纹状。初孵幼虫淡黄色，体长约3毫米，背中线明显。幼虫三龄后体色变为青绿色，背中线颜色逐渐变浅。五龄幼虫体色随附着枝条颜色而异，有灰绿色、青绿色、灰褐色和深褐色等色，背中线逐渐消失，体长2.8～3.2毫米。幼虫老熟后吐丝使腹部末端附着在叶片上，虫体缩短，不食不动，进入预蛹状态，体长2.2～2.4毫米。

蛹呈纺锤形，体长1.7～2.2毫米，初蛹粉灰色，后逐渐变为褐色，近羽化时翅芽呈墨绿色，清晰可见。臀棘具钩刺8个。

渺樟翠尺蛾低龄幼虫为害嫩叶

渺樟翠尺蛾老龄幼虫为害嫩叶

渺樟翠尺蛾蛹

渺樟翠尺蛾雌成虫

渺樟翠尺蛾雄成虫

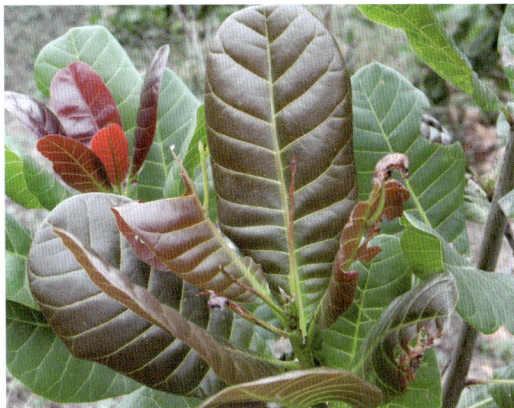

渺樟翠尺蛾幼虫为害嫩叶

生活习性

1年发生7～8代。卵期3～4天，幼虫期约18天，蛹期约7天，成虫寿命6～9天，完成1个世代约需30天。成虫多在夜间羽化，羽化当晚交尾，交尾后2～3天产卵。卵散产，可产于嫩芽、嫩叶、嫩枝和老叶上，在嫩叶叶尖和叶缘产卵最多。幼虫分5龄，孵化后从叶缘开始取食，三龄以前为害导致叶片缺刻，四龄后幼虫取食量急剧增加，进入暴食期，虫口密度大时可将嫩叶和嫩芽吃光。幼虫爬行时虫体一伸一曲，呈桥形。静息时，臀足握持枝条，胸、腹部斜立，形态极似寄主枝梢。幼虫老熟后吐丝缀连相邻叶片呈苞状，在其中化蛹，并以腹部末端附着在吐出的丝上。

防治方法

农业防治：冬季清园时将地表杂草、树叶清出园外集中销毁或深翻入土，灭杀虫蛹，减少虫源。

物理防治：渺樟翠尺蛾幼虫一般有受惊吐丝下垂的习性，可在地下铺以薄膜，突然振动树体或喷水，将落下的幼虫收集处理。在害虫发生较严重的地方，可人工捕蛾或捕杀群集的初龄幼虫。在成虫羽化期，在树干基部绑扎宽约10厘米的塑料薄膜带，以阻止无翅雌成虫上树产卵，并及时将未上树蛾杀死。渺樟翠尺蛾成虫趋光性较强，高峰期可在林缘或林中空地设诱虫灯诱杀成虫，在无风、无月、闷热天气诱虫效果更佳。

生物防治：尺蛾天敌较多，注意保护各种捕食、寄生性天敌，营造良好的生态环境，也可营造鸟巢招鸟捕食。同时，保护胡蜂、草蛉等天敌昆虫。病原微生物对抑制幼虫为害作用很大，可选用微生物制剂如金龟子绿僵菌、球孢白僵菌、核多角体病毒等。

化学防治：发现腰果叶片遭幼虫啃食造成缺刻时要及时防控，在低龄期喷药防治效果好，做到早发现，早防治。可用2.5%高效氯氟氰菊酯乳油2 000～3 000倍液、10%阿维菌素悬浮剂1 500～2 000倍液、25%杀虫双水剂500～1 000倍液、2.5%溴氰菊酯乳油1 500～2 000倍液或20%氯虫苯甲酰胺悬浮剂3 000～5 000倍液进行防治。

（二十四）大钩翅尺蛾 *Hyposidra talaca*（Walker, 1860）

发生为害

大钩翅尺蛾属鳞翅目（Lepidoptera）尺蛾科（Geometridae）。在中国、印度、缅甸、印度尼西亚、菲律宾等腰果种植区发生为害。除为害腰果外，还为害荔枝、龙眼、柑橘、可可、金鸡纳、茶、莲雾等。大钩翅尺蛾主要以幼虫取食腰果叶片和花序。

形态特征

雌成虫体长16～24毫米，翅展38～56毫米。雄成虫体长12.0～17.5毫米，翅展28.5～38.0毫米。成虫体黄褐色至灰紫黑色，头部黄褐色至灰黄褐色，复眼圆球形，黑褐色。雄成虫触角羽状，雌成虫触角丝状。翅灰黄褐色，前翅顶角外突呈钩状，翅面斑纹较翅色略深，内线纤细，中域为一外缘呈锯齿状的深色宽带。后翅外缘中部有微小凸角，翅面斑纹同前翅，但通常较弱。翅反面灰白色，斑纹同正面，通常较正面清晰。

卵椭圆形，长径0.7～0.9毫米，短径0.45～0.55毫米。卵壳表面有许多排列整齐的小颗粒。初产卵为青绿色，2天后为橘黄色，3天后渐变为紫红色，近孵化时为黑褐色。

幼虫5龄。老熟幼虫体长27.34～45.66毫米，体浅黄色至黄色。头浅黄色，有褐色斑纹。幼虫头部与前胸及腹部一至六节之间背、侧面有1条白色斑点带，第八腹节背面有4个白斑点，腹面有褐色圆斑。臀足之间有1个大圆黑斑，腹线灰白色，亚腹线浅黄色。气门椭圆形，气门筛黄色，围气门片黑色。第一腹节气门周围有3个白色斑。胸足红褐色。腹足黄色，具褐色斑，趾钩双序中带。

蛹纺锤形，黑褐色，长10～15毫米，宽3.5～5.0毫米。气门深褐色，臀棘尖细，端部分为二叉，基部两侧各有1个刺状突。

大钩翅尺蛾幼虫

大钩翅尺蛾蛹

大钩翅尺蛾雌成虫

大钩翅尺蛾雄成虫

大钩翅尺蛾幼虫为害果梨

生活习性

1年发生5代，世代重叠。成虫多在傍晚至夜间羽化，多在第二天凌晨3时至5时交尾，每雌一生交尾1次，交尾后第二天晚上开始产卵。卵堆产，多产在嫩梢和嫩叶上，每头雌成虫产卵250～300粒。卵4～5天后孵化。幼虫共5龄。幼虫期为19～24天，老熟幼虫在土壤内2～4厘米深处吐丝化蛹，完成整个生活史需要30～35天。

防治方法

参考渺樟翠尺蛾。

（二十五）油桐尺蛾　*Biston suppressaria*（Guenée, 1858）

发生为害

油桐尺蛾属鳞翅目（Lepidoptera）尺蛾科（Geometridae）。在中国腰果种植区发生为害。除为害腰果外，还为害茶、油桐、胡桃、柿、杨梅、梨、漆树等。油桐尺蛾以幼虫为害腰果嫩叶，经常将叶片咬食成缺刻状，仅留下主脉。

形态特征

雌成虫体长22～25毫米，翅展52～65毫米。雄成虫体长19～21毫米，翅展52～55毫米。体灰白色，密布灰黑小点，前、后翅外横线均不清晰，外横线外侧及前、后翅的外缘橙黄色。雌成虫触角呈丝状，雄成虫触角呈双栉毛状。雄成虫前翅自前缘至后有3条波状纹，中间1条不明显，后翅与前翅相似。翅基片上有黄色毛。足黄白色。腹面黄色，腹部末端有一丛黄褐色毛。

卵椭圆形，直径0.7～0.8毫

油桐尺蛾雄成虫

米，青绿色，孵化前呈黑色。卵块圆形或椭圆形，卵粒重叠成堆，上面覆有黄褐色绒毛。

成熟幼虫体长70毫米左右，初孵化时呈灰褐色，一、二龄幼虫呈黄白色，三龄幼虫为青色，四龄以后的老熟幼虫体色视环境而异，有深褐色、灰绿色、青绿色等。头部密布棕色小斑点，头顶中央向下凹，两侧稍隆起，呈圆锥状，额区有黑色"八"字形纹。胸、腹部散生许多泡状小点，气门紫红色，腹部第六节与第十节各有足1对。

蛹长22～26毫米，初为绿褐色，后转黑褐色。雌蛹大于雄蛹。头顶有小突起1对，中胸背前缘两侧各有耳状突1个，上生6～8个小齿突。腹部末节具臀棘，臀棘的基部两侧各有一突出物，突出物之间有许多凹凸的刻纹，膨大近葫芦形，末端分叉。

生活习性

1年发生约4代。成虫有趋光性，昼伏夜出。多数于夜间羽化出土，羽化高峰时段在20时至24时，羽化当晚是雌雄交尾的高峰时期，第二晚次之。交尾时间多在22时至24时，交尾时间长达120～590分钟，平均322分钟。交尾后2～3天产卵，产卵期1～2天。卵期7～11天。卵成堆产于腰果植株树皮裂缝处和叶背。每头雌成虫产卵2～3块，每块有卵数百粒至千余粒，每头雌成虫可产卵1 500～3 000粒。成虫寿命5天左右。幼虫一般6龄，个别5龄。初孵幼虫立即分散。三龄前的幼虫喜在腰果植株树冠顶部叶尖直立，夜晚吐丝下垂悬吊在树冠外围，随风飘荡，扩散及转株为害。三龄后幼虫喜在树冠内活动，往往在枝杈处搭成桥状取食为害植物。阴天、夜晚为害猖獗，嫩叶、老叶均受害。一龄和二龄幼虫喜啃食嫩叶表面，三龄时将叶缘啃食为缺刻状，四龄后食量剧增，每头每天取食叶片8~12片。老熟幼虫化蛹前大量排粪，晚上沿树干或吐丝下坠入土，在离土表1~3厘米的土中化蛹。

防治方法

参考渺樟翠尺蛾。

（二十六）盔绿尺蛾 *Comibaena cassidara* (Guenée, 1858)

发生为害

盔绿尺蛾属鳞翅目（Lepidoptera）尺蛾科（Geometridae）。在中国腰果种植区发生为害。除为害腰果外，还为害芒果、大叶千斤拔、阿拉伯金合欢、紫薇、枣、龙船花、山小橘等。盔绿尺蛾主要以幼虫为害腰果叶片和花序。

形态特征

雄成虫触角羽状，雌成虫触角线状有纤毛。头顶绿色。胸部背面绿色。腹部背面淡绿色，各节有小白斑，其中第四、五节有褐色斑块。雄成虫前翅长10~12毫米，雌成虫前翅长12.5~16.0毫米。翅面绿色，前翅前缘白色至黄白色，内线、外线白色；臀角处具1个褐斑；缘毛基半部褐色，端半部黄白色。后翅顶角圆，顶角处具1个狭窄褐斑。雄成虫外生殖器钩形突端部分分为2叉，抱器瓣狭长，端部圆，囊形突中间凹陷深，阳茎细长，阳茎盲囊粗，端部略膨大。雌成虫外生殖器后表皮突长度约为前表皮突的2倍，交配孔周围骨化为一整体，后阴片为钝形大骨片，前阴片上缘凹陷，钝突粗糙。

幼虫体灰色至褐色，外表呈斑驳状，体上有小圆锥形刺，胸部和腹部有长的刚毛状肉质突起。

盔绿尺蛾雌成虫

盔绿尺蛾雄成虫

盔绿尺蛾蛹

盔绿尺蛾幼虫

生活习性

1年发生约4代，世代重叠。幼虫体上常被有腰果叶片或花序碎屑。

防治方法

参考渺樟翠尺蛾。

（二十七）基黄粉尺蛾 *Pingasa ruginaria* (Guenée, 1857)

发生为害

基黄粉尺蛾属鳞翅目（Lepidoptera）尺蛾科（Geometridae）。在中国、越南、柬埔寨、印度、缅甸、印度尼西亚、菲律宾等腰果种植区发生为害。除为害腰果外，还为害芒果、可可、肉桂、梧桐等。基黄粉尺蛾主要以幼虫取食腰果嫩叶和花序，为害严重时可将叶片吃光。

形态特征

雄成虫触角短双栉形，额下半部浅褐色，中间黑色，上缘黄白色。头顶黄白色至灰色。胸部背面前端土灰色，其余部分及腹部背面黄白色，腹部背面第二、三节有发达立毛簇。雄成虫后足胫节膨大有毛束，具短端突。雄成虫第三腹节腹板两侧刚毛浓密，中部刚毛稀少。雄成虫第八腹节无特化。雄成虫前翅长18～20毫米，前翅前缘多土灰色，内线深褐色，外线黑褐色，均呈波状，内线、外线在前缘处略加粗，带紫色。后翅后缘延长，外线同前翅。雄成虫外生殖器背兜侧突分叉部分约占整个背兜侧突的1/3，抱器瓣短宽，抱器背端突极尖锐。阳茎短粗，阳茎端膜弱骨化，内有一骨化较强尖齿形角状器。

雌成虫外生殖器前表皮突极短，后表皮突约为前表皮突长度的5倍。交配孔周围弱骨化，前阴片呈深U形骨片状，囊导管短粗。

幼虫圆柱形，浅绿色，背线和胸节侧纹深绿色。腹部有多个白色V形条纹伸达尾部。腹面呈深绿色。

基黄粉尺蛾幼虫

基黄粉尺蛾为害状

生活习性

1年发生约8代，世代重叠。卵期2～4天，幼虫期12.5～13.0天，蛹期8.5～9.0天，成虫期4～6天，完成1个世代需27～32天。成虫在清晨及夜间羽化，白天静伏于树冠荫蔽处，夜间活动，飞翔能力较强，有趋光性，趋嫩性强。卵单粒散产，以嫩叶、叶芽的叶缘上着卵最多。初孵幼虫从叶缘开始取食，一龄和二龄幼虫取食叶片呈网状，三龄后取食叶片呈缺刻状，四、五龄幼虫可把叶片吃光。幼虫静伏于叶缘背面，或伸直如枝条与叶缘呈45°，幼虫老熟后在树冠下的草丛间化蛹。

防治方法

参考渺樟翠尺蛾。

（二十八）波纹黄尺蛾　*Perixera illepidaria* (Guenée, 1857)

发生为害

波纹黄尺蛾属鳞翅目（Lepidoptera）尺蛾科（Geometridae）。在中国腰果种植区发生为害。除为害腰果外，还为害芒果、荔枝、龙眼等。波纹黄尺蛾主要以幼虫为害腰果嫩叶和新梢，虫害暴发时，往往将叶片取食殆尽，仅留秃枝，严重影响树体生长。

形态特征

成虫体长约7毫米，翅展约23毫米。头灰黄色。触角丝状。复眼半球状，黑色。体背灰黄色。前、后翅均为泥黄色，翅面密布许多不规则的黑点，外缘各脉端部有1个小黑点，缘毛灰黄色。足细长，黄白色。

老熟幼虫体长17～20毫米，体棕褐色。头部正面额区稍凹陷，黑褐色，两颊灰白色。腹部一至四节气门上各有一斜置的梭形黑褐色斑纹。胸足3对，腹足1对，臀足1对。

蛹体长11～12毫米，头宽约2.5毫米。前端宽平，尾端尖细。全体草绿色。头部两侧各有1个黄褐色的角状突伸向前方。在角状突的基部外侧有1条金黄色的边棱伸至第三腹节的1/2处。腹部末端黑褐色，具尾钩6根。

波纹黄尺蛾幼虫

波纹黄尺蛾蛹

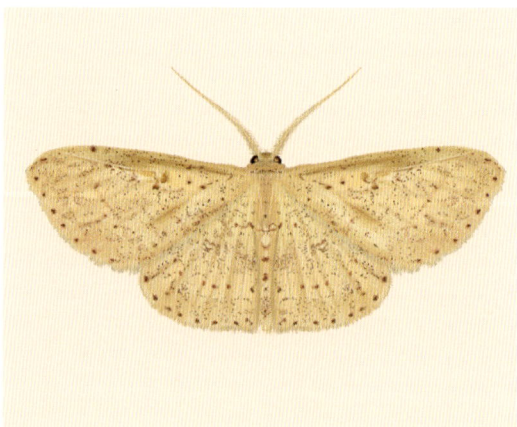

波纹黄尺蛾成虫

生活习性

1年发生约5代。幼虫不活跃，呈拟态。幼虫期14～16天，老熟幼虫吐丝将几片小叶卷成虫苞后在其中化蛹。蛹期7～9天。

防治方法

参考渺樟翠尺蛾。

（二十九）大造桥虫　*Ascotis selenaria*（Denis & Schiffermüller, 1775）

发生为害

大造桥虫属鳞翅目（Lepidoptera）尺蛾科（Geometridae）。在中国、印度腰果种植区发生为害。除为害腰果外，还为害芒果、柑橘、梨、荔枝、龙眼、棉花、辣椒、茄、豇豆、菜豆、白菜等。大造桥虫主要以幼虫为害腰果嫩叶和花序，造成叶片缺刻。

形态特征

成虫体长15～20毫米，翅展38～45毫米，体色变异很大，有黄白色、淡黄色、淡褐色、浅灰褐色，一般为浅灰褐色。前、后翅近中室端部各有1个不规则的星状斑。翅上的横线和斑纹均为暗褐色，前翅亚基线和外横线锯齿状，其间为灰黄色，有的个体可见中横线及亚缘线，外缘中部附近具一斑块。后翅外横线锯齿状，其内侧灰黄色，有的个体可见中横线和亚缘线。雌成虫触角丝状，雄成虫触角羽状，淡黄色。

卵为长椭圆形，初产青绿色，孵化前灰白色。

老熟幼虫体长40毫米左右，体色差异大，由灰黑色渐变为青白色、黄绿色等。头黄褐色至褐绿色，头顶两侧各具1个黑点。第二腹节背面有1对较大的棕黄色瘤突，第八腹节背面同样有1对略小的瘤突。2对腹足生于第六和第十腹节，黄绿色，端部黑色。背线宽，淡青色至青绿色，亚背线灰绿色至黑色，气门上线深绿色，气门线黄色杂有细黑纵线，气门下线至腹部末端淡黄绿色。第三和第四腹节具黑褐色斑，气门黑色，围气门片淡黄色，胸足褐色。

蛹长14毫米左右，深褐色，有光泽，尾端尖，具臀棘2根。

大造桥虫初龄幼虫

大造桥虫老龄幼虫

大造桥虫蛹

大造桥虫雌成虫

生活习性

1年发生约6代。成虫昼伏夜出，趋光性强，羽化后2～3天产卵，卵产在叶片背面、枝条或土壤缝隙，通常数十粒至百余粒卵成堆，每头雌成虫可产卵1 000～2 000粒，卵期7天左右。初孵幼虫借风吐丝扩散，行走时常曲腹如桥形，不活跃。

防治方法

参考渺樟翠尺蛾。

（三十）林埃尺蛾 *Ectropis bhurmitra*（Walker, 1860）

发生为害

林埃尺蛾属鳞翅目（Lepidoptera）尺蛾科（Geometridae）。在中国、印度、斯里兰卡等腰果种植区发生为害。除为害腰果外，还为害茶、可可、柑橘、木棉、榄仁树、紫荆、油桐、合欢、桉、马缨丹、接骨木、决明子、葱、蒲桃、银杏等。林埃尺蛾主要以幼虫为害腰果嫩叶和嫩梢，导致叶片缺刻和出现孔洞。

形态特征

雄成虫翅展3～5厘米，雌成虫翅展4～7厘米。成虫体色为浅黄褐色，翅膀上带有若隐若现的褐色波浪纹，前翅近中部有1个模糊的黑斑，一些个体前翅具有大型黑斑。幼虫体背呈暗淡黄色，腹侧深褐色，略带粉红色。老熟幼虫体长约3.34厘米。卵蓝绿色，长约0.75毫米，宽约0.5毫米。

生活习性

1年发生6代。雌成虫将卵成块产于腰果树皮缝隙中，每个卵块约有64粒卵，卵块上覆有浅黄色绒毛。卵的孵化期为8～9天。幼虫孵化后多在清晨或夜间活动，低龄幼虫取食腰果叶片表皮，老熟幼虫可沿叶片边缘取食整片叶。幼虫在包裹叶片的茧室中化蛹。成虫在羽化当天即可交配，交配后第二或三天雌成虫产卵，产卵持续3～5天。交配完成后雄成虫约3天内死亡，雌成虫则在完成产卵后死亡。

林埃尺蛾成虫

防治方法

参考渺樟翠尺蛾。

（三十一）白黑腰尺蛾　*Cleora contiguata*（Moore, 1868）

发生为害

白黑腰尺蛾属鳞翅目（Lepidoptera）尺蛾科（Geometridae）。在中国腰果种植区发生为害。除为害腰果外，还为害芒果等。白黑腰尺蛾主要以幼虫为害腰果嫩叶，导致叶片缺刻和出现孔洞。

形态特征

成虫翅展长40～50毫米，体灰白色带有淡橄榄色晕圈。雄成虫触角双栉齿状，雌成虫触角丝状。前翅灰白色或白褐色，后中线锯齿状，无明显向外缘突出的区段，臀纹略呈半月形。后翅宽，外缘钝齿状，灰白色或白褐色。

白黑腰尺蛾成虫

生活习性

1年发生约6代。成虫趋光性强，雌成虫将卵产在叶片上，卵期约7天。

防治方法

参考渺樟翠尺蛾。

（三十二）大蓑蛾 *Eumeta variegata*（Snellen, 1879）

发生为害

大蓑蛾属鳞翅目（Lepidoptera）蓑蛾科（Psychidae）。在中国腰果种植区发生为害。除为害腰果外，还为害油茶、柑橘、梨、桃、苹果、梧桐、刺槐等。大蓑蛾主要以幼虫在护囊中取食为害腰果嫩叶，导致叶片缺刻和出现孔洞，影响植株生长。

形态特征

雄成虫体长15～20毫米，翅展35～44毫米。体黑褐色，有淡色纵纹。前翅红褐色，有黑色和棕色斑纹。后翅黑褐色，略带红褐色。前、后翅中室内中脉叉状分枝明显。雌成虫的翅和足、触角、口器与复眼等均退化，体肥大而软，淡黄色或乳白色。头部小，淡赤褐色，胸部背中央有1条褐色隆脊。胸部和第一腹节侧面有黄色毛，第七腹节后缘有黄色短毛带，第八腹节以下急骤收缩。外生殖器发达。

卵椭圆形，长约1毫米，宽约0.8毫米，淡黄色，有光泽和细小轮纹，孵化前为黑色。

初龄幼虫体长约1.8毫米，黄色，斑纹少。三龄后能区别雌、雄性。雌幼虫老熟时体长32～37毫米，体棕褐色，头部赤褐色，头顶有环状斑；胸部背板骨化程度高，亚背线、气门上线附近具长形赤褐色斑，呈深褐色与淡黄色相间的斑纹；腹部背面黑褐色，各节表面有皱纹；胸足发达，黑褐色，腹足退化呈盘状，趾钩缺环形，15～24个。雄幼虫体长18～25毫米，黄褐色，头部蜕裂线及额缝白色。

雌蛹体长25～30毫米，纺锤形，枣红色，头部和胸部的附器均消失。雄蛹体长18～24毫米，赤褐色，有光泽，纺锤形。第三至第八腹节背板前缘各具一横列刺突，腹末有臀棘1对，小而弯曲。

大蓑蛾幼虫正面

生活习性

1年发生2代。雌蛹历期13～20天，雄蛹历期20～33天。雄成虫寿命为2～9天，

大蓑蛾幼虫侧面

大蓑蛾幼虫腹面

大蓑蛾蛹

大蓑蛾雌成虫

大蓑蛾雄成虫

大蓑蛾护囊及其为害状

雌成虫寿命为13～26天。雄成虫羽化后离开护囊，寻找雌成虫与之交尾。雌成虫羽化后不离开护囊，在黄昏时将头伸至护囊外，招引雄成虫。交尾时间多在每天的13时至20时。雄成虫多在12时羽化，雌成虫多在14时羽化。雌成虫将卵产在护囊内，每头雌成虫产卵2 063～6 000粒。未经交配的雌成虫一般不产卵，偶有产卵也不能孵化。卵期17～21天。幼虫共5龄。幼虫孵化后，立即吐丝造囊。初孵幼虫有群居习性，护囊向上，呈倒立状，之后吐丝下垂，随风飘散，携囊为害叶片、幼芽、嫩梢、茎皮及果实。幼虫在三至四龄以后开始转移到树冠外围的叶背面分散为害，食量很大，常将枝叶吃成千疮百孔，为害严重的植株叶片被全部吃光。幼虫耐饥力强，在绝食下可生存15天。大蓑蛾为害性大，生命力较强。雄成虫夜晚活跃，趋光性强，尤以20时至21时扑灯最多。

防治方法

大蓑蛾雌成虫无翅、无足，迁移扩散能力差，因此，果园只是局部受害严重。初龄幼虫迁移扩散力也不很强，多集中为害，点片发生，抗药力不强，应在幼虫三龄以前集中防治。

农业防治：大蓑蛾老熟幼虫集中于枝梢基部化蛹，初孵幼虫又集中在树冠外围枝梢上为害，因此在冬季或夏季修剪虫枝时，发现虫囊及时摘除，集中掩埋。在雄蛹羽化前至卵孵化前人工摘除大蓑蛾护囊，可以取得事半功倍的灭虫效果。

物理防治：利用雄成虫的趋光习性，可用黑光灯、白炽灯等诱杀成虫。

生物防治：保护腰果园的生态环境和生物多样性，尽量减少用药次数，为有益生物种群提供良好的栖息和繁殖环境，充分利用寄生和捕食性天敌控制大蓑蛾发生为害。大蓑蛾的天敌较多，主要有伞裙追寄蝇、蓑蛾瘤姬蜂、大草蛉、中国虎甲、广腹螳螂等寄生性和捕食性天敌。

化学防治：大蓑蛾幼龄幼虫期点片发生，具有明显的发虫中心，且抗药性弱，因此应抓紧在低龄幼虫期进行药剂防治，可用2.5%高效氯氟氰菊酯乳油2 000～3 000倍液、10%阿维菌素悬浮剂1 500～2 000倍液、25%杀虫双水剂500～1 000倍液、2.5%溴氰菊酯乳油1 500～2 000倍液或20%氯虫苯甲酰胺悬浮剂3 000～5 000倍液进行防治。

（三十三）茶蓑蛾 *Eumeta minuscula*（Butler, 1881）

发生为害

茶蓑蛾属鳞翅目（Lepidoptera）蓑蛾科（Psychidae）。在中国腰果种植区发生为害。除为害腰果外，还为害油茶、柑橘、苹果、樱桃、李、杏、桃、梅、葡萄、桑等。茶蓑蛾主要以幼虫咬食叶片，同时咬取大量的细枝用于结囊。幼虫在护囊中咬食叶片、嫩梢或剥食枝干、果实表皮。

形态特征

雄成虫体长10～15毫米，翅展22～30毫米，体和翅暗褐色，前翅翅脉两侧色较深，第三中脉与第一肘脉间较透明，外缘中前方有2个近长方形透明斑。触角双栉状。前胸有2条白色纵纹。胸、腹部密被鳞毛。雌成虫体长10～16毫米，无翅，足退化，蛆状，体乳白色，胸部有显著的黄褐色斑；头小，褐色；腹部肥大，体壁薄，能看见腹内卵粒。后胸第四至七腹节具浅黄色绒毛。

卵椭圆形，浅黄色，长0.8毫米左右，宽0.3毫米左右。

幼虫体长25～35毫米，头部淡褐色至深褐色，两侧有并列的暗褐色小斑纹。胸、腹部肉黄色，背面中央色较深，略带紫褐色。胸部各节背板上有褐色长形斑4个，前后相连成4条褐色纵带，正中间2条明显。腹部棕黄色，各节背面均具4个黑色小突起，呈"八"字形，各生胸毛1根。

雄蛹长约15毫米，咖啡色，翅芽达第三腹节后缘，腹部背面第三至第七节前、后缘及第七、八节前缘各有1列细齿。腹末稍弯，臀棘分叉，叉端各有一短刺。雌蛹长14～20毫米，纺锤形，咖啡色，无翅芽和触角，腹部第三节背面后缘，第四、五节前、后缘及第六至第八节前缘各有1列细刺突，第八节仅有3个刺。

生活习性

1年发生3代。卵期12～17天，幼虫期50～60天，雌蛹期10～22天，雄蛹期8～14天。雄成虫寿命2～3天，雌成虫寿命12～15天。幼虫共6～7龄，随着虫龄增大护囊也随之增大。幼虫多在清晨、傍晚和阴天取食，晴天中午很少取食，常隐藏在腰果叶片背面。幼龄幼虫取食下表皮和叶肉，留上表面呈半透明黄褐色斑膜，三龄后咬食叶片出现洞孔，四龄后食量大增，能咬食全叶、嫩梢和果皮，并咬取小枝，整齐并列黏缀于囊处。幼虫老熟时先吐丝封闭囊口，将上端用丝紧附于枝叶上，后将虫体上下倒转，化蛹于囊内。成虫多在下午羽化，羽化后次日即可交尾，多在清晨或黄昏时进行。雄成虫飞

茶蓑蛾幼虫正面

茶蓑蛾幼虫侧面

茶蓑蛾雄成虫

茶蓑蛾为害嫩叶

茶蓑蛾严重为害的叶片

茶蓑蛾为害枝条

茶蓑蛾严重为害的枝条

茶蓑蛾严重为害的植株

舞寻觅到雌成虫后，便伏于雌成虫护囊外，将腹部伸入雌成虫的护囊内，并深入雌成虫蛹壳内进行交尾。雌成虫交尾后1～2天即开始陆续产卵，卵聚集在蛹壳内，并充塞和覆盖从雌成虫腹末脱下的许多绒毛。每头雌成虫平均产卵676粒，多的可达2 000～3 000粒。雄成虫活跃，有趋光性。

防治方法

参考大蓑蛾。

（三十四）螺纹蓑蛾　*Eumeta crameri*（Westwood, 1854）

发生为害

螺纹蓑蛾属鳞翅目（Lepidoptera）蓑蛾科（Psychidae）。在中国腰果种植区发生为害。除为害腰果外，还为害油茶、核桃等。螺纹蓑蛾主要以幼虫取食腰果叶片。

形态特征

雄成虫翅展约33毫米，体棕色。胸部被少量黑色长毛，足黄色，腿节、胫节被松散的棕色和黑色长毛。前翅灰棕色，第二中脉黑色，亚前缘脉与径脉间、第一中脉与第二中脉间、第二中脉与第三中脉间为灰白色，在外缘有3个白斑。后翅灰棕色。

老熟幼虫体长6.0～7.5毫米，头黄褐色，多暗褐色斑纹。体灰色，背面较灰暗。胸部背板具有深褐色斑纹，腹部暗污色，臀板暗褐色。

护囊中等大小，护囊外缀长短一致斜列的小枝梗，呈螺纹状。

螺纹蓑蛾护囊

螺纹蓑蛾为害叶片

螺纹蓑蛾雄成虫

生活习性

1年发生1代。雄成虫羽化后飞出护囊，雌成虫仍留在护囊内。雌雄交配后，产卵于袋囊内，幼虫孵化后，四处爬行，稍取食后即做袋护体，取食时头伸出。

防治方法

参考大蓑蛾。

（三十五）宝塔蓑蛾　*Pagodiella heckmeyeri* (Heylaerts, 1885)

发生为害

宝塔蓑蛾属鳞翅目（Lepidoptera）蓑蛾科（Psychidae）。在中国腰果种植区发生为害。除为害腰果外，还为害荔枝等。宝塔蓑蛾主要以幼虫取食为害腰果叶片，导致叶片缺刻或出现孔洞。

形态特征

雄成虫体黑褐色，体上密被黑褐色长毛，触角双栉状。雌成虫蛆状。

初龄幼虫头部黄褐色，腹部浅绿色，臀板黄褐色。老熟幼虫体黄褐色，头部具黑色或褐色斑点。

护囊小，幼虫将被害叶片切割成大小不一的圆形，然后吐丝缀成护囊，呈宝塔状。

生活习性

1年发生约3代。宝塔蓑蛾为害的明显特征是被害叶片有圆形孔洞，其幼虫主要在叶

宝塔蓑蛾低龄幼虫

宝塔蓑蛾老熟幼虫

宝塔蓑蛾雄成虫

宝塔蓑蛾护囊及其为害状

宝塔蓑蛾严重为害的叶片

宝塔蓑蛾严重为害的植株

片背面为害，避开叶脉取食叶片表面，然后切割叶片被害部位用于营造护囊。随着幼虫龄期增加，护囊越来越大。

防治方法

参考大蓑蛾。

（三十六）斜纹夜蛾 *Spodoptera litura* (Fabricius, 1775)

发生为害

斜纹夜蛾属鳞翅目（Lepidoptera）夜蛾科（Noctuidae）。在全世界腰果种植区发生为害。除为害腰果外，还为害香蕉、百香果、火龙果、葡萄、柑橘、桃、梨、梅、山楂、杏、棉花、白菜、甘蓝、芥菜、马铃薯、茄、番茄、辣椒、南瓜、丝瓜、冬瓜等。斜纹夜蛾主要以幼虫为害腰果叶片和果梨。

形态特征

成虫体长16～27毫米，翅展33～46毫米。头、胸及前翅褐色。前翅略带紫色光泽，具复杂的黑褐色斑纹，内、外横线灰白色、波浪形，从内横线前端至外横线后端，雄成虫有1条灰白色宽而长的斜纹，雌成虫有3条灰白色的细长斜纹。后翅灰白色，具紫色光泽。

卵扁球形，长约0.45毫米，宽约0.35毫米，卵表面具网状隆脊。初产淡绿色，孵化前呈紫黑色。

幼虫一般为6龄，不同条件下可减少1龄或增加1～2龄。一龄幼虫体长约2.5毫米，体表常为淡黄绿色，头及前胸盾黑色，并具暗褐色毛瘤，第一腹节两侧具锈褐色毛瘤。二龄幼虫体长可达8毫米，头及前胸盾颜色变浅，第一腹节两侧的锈褐色毛瘤变得更明显。三龄幼虫体长9～20毫米，第一腹节两侧的黑斑变大，甚至相连。四至六龄幼虫形态相近。六龄幼虫体长38～51毫米，体色多变，常常因寄主、虫口密度等而不同。头部红棕色至黑褐色，中央可见V形浅色纹。中、后胸亚背线上各具1个小块黄白斑，中胸至腹部第九节的亚背线上各具1个三角形黑斑，其中腹部第一节和第八节的黑斑最大，其余黑斑可变小或消失。

蛹体红棕色。头部向腹面倾斜。下唇须可见，细长。下颚末端达翅芽末端之前。前足腿节可见，前足末端到达下颚1/2以上处。中胸背板前缘线中部向上突起。第三腹节背面前缘着生1行稀疏刻点，第四至七腹节背面和第五至七腹节腹面前缘着生多行密而细的刻点，刻点为圆形或椭圆形，中央凹陷。气门黑色，椭圆形，外突并向后倾斜，气门后有凹陷的空腔，略比气门小。腹部末端有短而粗的臀棘，其上着生刺1对，刺基部近似平行向外分开。

斜纹夜蛾低龄幼虫

斜纹夜蛾蛹

斜纹夜蛾老龄幼虫

斜纹夜蛾成虫

斜纹夜蛾为害果梨

生活习性

1年发生约8代。幼虫老熟后下地，在1～3厘米表土内结薄丝茧化蛹，也可在枯叶下化蛹。成虫白天喜躲藏在草丛、土缝等阴暗处，傍晚至午夜活跃，飞翔力强，具较强的趋光性。雌成虫将卵产于叶片，植株中部叶片背面叶脉连接处最多。雌成虫成堆产卵，叠成3～4层，表面覆盖一层灰黄色鳞毛，每个卵块含卵359粒。一至三龄幼虫食量少，群集生活。成虫具趋光性，喜爱糖醋液，雄成虫对性诱剂趋性较强。

防治方法

农业防治：结合田间农事操作，人工摘除卵块及群集的幼虫。

物理防治：利用成虫的趋性，在成虫发生期，用杀虫灯、黑光灯、糖醋液诱杀，或者在糖醋液的盆上加挂性诱剂诱杀，效果显著。

生物防治：斜纹夜蛾的天敌有小茧蜂、大腿小蜂、黑卵蜂、赤眼蜂、寄生蝇、螳螂、瓢虫、蜘蛛和鸟类等，应注意保护和利用。也可用200亿PIB/克*斜纹夜蛾核型多角体病毒水分散粒剂12 000～15 000倍液喷雾防治幼虫。

化学防治：可用5%虱螨脲乳油1 000～1 500倍液、5%氟啶脲乳油1 500～2 000倍液、20%除虫脲乳油1 500～2 000倍液或2.5%高效氯氟氰菊酯乳油2 000～3 000倍液喷雾防治幼虫，且在幼虫三龄之前防治效果最佳。

（三十七）毛跗夜蛾 *Mocis frugalis* (Fabricius, 1775)

发生为害

毛跗夜蛾属鳞翅目（Lepidoptera）夜蛾科（Noctuidae）。在中国、印度、缅甸、斯里兰卡等腰果种植区发生为害。除为害腰果外，还为害甘蔗、水稻。毛跗夜蛾主要以幼虫取食为害腰果叶片。

形态特征

成虫翅展35～40毫米，体长12～18毫米。前翅黄褐色至灰褐色，亚基线曲折状；环状纹在中室处呈1个小黑点；肾状纹黑色，椭圆形；外线较直，呈红褐色至黑褐色，其内侧颜色较淡；亚端线灰暗色，各脉间有黑点；亚端线与外线间颜色较深，呈灰黑色长三角形大斑；端线黑色，波浪形。部分个体前翅后缘附近有1个黑色长椭圆形斑或近似三角形的大斑。后翅黄褐色至灰褐色，外线和亚端线灰褐色。前足与中足黑褐色，后足灰褐色。雄成虫后足胫节和跗节有密毛。

老熟幼虫体长44～50毫米。体呈鲜黄色且稍带绿色，体背上有许多褐棕色和黄白色

---

* PIB/克指的是每克样品中含有的多角体病毒总数。——编者注

的细纵线。背线黄白色，不大明显，外侧伴以1条白色宽带，宽带具淡棕色的边。亚背线黄白色，内侧有许多黄白色和淡褐色相间的细纵线。气门筛中央黄褐色或淡灰褐色，周缘粉白色。第二、三腹节间和第四、五腹节间具黑色粗纵带1条，行走时尤为明显。腹部腹面中央有1条棕黑色的粗纵线，腹足仅存2对，呈棕褐色，行走时状如尺蛾。胸足黄白色。头部额区粉白色，颅中沟及蜕裂线侧臂外侧伴有粉白色粗带，因此从正面观，头部中央呈粉白色。颅侧区各有8条曲折的淡褐色纵带。

蛹体长约17毫米，茶褐色，表面披铅白粉。各腹节背面密布大刻点。腹末有臀刺4对，靠内侧的2对较长，外侧2对较短细。尾突黑色，其背上方有8个小突起。下唇须细长，纺锤形，下颚末端与前翅末端等长，伸达第四腹节。

毛跗夜蛾幼虫

毛跗夜蛾蛹

毛跗夜蛾初羽成虫

毛跗夜蛾成虫

毛跗夜蛾成虫在叶片活动

生活习性

幼虫取食腰果叶片，老熟后将腰果叶片叠扎成三角形的苞，在其中结灰白色薄茧化蛹。蛹期约为10天。成虫具趋糖性。

防治方法

参考斜纹夜蛾。

（三十八）棉铃虫 *Helicoverpa armigera* (Hübner, 1808)

发生为害

棉铃虫属鳞翅目（Lepidoptera）夜蛾科（Noctuidae）。在中国腰果种植区发生为害。除为害腰果外，还为害棉花、玉米、小麦、大豆、烟草、番茄、辣椒、茄、芝麻、向日葵、南瓜等。棉铃虫主要以幼虫取食腰果叶片，导致叶片缺刻或出现孔洞。

形态特征

成虫体长15～20毫米，翅展27～38毫米。雌成虫前翅赤褐色或黄褐色，雄成虫前翅多为灰绿色或青灰色；内横线不明显，中横线很斜，末端达翅后缘，位于环状纹的正下方；亚外缘线波形幅度较小，与外横线之间呈褐色宽带，带内有清晰的白点8个；外缘有7个红褐色小点排列于翅脉间；肾状纹和环状纹暗褐色，雄成虫的较明显。后翅灰白色，翅脉褐色，中室末端有1条褐色斜纹，外缘有1条茶褐色宽带纹，带纹中有2个牙形白斑。雄成虫腹末抱握器毛丛呈"一"字形。

卵近半球形，长约0.52毫米，宽约0.46毫米，顶部稍隆起。初产卵黄白色，慢慢变为红褐色。

初龄幼虫青灰色，头黑色，前胸背板红褐色。老熟幼虫体长42～46毫米，各体节有毛片12个，体色变化大，有绿色、黄绿色、黄褐色、红褐色等。前胸气门前2根刚毛的连线通过气门或与气门下缘相切，气门线为白色。

蛹纺锤形，体长17～20毫米，蛹体赤褐色至黑褐色。初蛹为灰褐色、绿褐色，复眼淡红色。近羽化时呈深褐色，有光泽，复眼褐红色。下唇须细长。下颚末端到达翅芽末端。前足腿节可见，前足末端到达下颚1/2以上处。后足在下颚末端之后略露。中胸背板前缘略直。第五至七腹节背面和腹面前缘有7～8排较稀疏的半圆形刻点。气门较大，围孔片呈筒状突起。腹部末端有1对臀刺，刺基部分开。

棉铃虫幼虫

棉铃虫蛹

棉铃虫雌成虫

棉铃虫雄成虫

棉铃虫成虫在叶片上活动

生活习性

1年发生约7代。成虫飞行能力较强，白天静伏，夜间交尾和产卵。卵散产，多产于植株嫩叶、腋芽和花上。幼虫孵化后先聚集为害腰果嫩叶，然后分散转移为害。雌成虫寿命约为11天，雄成虫寿命约为9天。产卵期5～10天。

防治方法

参考斜纹夜蛾。

（三十九）芒果重尾夜蛾 *Penicillaria jocosatrix* Guenée, 1852

发生为害

芒果重尾夜蛾属鳞翅目（Lepidoptera）尾夜蛾科（Euteliidae）。在中国、印度等腰果种植区发生为害。除为害腰果外，还为害芒果等。芒果重尾夜蛾主要以幼虫取食腰果嫩叶、花序、果梨和幼嫩坚果，为害严重时可将嫩叶吃光。

形态特征

成虫体长约15毫米，翅展22～24毫米。头、胸黑紫棕色，前翅紫褐色，带少许灰色，内线、外线黑色，中部折角，亚端线白色，在三、四脉为锯齿形，中有一灰白条自中室中部至外缘。后翅白色，端区黑棕色，内侧有1列黑点。腹部暗棕色。雄成虫抱器腹延伸，左侧的较长。

卵扁圆形，黄绿色。

幼虫体长约24毫米，头浅黄色，臀节色浅，较膨大，刚毛较短，着生于红色毛片上。有的幼虫身体上还有不规则的红色斑，气门椭圆形，色深，腹足趾钩单序中带。

蛹长13～14毫米，红褐色，尾端钝圆，无臀棘。

生活习性

1年发生约8代。芒果重尾夜蛾产卵于腰果叶片边缘，卵排列成行，3～5天内孵化。低龄幼虫常在芽尖处为害，虫龄渐长后即转移到嫩叶上咬食。幼虫老熟后吐丝卷叶化蛹，或者在土壤中化蛹，蛹外有薄茧包裹并混有虫粪，蛹期11～15天。整个生活史需时27～38天。

防治方法

参考斜纹夜蛾。

芒果重尾夜蛾幼虫

芒果重尾夜蛾蛹

芒果重尾夜蛾成虫

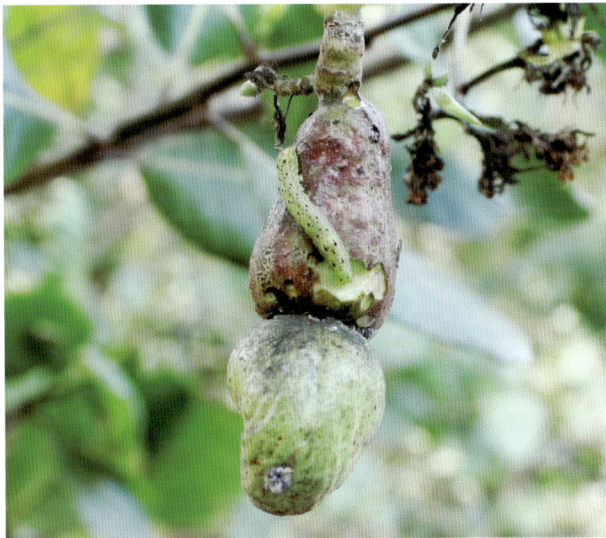

芒果重尾夜蛾幼虫为害果梨

（四十）嫩梢条麦蛾 *Anarsia epotias* Meyrick, 1916

发生为害

嫩梢条麦蛾属鳞翅目（Lepidoptera）麦蛾科（Gelechiidae）。在中国、印度等腰果种植区发生为害。除为害腰果外，还为害人心果等。嫩梢条麦蛾以幼虫钻进芽苞（嫩梢心部、花芽）中取食，被害组织外部有胶泌出，并有少量白丝体和黑色小粪粒黏附其上，严重受害时，芽变黑死亡。受害花朵被丝黏结成团，幼虫在其中取食，被害花干枯后并不脱落。在坐果期，幼虫在果梨与坚果交界处为害，特征与腰果云翅斑螟早期为害状相似，往往两虫复合为害。嫩梢条麦蛾还可蛀食幼嫩坚果的外皮。

形态特征

成虫灰色，有黑色斑点，翅展11～13毫米。前翅深灰色，细密点缀白色斑点；前缘脉从基部到中部的半边全是白色；前缘脉边缘基部黑色，基部附近有1个亚前缘脉黑点，前缘脉1/4～3/4之间有4条倾斜的白色条纹，第一条前有1条短的黑色条纹，第一和第二条之间的区域为黑色，第二条和第三条之间的区域形成一倾斜的部位，达到了翅膀的1/3处，第四条在前缘脉上稍带黑色。后翅灰色，基部鳞片稀疏。

嫩梢条麦蛾幼虫

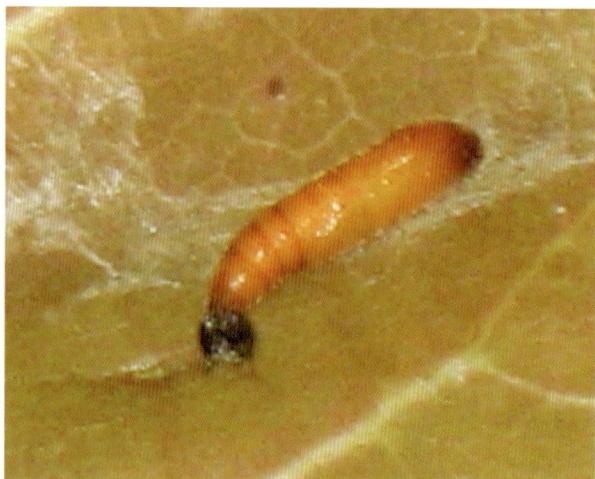
嫩梢条麦蛾蛹

嫩梢条麦蛾成虫

嫩梢条麦蛾为害嫩叶

嫩梢条麦蛾为害果实

生活习性

卵产在嫩叶叶腋处，单产或10～20粒卵产在一起，雌成虫可产卵50～60粒。幼虫5龄，幼虫期为14～16天。初孵幼虫在嫩叶叶腋处停留一段时间后，慢慢爬入未展开的嫩梢内，开始分泌丝线将嫩叶叶缘织在一起，在其内取食。幼虫三或四龄时，蛀入嫩梢端部并倒转取食嫩梢内部组织，通常蛀食深度达20～30毫米，在蛀食孔道里充满排泄物，在被害嫩梢上出现流胶，之后嫩梢逐渐干枯。幼虫在嫩梢蛀道或卷叶中化蛹，蛹期7～10天，整个生活史历时24～29天。主要发生于开花期、结果期以及收获后第一次嫩梢期。

防治方法

农业防治：在虫害零星发生的果园，应在幼虫仍在嫩梢内蛀食时及时且彻底剪除被害枝梢，然后集中销毁或深埋。

生物防治：嫩梢条麦蛾的天敌有赤眼蜂、捕食螨、花蝽、草蛉等，应加以保护和利用。

化学防治：可用2.5%高效氯氟氰菊酯乳油2 000～3 000倍液、10%阿维菌素悬浮剂1 500～2 000倍液、25%杀虫双水剂500～1 000倍液、2.5%溴氰菊酯乳油1 500～2 000倍液或20%氯虫苯甲酰胺悬浮剂3 000～5 000倍液进行防治。

（四十一）腰果麦蛾 *Hypatima haligramma*（Meyrick, 1926）

发生为害

腰果麦蛾属鳞翅目（Lepidoptera）麦蛾科（Gelechidae）。在中国、印度等腰果种植区发生为害。除为害腰果外，还为害芒果等。腰果麦蛾主要以幼虫取食腰果叶片、嫩梢、花序、果梨和坚果。

形态特征

成虫小，体暗黑色。前翅灰黄色，带有2个白色横向带。后翅灰色，鳞片稀疏，前缘半透明。幼虫黄绿色，头黑色，老熟幼虫体长约12毫米。蛹红褐色。

生活习性

1代需时25～29天。在腰果植株新梢抽发时，腰果麦蛾幼虫将嫩叶叶缘卷起并躲在里面取食。也可为害嫩梢，使嫩梢生长受阻而干枯。嫩梢受害部会有树脂溢出，顶端生长点变黑。1个嫩梢可有多头幼虫钻蛀。在坐果期，幼虫钻入果梨和坚果的结合部位，在里面取食，导致幼果脱落。卵期3～4天。幼虫期12～16天，老熟幼虫在未展开的叶里或在梢尖蛀一洞在其中化蛹。蛹期7～10天。在印度，腰果麦蛾在7月腰果嫩梢抽发时开始为害，在9—10月达到为害高峰期。

腰果麦蛾幼虫及其为害状

防治方法

参考嫩梢条麦蛾。

（四十二）芒果天蛾　*Amplypterus panopus* Cramer, 1779

发生为害

芒果天蛾属鳞翅目（Lepidoptera）天蛾科（Sphingidae）。在中国腰果种植区发生为害。除为害腰果外，还为害芒果、人面子、盐肤木、榴莲、红厚壳等。芒果天蛾主要以幼虫取食腰果叶片，使枝条缺叶或叶片呈缺刻状。

形态特征

成虫翅展11.5～13.6厘米，头胸部橘黄色至褐色，腹部黄褐色，第三、四节及第四、五节之间背中线两侧各有1对小黑斑，第五节后的各节两侧有黑斑。前翅暗黄色，基部颜色较深，外线褐色且较宽，外缘中部有较大的褐色三角形斑块，近后角处有椭圆形黑褐色斑块，斑块上方具3条呈弧形的白色浅纹。后翅中央具粉红色斑，外缘呈深褐色横带，腹面呈深黄色。

卵圆形，光亮鲜红色，孵化前红色变淡。

幼虫共5龄。一至四龄幼虫头尖，顶端二叉状，头部密布颗粒状突起。五龄幼虫头部较尖，顶端不分叉。刚孵化的一龄幼虫黄色，尾角黑褐色，2日龄体色转绿。二龄幼虫体长约16毫米，尾角长约9毫米，头顶分叉，尾角褐色，体绿，腹背淡蓝色，亚背浅黄色，第二至四腹节背面各有3条蓝色条纹，胸足褐色。三龄幼虫体长约45毫米，尾角长约16毫米，体绿，散布黄色的小颗粒状突起，胸背及第一腹节背面各有6条皱褶，第二至七腹节的亚背线白色，第二至四腹节背面有V形绿纹，自第二节腹侧起有黄色斜纹，尾角直，绿色，基部黄色，端部有1根长细毛。四龄幼虫体长约65毫米，尾角长约23毫米，头顶分叉绿色，头顶至第一腹节亚背线有1列黄色小颗粒状突起，自第二腹节起，亚背线的颗粒状突起呈白色，第三、四腹节背面白色，气门蓝色，足棕色。五龄幼虫体长约78毫米，尾角长约20毫米，头稍尖，不分叉，散布颗粒状突起，第二腹节至腹末节背面粉绿色，尾角黄绿色，腹足4对，虫体靠第四腹足和臀足倒悬于叶上。

蛹暗褐色，长约62毫米。后胸背板为一长块状的厚皮板，其上具粗糙刻纹。第四腹节最宽，腹末较尖，臀棘呈二分叉钩状。

芒果天蛾幼虫

芒果天蛾蛹

芒果天蛾成虫

生活习性

1年发生约3代。成虫具趋光性，喜在荫蔽的嫩叶丛中产卵。卵期8～9天。幼虫孵出后先在嫩叶取食，待三龄后转移到老叶上取食。五龄幼虫静止时呈"乙"字形，食量较大，每天排粪60～68粒。幼虫期31～33天。老熟幼虫沿树干爬至树头基部土中造蛹室并在其中化蛹，蛹期20～22天。

防治方法

物理防治：利用芒果天蛾成虫趋光性，设置黑光灯诱杀成虫。

生物防治：芒果天蛾的天敌有胡蜂、姬蜂、茧蜂、赤眼蜂、寄蝇等，应注意保护和利用。也可利用昆虫病毒、苏云金芽孢杆菌、球孢白僵菌等防治芒果天蛾。

化学防治：于幼虫发生初期，用2.5%高效氯氟氰菊酯乳油2 000～3 000倍液、10%阿维菌素悬浮剂1 500～2 000倍液、25%杀虫双水剂500～1 000倍液、2.5%溴氰菊酯乳油1 500～2 000倍液或20%氯虫苯甲酰胺悬浮剂3 000～5 000倍液进行防治。

（四十三）夹竹桃天蛾 *Daphnis nerii* Linnaeus, 1758

发生为害

夹竹桃天蛾属鳞翅目（Lepidoptera）天蛾科（Sphingidae）。在中国腰果种植区发生为害。除为害腰果外，还为害夹竹桃、萝芙木、日日红、长春花。夹竹桃天蛾主要以幼虫取食腰果叶片。

形态特征

成虫体纺锤形，灰褐色至深褐色，全体密被绒毛。雌成虫体长42～49毫米，翅展75～95毫米，雄成虫体长45～50毫米，翅展80～100毫米。头灰色，复眼圆形，黑色。触角褐色，末端钩状。中胸两侧各有镶白边的灰绿色三角斑纹1个。前翅基部灰白色，中心有1个黑点，中部至前缘有形似汤勺状的灰白色至青色色斑纹1个，翅中部、下部至外缘有浅棕红色宽带1条，翅顶角区域有灰白色纵线1条。后翅深褐色，后缘至前缘在近外缘处有一灰白色波状条纹。

卵圆球形，长1.0～1.4毫米，高0.9～1.1毫米，光滑，有光泽。卵初产时淡黄绿色，渐变为翠绿色，近孵化时为黑色。

老熟幼虫体长55～75毫米，体宽8～12毫米，黄绿色至深绿色，少数金黄色。头深绿色至灰绿色，胸足紫褐色，后胸两侧各有1个大的近圆形眼斑，眼斑周围紫褐色至黑色，中间白色、浅蓝白色至浅蓝色。胴部自第二节开始至腹末两侧各有1条白色纵纹，纵纹上下散生白色小圆点。气门椭圆形，黑色。趾钩黑色。尾突橙黄色，粗短，向下弯曲。

蛹黄褐色，长椭圆形，长51～67毫米，宽12～15毫米，尾部突尖，黑色，末端呈鱼尾状分叉。背面从头至尾、腹面从头至胸各有1条黑色纵线。头部两侧各有1个黑点，身体两侧各有7个黑点。

夹竹桃天蛾幼虫

夹竹桃天蛾成虫

生活习性

1年发生约3代。成虫夜间羽化，昼伏夜出，有趋光性，有很强的飞翔能力。白天在野外很少看到成虫。成虫夜间产卵，卵单产，常产于近顶梢的叶面、叶背及枝条上。幼虫多于清晨孵化，孵出后取食部分卵壳即开始爬行，寻找尚未转绿的嫩叶，爬至枝条顶端新叶处取食。

防治方法

参考芒果天蛾。

（四十四）杨桃乌羽蛾 *Diacrotricha fasciola* Zeller, 1852

发生为害

杨桃乌羽蛾属鳞翅目（Lepidoptera）羽蛾科（Pterophoridae）。在中国、印度、斯里兰卡、马来西亚、印度尼西亚等腰果种植区发生为害。除为害腰果外，还为害芒果、荔枝、杨桃等。杨桃乌羽蛾主要以幼虫蛀食花，导致落花和花穗枯死。

形态特征

成虫小型，翅展11～15毫米，体褐色。头部淡黄色。下唇须细长，前伸，黄褐色。触角基部黄白色，其余部分淡黄褐色。身体背面淡黄色，散布褐色鳞毛，腹面黄白色。前、后翅缘开裂呈羽状，前翅2～4片，基半部散布许多褐色的细鳞片，在中部分叉附近有1个横贯翅面的大黑斑，该斑基部边缘为黄白色的横带；缘毛长，灰褐色夹杂黑、白色。后翅分3裂，达到基部，每裂片均密生羽毛状缘毛，灰褐色。足细长，并有突出的"距"。

卵细小，散产，黄白色，球形，直径约0.8毫米。孵化前一天变深绿色。

幼虫体细小且短，圆筒形。初孵时淡绿色，取食花后变为红色。老熟幼虫体长约6毫米，宽约2毫米，背面隆起而腹面平直，粗短，体具次生毛，红色。

蛹长约5毫米，体纤细，刚化蛹时浅绿色，发育中期变成黄绿色，之后颜色逐步加深。羽化前蛹体变为深黑色。

杨桃乌羽蛾成虫

生活习性

1年发生5～6代，世代重叠。成虫白天静伏于树冠内，清晨和傍晚活动。成虫趋光性弱，羽化当晚开始交配，交配前雌成虫静止不动，雄成虫飞舞寻找雌成虫交配，交配时间最长可达12小时。雌成虫产卵于花穗上。每头雌成虫平均产卵约为38粒，卵历期5～8天。幼虫孵化后钻入花内，啃食花器同时排出褐色颗粒状粪便，此时身体变为红色。幼虫期约11天。一至三龄食量小，三龄开始食量大增。幼虫有转花为害习性，最后从花梗处钻出，吐丝下坠到叶背或草地化蛹，蛹腹末固定于叶背处。蛹大部分在夜间羽化，羽化时，成虫头部先咬破蛹壳，从蛹壳中钻出，随后用足爬出蛹壳。蛹壳留于叶背上。蛹期7～12天，成虫寿命8～12天。

防治方法

农业防治：冬季全面、彻底清理果园，平时结合果园管理收集落叶、落花、落果及枯枝，集中销毁。

物理防治：在果园悬挂诱蛾灯或利用顺-8-十二碳烯醇性引诱剂进行诱杀。

生物防治：杨桃乌羽蛾的天敌有寄蝇、蜘蛛、姬蜂、茧蜂、跳小蜂以及金小蜂等，应注意保护和利用。

化学防治：幼虫低龄期为化学防治的关键时期，可用2.5%高效氯氟氰菊酯乳油2 000～3 000倍液、10%阿维菌素悬浮剂1 500～2 000倍液、25%杀虫双水剂500～1 000倍液、2.5%溴氰菊酯乳油1 500～2 000倍液或20%氯虫苯甲酰胺悬浮剂3 000～5 000倍液进行防治。

（四十五）丽绿刺蛾 *Parasa lepida* (Cramer, 1779)

发生为害

丽绿刺蛾属鳞翅目（Lepidoptera）刺蛾科（Limacodidae）。在中国、越南、印度等腰果种植区发生为害。除为害腰果外，还为害悬铃木、珊瑚树、榆树、石榴、山樱花、海棠花、日本晚樱、月季花、梅、大花紫薇、枫香树、紫荆、八宝树、梧桐、刺槐等。丽绿刺蛾主要以幼虫集中为害，被害叶片经常只剩主脉，为害严重时可将枝条上的叶片全部吃光。

形态特征

雌成虫体长16.5～18.0毫米，翅展33～43毫米；雄成虫体长14～16毫米，翅展27～33毫米。头翠绿色，复眼棕黑色。触角褐色，雌成虫触角丝状，雄成虫触角基部数节为单栉齿状。胸部背面翠绿色，有似箭头形褐斑。前翅翠绿色，基斑紫褐色，尖刀形，从中室向上约伸占前线的1/4，外缘带宽，从前缘向后渐宽，灰红褐色，其内线弧形外曲。后翅内半部黄色稍带褐色，外半部褐色渐浓。腹部黄褐色。

卵扁椭圆形，长径1.4～1.5毫米，短径0.9～1.0毫米，黄绿色。

初孵幼虫长1.1～1.3毫米，宽约0.6毫米，黄绿色，半透明。老熟幼虫体长24.0～25.5毫米，体宽8.5～9.5毫米。头褐红色，前胸背板黑色，身体翠绿色，背线基色黄绿

丽绿刺蛾幼虫

丽绿刺蛾成虫

丽绿刺蛾幼虫为害嫩叶

丽绿刺蛾幼虫为害成熟叶片

色。中胸及腹部第八节有1对蓝色斑，后胸及腹部第一和第七节有蓝色斑4个；腹部第二至第六节在蓝灰基色上有蓝色斑4个，背侧自中胸至第九腹节各着生枝刺1对，每根枝刺上着生黑色刺毛数余根；腹部第一节背侧枝刺上的刺毛中夹有4～7根橘红色顶端圆钝的刺毛，第一和第九节枝刺端部有数根刺毛，基部有黑色瘤点。第八、九腹节腹侧枝刺基部各着生1对由黑色刺毛组成的绒球状毛丛，体侧有由蓝、灰、白等线条组成的波状条纹，后胸侧面及腹部第一至九节侧面均具枝刺。

蛹卵圆形，长14.0～16.5毫米，宽8.0～9.5毫米，黄褐色。

茧扁椭圆形，长14.5～18.0毫米，宽10.0～12.5毫米，黑褐色，其一端覆有黑色毒毛。

生活习性

1年发生3代。卵经常数十粒至百余粒集中产于叶背，呈鱼鳞状排列。初孵幼虫不取食腰果，1天后蜕皮。一龄幼虫先取食蜕下的表皮，后群集腰果叶背取食叶肉，残留上表皮。三龄以后咬穿表皮。五龄以后自叶缘蚕食叶片。幼虫有明显群集为害的习性，六龄以后逐渐分散，但蜕皮前仍群集叶背。老熟幼虫于树枝上或树皮缝、树干基部等处结茧。羽化后当晚即可交尾，次日开始产卵。卵一般20～30粒产在一起，6～7天后孵化，1头雌成虫的产卵量为500～900粒。幼虫期约为40天。成虫有强趋光性。

防治方法

农业防治：丽绿刺蛾低龄幼虫多群集取食，被害叶显现白色或半透明斑块等，易发现。此时斑块附近常栖有大量幼虫，可及时摘除带虫枝、叶加以处理，效果明显。

物理防治：丽绿刺蛾成虫具较强的趋光性，可在成虫羽化期于19时至21时用灯光诱杀。

生物防治：丽绿刺蛾天敌有赤眼蜂，其他生防菌、病毒有球孢白僵菌、青虫菌、核型多角体病毒。一些地区发生的丽绿刺蛾，每年6—9月常出现流行病，为颗粒体病毒所致，大发生时可收集虫尸，研碎用水稀释后喷洒。

化学防治：丽绿刺蛾低龄幼虫对药剂敏感，一般触杀剂均有效。可用2.5%高效氯氟氰菊酯乳油2 000～3 000倍液、10%阿维菌素悬浮剂1 500～2 000倍液、25%杀虫双水剂500～1 000倍液、2.5%溴氰菊酯乳油1 500～2 000倍液或20%氯虫苯甲酰胺悬浮剂3 000～5 000倍液进行防治。

（四十六）茶鹿蛾 *Amata germana* Felder, 1862

发生为害

茶鹿蛾属鳞翅目（Lepidoptera）鹿蛾科（Ctenuchidae）。在中国、印度尼西亚等腰果种植区发生为害。除为害腰果外，还为害芒果、桑、蓖麻、荔枝、龙眼、柑橘等。茶鹿蛾主要以幼虫取食腰果叶片，导致叶片缺刻或出现孔洞。

形态特征

雌成虫体长12～15毫米，翅展31～40毫米；雄成虫体长12～16毫米，翅展28～35毫米；体黑褐色。触角丝状，黑色，顶端白色。头部黑色，额橙黄色。颈板及翅基片黑色，中、后胸各有1个橙黄色斑，胸足第一跗节灰白色，其余部分黑色。腹部各节具有黄色或橙黄色横带。翅黑色，长三角形，前翅基部通常具黄色鳞斑，翅面有5个透明大斑。后翅小，中部具1个透明大斑。

茶鹿蛾成虫交尾

卵椭圆形，长0.7～0.8毫米，表面有放射状不规则斑纹。初产卵乳白色，孵化前转变为褐色。

低龄幼虫体长2.0～2.2毫米，头深绿色，体黄褐色，腹足浅褐色。老熟幼虫体长22～29毫米，头橙红色，头部中沟两侧各有1块长形黑斑。胸部各节均有4对毛瘤。腹部第一、二、七节各有7对毛瘤，第三至六腹节各有6对毛瘤。气门椭圆形，围气门片和气门筛均为黑色。腹足橙红色，趾钩单序中带。

蛹初期乳白色，后转棕红色再转暗褐色，长12～17毫米，第二至八腹节上各有7个黑斑，其中背面1个最大，呈元宝形。

生活习性

1年发生约3代。卵期4～6天，幼虫期38～194天，蛹期8～16天，雌成虫期9～20天，雄成虫期8～16天。成虫日间活动，夜晚有趋光性。雌成虫一生交配1次，交配后1～2天即可产卵。卵多块状，裸露产于嫩叶背面或嫩梢上，常数十粒集成不规则形，整齐排列。每头雌成虫产卵百余粒。幼虫共7龄，少数8龄。初孵幼虫先取食卵壳，经5～6小时后开始取食嫩叶。一龄幼虫多群集于嫩叶上取食叶肉组织，二龄幼虫开始分散取食为害，三、四龄幼虫可取食整个叶片，五龄后食量增大。老熟幼虫在枝梢端部吐少量丝于枝叶和虫体上，悬挂于小枝上化蛹。

防治方法

物理防治：结合果园管理进行捕杀或灯诱成虫。

生物防治：茶鹿蛾的天敌有寄生蜂、寄蝇等，应注意保护利用。

化学防治：于幼虫盛发为害期用2.5%高效氯氟氰菊酯乳油2 000～3 000倍液、10%

阿维菌素悬浮剂 1 500 ～ 2 000 倍液、25% 杀虫双水剂 500 ～ 1 000 倍液、2.5% 溴氰菊酯乳油 1 500 ～ 2 000 倍液或 20% 氯虫苯甲酰胺悬浮剂 3 000 ～ 5 000 倍液进行防治。

（四十七）南鹿蛾 *Amata sperbius* Fabricius, 1787

发生为害

南鹿蛾属鳞翅目（Lepidoptera）鹿蛾科（Ctenuchidae）。在中国、泰国、缅甸、印度等腰果种植区发生为害。除为害腰果外，还为害芒果、女贞、香橙、甘蔗、澳洲坚果等。南鹿蛾主要以幼虫取食腰果叶片，导致叶片缺刻或出现孔洞。

形态特征

成虫体长 9 ～ 11 毫米，翅展 24 ～ 28 毫米，黑色。额黄色。触角顶端 1/3 ～ 1/2 为灰白色，其他为黑色。中、后胸两侧各有 1 个黄色鳞斑。中胸背板后端及后胸有黄色鳞斑。腹部第一节背板有大梯形黄色鳞斑，第五节具有黄色环。中胸背板两侧与翅基交接处有一簇黑色长毛，直伸到腹部及胸部末端。翅黑色，前翅翅面有 6 或 7 个透明斑，斑周围具有蓝黑色金属光泽，后翅中部有黄色鳞斑，基部和端部均为黑色。

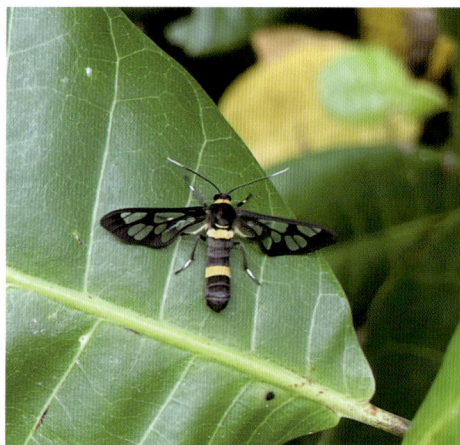

南鹿蛾成虫

卵圆球形，乳白色。

初孵幼虫体长约 3 毫米，淡黄褐色，布满稀疏黄褐色长毛，头部红褐色。老龄幼虫体长 18 ～ 20 毫米，头部橘黄色，有黑褐色"八"字纹。身体各节有毛瘤，胸部背面各具 1 对，腹部各节背面具 2 对，每侧气门下方也有 1 对，各毛瘤上着生羽状长毛簇。

蛹黑褐色，具光泽，被短细毛。长约 10.5 毫米，背面各节有浅褐色斑点，腹面有 2 对深褐色斑。

生活习性

1 年发生约 3 代。成虫日间活动，夜晚有趋光性。成虫活动能力不强，飞翔力弱，白天在叶片上交尾、产卵。老熟幼虫在叶片上用蜕出的皮壳和体毛吐丝黏合成简单蛹茧化蛹，蛹期为 7 天。

防治方法

参考茶鹿蛾。

（四十八）伊贝鹿蛾 *Syntomoides imaon*（Cramer, 1780）

发生为害

伊贝鹿蛾属鳞翅目（Lepidoptera）鹿蛾科（Ctenuchidae）。在中国腰果种植区发生为害。除为害腰果外，还为害芒果、油茶、澳洲坚果、木奶果、枇杷、甘蔗、樟等。伊贝鹿蛾主要以幼虫取食腰果叶片，导致叶片缺刻或出现孔洞。

形态特征

成虫翅展35 ~ 40毫米，体背黑色并具蓝色光泽，头胸间具黄纹，腹部有2条黄色环带。雄成虫体型瘦小，前翅下方的白色空窗上下2枚分离。雌成虫体型大而肥胖，前翅的空窗较大，近后端的空窗4枚相邻，间隙呈线状。

幼虫黑色，具长毛，头橙色，做一丝茧化蛹。

伊贝鹿蛾成虫

生活习性

1年约3代。成虫具趋光性，每头雌成虫产卵百粒以上，常数十粒聚在叶背。初龄幼虫群集于叶背，取食叶片下表皮至呈半透明状，二龄以后分散为害，五龄后食量增大，老熟幼虫在落叶间化蛹。

防治方法

参考茶鹿蛾。

（四十九）荔枝拟木蠹蛾 *Indarbela dea* Swinhoe, 1890

发生为害

荔枝拟木蠹蛾属鳞翅目（Lepidoptera）拟木蠹蛾科（Metarbelidae）。在中国和印度腰果种植区发生为害。除为害腰果外，还为害荔枝、龙眼、柑橘、番石榴、梨、木麻黄、台湾相思等。荔枝拟木蠹蛾主要以幼虫钻蛀腰果树干或主枝木质部，还能在树皮间缀成隧道，取食枝干的韧皮部，严重削弱树势。

形态特征

雌成虫体长10 ~ 14毫米，翅展20 ~ 27毫米，灰白色。额及触角基部密被灰白色鳞片。触角近基部后方各有一丛棕黑色鳞片。触角羽状，长4～6毫米。下唇须指状。胸部背面棕黑色。胸部及腹部背面密被黑褐色长鳞片，腹部仅基部背面及腹末鳞毛为棕黑色，其余灰白色。腹部末端鳞片长达4～5毫米。前翅近长方形，长约等于宽的2倍，灰白色，多灰褐色横条纹；中室及其下方各具1个黑色斑纹，中室的斑纹较大；前缘有8～9个灰棕色小斑；缘毛灰棕色与白色相间，组成7～9个近方形斑。后翅近三角形，长为宽的1.5倍，灰白色，有许多灰色波纹横列；外缘毛灰白色与白色相间，列成8～9个长方形斑块，等距离排列。腹部各节覆长鳞片，近基部鳞片棕黑色，其余各节背面鳞片灰白色，腹面白色。腹部末端具棕黑色丛毛，左右成束分列，长达4～6毫米。雄成虫体长11.0～12.5毫米，翅展23～27毫米，体和翅均为黑褐色；前翅中部色较淡，有许多黑褐色横向波纹，中室及臀区各具1个黑色斑纹；后翅为均匀的黑褐色，腹部各节鳞片及臀丛毛均很长，呈黑褐色。

卵扁椭圆形，长0.9～1.1毫米，宽约0.7毫米，乳白色。卵壳表面光滑，微反光。卵块鳞片状，长4～6毫米，宽3.0～4.5毫米，外被黑色胶质物，呈黑褐色。

老熟幼虫体长26～34毫米，宽3～5毫米，漆黑色，体壁大部分骨化。头部额区有很多隆起的皱纹和刻点。每侧具单眼6个，第四、五、六单眼排列成等边三角形。上颚具尖锐3齿，第一齿尖长。前胸具7个骨片，以前胸盾骨片最大，中、后胸各具11个骨化片。气门椭圆形，缘片赤褐色，前胸气门最大。腹部第一至八节后缘部分灰白色；各节由13个骨片组成，背面的骨片更大。

蛹长14～17毫米，深褐色。头顶两侧各具一略呈分叉的粗大突起。腹部第三节背面两侧前缘及第四、五、六节背面前、后缘各具1列刺状突。此外，雄蛹第七节背面前、后缘及第八节背面中部各具1列刺状突，腹端圆，中部有一纵向陷痕，具臀棘6～8个，短而锐。雌蛹第七、八节背面中部各具1列刺状突。

荔枝拟木蠹蛾幼虫

荔枝拟木蠹蛾幼虫及其为害状

荔枝拟木蠹蛾成虫（霍立志供图）

荔枝拟木蠹蛾为害树干

荔枝拟木蠹蛾在树干上的为害状

生活习性

1年发生1代。成虫羽化多在午后活动。初羽化的成虫栖息于蛀道附近的枝干上，当晚交尾产卵。成虫寿命2～9天。每头雌成虫产卵5～13块，每个卵块有卵19～65粒；卵多产在寄主主干和枝条上，卵期12～19天。初孵幼虫多在枝干分叉、伤口或木栓断裂处蛀害，吐丝将虫粪、枝干皮屑缀成隧道掩盖其体，然后逐渐向枝干钻蛀坑道匿居其中。隧道长大于15厘米时，幼虫往往向坑道口其他方向另筑坑道。坑道表面粗糙，里面光滑，一般长20～30厘米，最长达68厘米；幼虫白天潜伏于坑道中，夜间为害；随着幼虫的成长，坑道逐渐加深；坑道形式有斜垂、波形、倒置斜垂等形式，其中以斜垂坑道较为常见。幼虫白天潜伏于坑道中，腹部前数节曲折于坑道底部，1个坑道仅1虫；幼虫夜间在坑道周围食害韧皮组织，在坑道两侧，或远离坑道口取食。幼虫有换坑道的习性，特别在较小的枝条上蛀食的幼虫，长大后，要更换到大枝上蛀食。幼虫期286～343天。老熟幼虫在坑道口缀以薄丝后，于坑道中化蛹，平时停息于坑道端部，羽化时蛹体前半部露出坑道外，羽化后蛹壳留于坑道口，蛹期27～48天。

防治方法

农业防治：检查腰果植株树干，剪除被害枝条并集中掩埋。

物理防治：用竹签或木签堵塞坑道，使幼虫或蛹窒息。也可用小刀沿隧道清除幼虫或用铁丝插入隧道钩杀。

生物防治：荔枝拟木蠹蛾的天敌是黑蚂蚁，应注意保护和利用，也可用昆虫病原线虫防治。

化学防治：挖开有新鲜虫粪的虫食蛀道，然后用敌敌畏、毒死蜱等杀虫剂混泥或用脱脂棉蘸取上述药剂堵塞坑道口，熏死幼虫。也可喷洒4.5%高效氯氰菊酯乳油200～300倍液于树头或虫道附近，将虫粪和树皮木屑喷湿，待夜间幼虫外出活动时接触农药而至死。

第六章
缨翅目害虫

（一）红带蓟马 *Selenothrips rubrocinctus* (Giard, 1901)

发生为害

红带蓟马属缨翅目（Thysanoptera）蓟马科（Thripidae）。在中国、印度、巴西、澳大利亚、菲律宾、加纳、莫桑比克、坦桑尼亚、肯尼亚、马达加斯加等腰果种植区发生为害。除为害腰果外，还为害芒果、荔枝、龙眼、柑橘、栗、油茶、泡桐、梧桐、柿、金合欢、酸枣、桃、香蕉等。红带蓟马的成虫和若虫最初在腰果叶片背面为害，被害处渐变黄褐色，嫩叶被害时卷曲畸形。成虫和若虫还在叶片上排泄红色液体状物，干涸后呈现锈褐色或黑色亮斑，影响腰果叶片光合作用，严重时整株树叶片黄化脱落。花序、果实被害后呈铁锈状。旱季随着红带蓟马的扩散蔓延，可导致一些果园全园受害。

形态特征

雌成虫体长1.0～1.4毫米。体暗棕色，腹部基部有时有红色的絮状斑块。触角8节，第二节粗大，第三、四节两端细，各节刚毛粗而长；触角第三、四节两端和第五节基部淡黄色，其余淡棕色至棕色。腹部背片第一至八节前缘及两侧有网纹，第九节仅前缘有网纹。前翅为黄色但基部较暗，且密生长度相近的微毛，脉鬃长而粗，前缘有缨毛，前缘鬃约16根，后脉鬃约12根，第四、五根鬃间隔较远，后脉鬃9根，后缘缨毛呈曲状。各足棕色，但胫节端部和跗节为淡黄色。各长体鬃（包括翅脉鬃）暗棕色，但腹部第十节鬃毛颜色较淡。头背面单眼间有网状纹，后部有交错横纹，颊略外拱，后部收缩成一伪领（颈片），其前半部有横纹后半部光滑。复眼在后单眼前，位于前后单眼中心连线外缘；单眼和复眼后鬃呈一横列。雄成虫体色与形态近似于雌成虫，但较细小，腹部背片第九节有3对粗角状刺，前对最粗大，中对最小。第三至七节腹片各有1个圆点状腺域，位于网纹区前缘。

卵肾形，黄白色，长约0.25毫米。

若虫长形，初孵若虫无色、透明，头部后侧和腹末呈淡黄色，腹部基部具亮红色的带，老熟若虫长约1毫米。

蛹长形，长约1毫米，形态似若虫，但具完全发育的翅芽。

红带蓟马成虫

红带蓟马若虫

红带蓟马为害嫩叶

红带蓟马为害成熟叶

红带蓟马严重为害的叶片

红带蓟马为害花

生活习性

　　1年发生约10代。雌成虫为孤雌生殖。卵单产，多产于叶片下表面，每粒卵覆有1滴类似粪便状液体，干涸后形成薄膜状黑色圆盘体。卵期约10天。若虫孵出后即在叶下表面取食为害，若虫期12～13天，若虫取食10天后，形成1种可以取食的预蛹形若虫，这种虫态期为1天，也可形成1种不取食的蛹形若虫，这种虫态期为2～3天；蛹期6天。成虫和若虫多在靠主脉的凹陷处或小沟中生活，常常将腹部末端翘起，在腹部顶端带有一粪便状液滴。高温干旱有利于红带蓟马发生。

红带蓟马为害果

防治方法

　　农业防治：改善腰果园光照条件，减少荫蔽。清除杂草，减少虫源。红带蓟马经常以腰果园一些杂草为早春繁殖的寄主，清除杂草有助于减轻红带蓟马的为害。同时加强腰果植株肥水管理，增强树势，提高腰果树免疫能力。

　　物理防治：利用红带蓟马对蓝色、黄色等颜色的趋性，在田间设置黄、蓝色粘板，诱杀成虫。

　　生物防治：保护和利用红带蓟马天敌，捕食性天敌有纹蓟马、花蝽、中华微刺盲蝽、泥蜂、草蛉、大赤螨、蜘蛛等。寄生性天敌有黑卵蜂、缨小蜂等。

　　化学防治：可用60克/升乙基多杀菌素悬浮剂1 500～2 000倍液、20%呋虫胺可溶粉剂1 000～1 500倍液、22%氟啶虫胺腈悬浮剂10 000～15 000倍液、21%噻虫嗪悬浮剂4 000～7 000倍液、5%吡虫啉可溶液剂1 500～2 500倍液、20%啶虫脒可湿性粉剂6 000～8 000倍液或10%溴氰虫酰胺可分散油悬浮剂1 000～1 500倍液。

（二）茶黄蓟马　*Scirtothrips dorsalis* Hood, 1919

发生为害

　　茶黄蓟马属缨翅目（Thysanoptera）蓟马科（Thripidae）。在中国、印度、斯里兰卡、泰国、越南、莫桑比克、坦桑尼亚、肯尼亚等腰果种植区发生为害。除为害腰果外，还为害芒果、山茶、葡萄、柑橘、草莓、花生、台湾相思、月季花、木棉、番荔枝等。茶黄蓟马主要以成虫和若虫在腰果嫩梢锉吸汁液。受害叶片背面主脉两侧出现2条至数条纵列凹陷的红褐色疤痕，相应的叶正面出现浅色的条痕状隆起，叶色暗淡变脆。虫口密度大，严重为害时，整张叶片变褐色，叶背布满褐色小点，嫩叶变小甚至枯焦脱落，影响树势。

形态特征

雌成虫体长约0.9毫米，体黄色，但触角和翅较暗。触角第二节黄色，第三、四节基部色淡。前翅橙黄色带灰色，近基部似有一小淡色区。足黄色。腹部第三至八节背片中部有灰暗斑，另有暗前脊线；腹部第一节背片有细横纹，第二至八节背片两侧1/3部分有密排微毛，通常有10排；体鬃暗。头背有众多的细横线纹。复眼灰黑色突出，单眼鲜红色，呈扁三角形排列于复眼间中后部。触角8节，第二节粗，第三节基部有梗，第四节基部较细，第三、四节端部较细。前胸背片布满细横纹，中、后部两侧有无纹光滑区。中胸盾片布满横线纹。后胸盾片有网纹和线纹，中部两侧的较浅。中、后胸内叉骨刺较长。背片鬃约20根。后缘鬃3对。前足较短粗，各具2跗节。雄成虫与雌成虫相似，但较细小，腹部各节暗斑和前缘线常不显著。

卵淡黄色，肾形。

若虫初孵时乳白色，体长约0.3毫米，复眼红色。二龄若虫后期体色呈淡黄色，复眼黑褐色，体型似成虫，体长约0.9毫米，无翅芽。三龄若虫长出翅芽，停止取食，被称之为预蛹（前蛹），体黄绿色，触角可活动。四龄若虫称为蛹（后蛹），橘黄色，触角翻折于前胸背板中央，复眼暗红色，足与翅芽透明。

茶黄蓟马若虫

茶黄蓟马成虫

茶黄蓟马为害嫩叶

茶黄蓟马为害嫩梢

茶黄蓟马为害叶片

生活习性

1年发生10～11代，田间世代重叠现象严重。卵期5～8天，若虫期5～8天，蛹期5～8天，成虫寿命7～25天。5—10月完成1个世代需11～21天。成虫较活跃，受惊后会弹跳飞起，1天中以9时至12时和15时至17时活动、交尾、产卵最盛，中午阳光强烈时多栖息于叶背和芽内，阴天全天活动，在嫩梢及嫩叶叶背取食为害。成虫无趋光性，但对色板有趋向性。以两性生殖为主，也能孤雌生殖，产下的卵也能孵化，其后代均为雄成虫。卵产于芽或嫩叶叶背表皮下。每头雌成虫产卵5～98粒，一般为35～62粒。若虫4龄；初孵若虫从叶内爬出后，栖息在芽内或在叶背活动；一至二龄若虫在嫩梢叶背锉破表面吸取汁液，二龄时食量最大，三龄时体色加深停止取食，开始沿枝干下爬至腰果根颈处及树干裂缝处，或落至土表进入四龄若虫期（即化蛹），有的也在枯叶内化蛹。成虫羽化后飞回嫩梢上取食为害。茶黄蓟马趋嫩性强。

防治方法

参考红带蓟马。

（三）黄胸蓟马 *Thrips hawaiinensis*（Morgan, 1913）

发生为害

黄胸蓟马属缨翅目（Thysanoptera）蓟马科（Thripidae）。在中国、越南、泰国、缅甸、马来西亚、印度、菲律宾、印度尼西亚等腰果种植区发生为害。除为害腰果外，还为害可可、槟榔、荔枝、番石榴、苹果、桑、棉花、玉米、月季花、野蔷薇、杜鹃、水仙、红背桂、珊瑚花、百合等。黄胸蓟马主要于腰果开花期在花器中活动取食，有利于传播花粉，但数量过多时，害大于益，破坏花器影响授粉。黄胸蓟马也会锉吸腰果的花、子房及幼果汁液，花被害后常留下灰白色的点状食痕。

形态特征

雌成虫体长1.2～1.4毫米。体淡至暗棕色，通常胸部淡橙黄色或淡棕色。头宽大于长。前胸略宽于头，前胸背板上布满交错横纹和鬃，前胸背板前角有短粗鬃1对，后角有短粗鬃2对。腹部背片前缘线暗棕色，腹部第二至七节各有12～16根副鬃。触角棕色，7～8节，第三节黄色，有时第四和第五节基部色略淡。翅狭长，周缘有较长的缨毛。前翅灰棕色，但基部的1/4色淡。足色淡于胸，尤以胫节呈显著黄色；股节较暗黄。体鬃和翅鬃暗棕色。单眼呈扁三角形排列于复眼间中、后部。单眼后鬃靠近后单眼，复眼后鬃在单眼后鬃之后围眼部另呈一横列。

雄成虫体黄色，比雌成虫略小，长0.9～1.0毫米。翅均无色、透明。触角7节，只有第三节淡黄色，其余均为褐色。

卵椭圆形，长约0.28毫米，宽约0.14毫米，淡黄色，半透明。

初孵若虫体长约0.4毫米，体白色，后变淡黄色至橘黄色，平均体长约0.7毫米。体型与成虫相似，无翅，眼较退化，触角节数较少，腹部稍尖。

黄胸蓟马背面　　　　　　　　　　　黄胸蓟马腹面

生活习性

1年发生10多代。成虫、若虫隐匿在花中，受惊时成虫会振翅飞逃。雌成虫产卵在花或花心以及叶表皮下面。高温、干旱有利于此虫大发生，多雨季节则较少发生。

防治方法

参考红带蓟马。

（四）烟蓟马 *Thrips tabaci* Lindeman, 1889

发生为害

烟蓟马属缨翅目（Thysanoptera）蓟马科（Thripidae）。在中国、印度、印度尼西亚、马来西亚等腰果种植区发生为害。除为害腰果外，还为害玉米、核桃、黄瓜、洋葱、棉花、葡萄、百合等。烟蓟马主要以若虫和成虫锉吸为害腰果叶片。

形态特征

雌成虫体长约1.1毫米。体暗黄色至淡棕色，触角第一节色较淡，第三至五节淡黄棕色，但第四至五节端部较暗，其余灰棕色。足胫节端部和跗节色淡。前翅淡黄色。腹部第二至八节背片较暗，前缘线栗棕色。体鬃和翅鬃暗。头部宽大于长；单眼前、后有横纹，颊略微拱；单眼在复眼间中后部。触角7节，第三至四节端部略细缩。胸部前胸宽大于长，背片布满横纹；中胸盾片有横纹，各鬃大小近似；后胸盾片前中部有横向条纹，其后有几个横、纵网纹，两侧为纵纹，前缘鬃在前缘上。腹部腹节第二至八节背片无鬃孔和中对鬃，两侧有横纹，腹片中部和两侧均有横纹。背片两侧和背侧片线纹上有众多纤细毛。

烟蓟马成虫

生活习性

1年发生约20代。若虫活动性不强，多在原孵化处及周围取食。成虫活跃、善飞，还可借助风力传播。成虫怕阳光直射，晴天多隐蔽在叶荫或叶鞘缝隙内，早晚、阴天和夜间才转移到叶面上进行为害，很少为害花。雌成虫将卵产于腰果叶片、茎或叶鞘的组织内部，每头雌成虫可产数十或百余粒卵。初孵化的若虫不太活泼，有群集为害习性。

防治方法

参考红带蓟马。

（五）腹突皱针蓟马　*Rhipiphorothrips cruentatus* Hood, 1919

发生为害

腹突皱针蓟马属缨翅目（Thysanoptera）蓟马科（Thripidae）。在中国、印度、斯里兰卡等腰果种植区发生为害。除为害腰果外，还可为害木槿、荔枝、龙眼、槟榔、芒果、榄仁树、厚皮树、玫瑰、葡萄等。腹突皱针蓟马主要以成虫和若虫为害叶片，使被害叶片正面产生灰白色的斑点，叶背呈现生锈般的红褐色，导致叶片卷曲并脱落。

形态特征

雌成虫体长约1.4毫米，雄成虫体长约1.2毫米。雌成虫体棕褐色，雄成虫腹部淡黄色、两侧呈淡红色。触角8节，黄色，第三、四节仅具有简单的感觉锥。头及前胸背板具不规则皱状刻纹。前翅无色，前缘缺缘缨及鬃，后缘缨直长，上、下脉与前、后缘紧接，无脉鬃。雄成虫腹部第四节两侧有一指状突。雌成虫第十腹节末端有1对扁钝的短鬃。

卵为灰白色、豆形，卵壳具有五角形网饰，卵长约0.26毫米，直径约0.12毫米。

初龄若虫体长约0.77毫米，初产时体透明，经24小时发育后转为粉红色。头部红棕色，复眼红色。触角长约0.26毫米，最后2节呈针状，末梢具刺毛。腹节共10节，呈淡粉红色，第十节具有环状排列的16条黑色长而厚的端刺毛。二龄若虫体长约1.35毫米，呈黄白色，触角长约0.4毫米，前胸有一条红色条纹，腹节砖红色。前蛹体长约1.24毫米，触角长约0.22毫米，翅芽黄白色，延伸到腹部第二节。蛹体长约1.51毫米，触角长约0.34毫米，第二节向后弯曲置于头部和胸背上，翅芽延伸到腹部第五节。

腹突皱针蓟马雌成虫（王朝红供图）　　　腹突皱针蓟马雄成虫（王朝红供图）

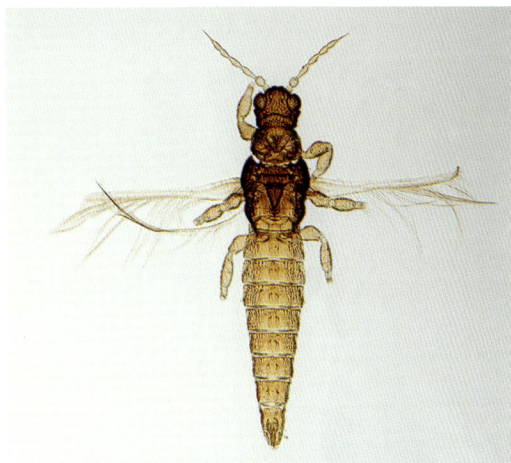

生活习性

雌成虫产卵于叶片、叶肉或果实组织内，每头雌成虫平均可产卵50粒。卵于3～8天后孵化，刚孵化的若虫经短暂静止期后则群聚于叶片下表皮、主脉、支脉、果蒂、果缝等隐蔽凹陷处。初龄若虫和二龄若虫行动较活泼，前蛹和蛹期虫行动迟缓不喜活动、不取食，常栖于叶片、果蒂、果缝等隐蔽处，受干扰会缓慢移动。若虫在寄主叶片上化蛹，蛹有移动能力。蛹于2～5天内转为成虫。

防治方法

参考红带蓟马。

（六）温室蓟马 *Heliothrips haemorrhoidalis*（Bouché, 1833）

发生为害

温室蓟马属缨翅目（Thysanoptera）蓟马科（Thripidae）。在中国、印度、斯里兰卡、越南、莫桑比克、坦桑尼亚等腰果种植区发生为害。除为害腰果外，还可为害茶、柑橘、桃、柿、芒果、葡萄、槟榔、金鸡纳、桑、巴豆、樟、棉花、柳树、变叶木、杜鹃等。温室蓟马主要以成虫和若虫为害腰果叶片和果实。

形态特征

雌成虫体长约1.3毫米，体棕色。触角第一至二节淡棕色，第三至五节及第六节基部1/3淡黄色，第六节端部2/3棕色，第七至九节淡黄色。足及翅淡黄色。头部宽大于长。颊在复眼后收缩，后缘收缩呈颈状。头背面布满大网纹，单眼区在复眼间前半部。头鬃均小。单眼间鬃在前后单眼中心连线上。触角8节，第二节粗大，第三至四节具上感觉锥，第二至六节上有横线纹，缺微毛。口锥端部宽圆，伸至前胸腹板近后缘。下颚须共2节。胸部宽是长的2倍，两侧较圆，布满网纹。中胸盾片完整，后部中间无纵缝，其上布满网纹。

温室蓟马雌成虫（王朝红供图）

后胸盾片倒三角形明显，两侧网纹轻。前翅前缘鬃退化，前脉鬃共14根，后脉鬃共8根，翅缘缨毛直。腹部腹节第二至八节两侧布满多角形网纹，前脊线前有横排网纹，中对鬃周围光滑无纹；第八节背片后缘梳完整，第九节布满多角形网纹，第十节纵裂完全，其上网纹模糊。

生活习性

1年发生可达12代以上。孤雌生殖。雌成虫羽化后4～6天才能产卵。单雌产卵量约为50粒，卵产于腰果叶片下表面，每粒卵覆盖一滴排泄液。卵16～22天后孵化，若虫一般在腹部末端有排泄液。成虫寿命约为35天。

防治方法

参考红带蓟马。

（七）榕管蓟马 *Gynaikothrips uzeli*（Zimmermann，1900）

发生为害

榕管蓟马属缨翅目（Thysanoptera）管蓟马科（Phlaeothripidae）。在中国腰果种植区发生为害。除为害腰果外，还为害榕树、人面子、龙船花、芒果、灰莉、变叶木、杜鹃、山榄、柑橘、桉等。榕管蓟马主要以成虫和若虫在腰果叶片和幼芽上取食为害，造成褐色斑点。

形态特征

成虫体长3～5毫米，体细长，黑色至黑褐色，尾端向上翘起，有光泽。头长约是宽的1.4倍，是前胸长的1.6倍。触角8节，第一、二节棕黑色或褐色，第三至六节及第七节基部黄色，第七节端部和第八节淡褐色，第三节最长。单眼区呈锥形隆起，有六角形网纹，单眼后有1对长毛，约等于单眼直径，无单眼间鬃。复眼大，后各有1对短鬃，外侧的1根略长。两颊光滑无刺，下颚针伸达复眼下方，相互不紧靠。锉吸式口器呈锥形，稍超过前胸片中部，端部宽圆。头的后方具细密横纹。前胸背片布满交错或扭曲的横纹，后缘角各有1条长鬃。中胸前基腹片发达，后胸背片有纵的交错纹及网纹。前胸背板前缘鬃与前角鬃短，与侧缘鬃及后缘鬃等长；后侧鬃长，其长度为前胸背板长度的1/2，鬃端钝。翅无色透明，羽缨状，前后翅翅缘呈平行状。前翅较宽，翅缘直，前缘基部有3条前缘鬃，翅中部不收窄。前足胫节大部分黄色，股节不增大，跗节内侧具小齿。中、后足胫节大部分褐色或黑褐色。腹部背片第一节板片三角形，第二至四节两侧具交错横纹，第二至七节背面两侧各有1对向内弯曲的粗鬃，其外侧各有短鬃5根以下。腹部末端略收窄，管状，管长是头长的1.2倍。产卵管锯状。雄成虫腹部第九节侧鬃及管状体均短于雌成虫。

卵椭圆形或肾形，初为白色透明，后变为淡黄色，发育到后期出现1对红色眼点。

　　一龄初孵若虫体小如针尖，颜色较浅，无色透明，随着发育变为乳白色，后变为黄色或乳黄色，无翅，有光泽。头胸部占身体比例较大，身体分节不明显。尾部末端有2根长为身体长度1/6的刚毛，尾管不明显。二龄若虫与一龄形态相似，都没有外生翅芽，足和口器等外形与成虫相似；随着取食身体颜色不断加深，由乳白色变为浅黄色，分节明显，头胸占的比例变小，触角第三、四节变长，尾管明显，发育后期尾管呈黑色，较活跃。三龄若虫产生大而明显的白色翅芽，不取食、不排泄，行动开始迟钝，历期比一、二龄短，刚蜕皮的三龄若虫身体与尾管颜色相同，随着时间的推移，尾管逐渐变黑。四龄若虫与三龄若虫的不同之处在于，触角伸长且向头背后弯，体色由黄色或乳黄色变成深色。此龄若虫的末期也称为伪蛹。

榕管蓟马卵

榕管蓟马若虫

榕管蓟马成虫

生活习性

　　1年发生12代。成虫和若虫喜欢群集为害。世代历期20～50天，世代重叠严重，几乎常年都可见成虫、若虫和卵。一般干旱季节为害猖獗，高温、低温和多雨等均不利其发生，特别是持续降雨或暴雨。成虫腹部有向上翘动的习性，一般爬行到别处取食或转移到叶片为害，只有受惊时才飞行。卵分批产出，不规则。每头雌成虫可产卵25～80粒。卵历期2～20天，温度越高历期越短，夏季高温达35℃以上时卵发育减慢，达37℃

以上卵停止发育。卵发育后期出现红色眼点，预示将要孵化。榕管蓟马飞翔距离较短，自身传播能力有限。

▶ 防治方法

参考红带蓟马。

（八）榕腿管蓟马 *Mesothrips jordani* Zimmermann, 1900

▶ 发生为害

榕腿管蓟马属缨翅目（Thysanoptera）管蓟马科（Phlaeothripidae）。在中国腰果种植区发生为害。除为害腰果外，还为害榕树、芒果、柑橘、桉等。榕腿管蓟马主要以成虫和若虫锉吸为害腰果叶片和嫩梢，造成褐色斑点。

▶ 形态特征

成虫体深褐色或黑褐色，长3.0～4.3毫米。触角8节，第一至二节暗褐色，第三至六节基部黄色，端部淡褐色，第七、八节褐色，触角第三、四节最长且等粗。单眼周围呈黑褐色，单眼后的1对短鬃长为单眼直径的1/3。单眼间鬃在单眼三角连线的外缘。复眼后各有1根长鬃短于复眼长度。头部后方明显收窄，颊具瘤刺。下颚口针之间分离，口锥钝圆。前胸背板前侧角、中侧角和后侧角各有1根长鬃，鬃端部尖锐。前足股节特别膨大，胫节黄色，跗节内侧有一粗齿；整个跗节像伸出拇指的拳头，中后足胫节呈褐色。前翅中央略收窄，无色。腹部第二至七节背面、两侧各有1对向内弯曲的梳翅鬃，形成槽状，翅平放于槽内。弯曲粗鬃的外侧各有5～13根短鬃。腹部第十节呈管状，尾管基粗端细，略短于头长，肛鬃与尾管等长。

榕腿管蓟马成虫

▶ 生活习性

1年发生约12代。成虫和若虫喜欢群集为害。

防治方法

参考红带蓟马。

（九）丽瘦管蓟马 *Gigantothrips elegans* Zimmermann, 1900

发生为害

丽瘦管蓟马属缨翅目（Thysanoptera）管蓟马科（Phlaeothripidae）。在中国、泰国、缅甸、柬埔寨、越南、印度、印度尼西亚、菲律宾等腰果种植区发生为害。除为害腰果外，还为害榕树、芒果、柑橘、桉等。丽瘦管蓟马主要以成虫和若虫锉吸为害腰果叶片和嫩梢。

形态特征

成虫体黑褐色至黑色，细长，体长4.8～6.0毫米。触角共8节，一至二节基部黑色，三至六节基部黄色、端部褐色，七至八节褐色，第三节最长。前足股节稍膨大，褐色。前足胫节、跗节端半部均为黄色，跗节内侧具一明显的齿突。翅色微黄，端半部略暗。头和前胸的长鬃、翅基鬃、腹部各节长鬃均为黄色至暗黄色。头部复眼突出，两颊近乎直，单眼区隆起似蛇头，并有网纹，眼后至后缘布满横纹。单眼近乎三角形排列。前胸

丽瘦管蓟马背面

丽瘦管蓟马腹面

背片布满横纹、扭曲线纹或网纹，亦有光滑区。中胸盾片除后部一段光滑外，布满横线纹和网纹，其中有极短的蠕虫状皱纹。后胸盾片除两侧光滑外，中部密布纵线纹和网纹，其中亦有极短的蠕虫状皱纹。腹部第一节背片的盾板呈三角形，前角平，中部网纹粗糙，纹中具极短的蠕虫状皱纹，两侧网纹细而大。雄成虫体色一般与雌成虫相似，但腹部第九节中侧鬃短于背中鬃和侧鬃，体长约5.5毫米。

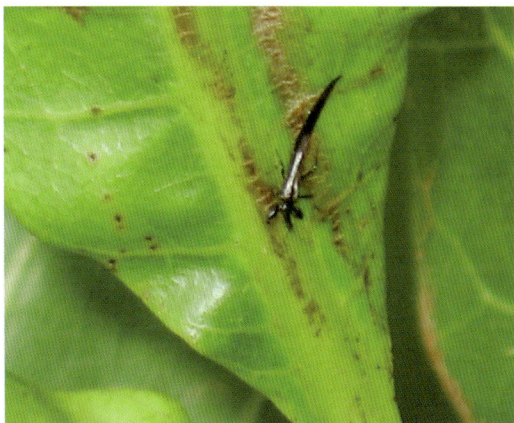

丽瘦管蓟马为害叶片

◆ 生活习性

1年发生约10代。成虫和若虫喜欢群集为害。

◆ 防治方法

参考红带蓟马。

（十）华简管蓟马　*Haplothrips chinensis* Priesner, 1933

◆ 发生为害

华简管蓟马属缨翅目（Thysanoptera）管蓟马科（Phlaeothripidae）。在中国腰果种植区发生为害。除为害腰果外，还为害扁豆、李、桃、猕猴桃、胡萝卜、柑橘、百合、马铃薯、月季花、蓖麻、荞麦、枸杞、茶、麦冬、葱、洋葱、白菜、菠菜、棉花、高粱、水稻、小麦、玉米、芒果等。华简管蓟马主要以成虫和若虫锉吸为害腰果叶片和花。

◆ 形态特征

雌成虫体长约1.7毫米，体暗棕色至黑色，触角第三至六节黄色，前足胫节和跗节黄色，翅无色，体鬃较暗。头背横纹轻微，除复眼后鬃外，其他鬃均细小。复眼后鬃端部扁钝，短于复眼。触角共8节，第一节长为宽的1.8倍。口锥短宽但端部较窄。口针细，缩至头内复眼后，中部间距较宽。边缘鬃毛除后缘鬃短小而尖外，其他均较长，端部扁钝。中胸前小腹片中峰不高而尖。缺前足跗齿。第一节背片的盾板呈三角形，内部除两侧纵线外，还有几个网纹。

雄成虫与雌成虫相似，但体型较小，前足跗节有齿，第九节中侧鬃较短。体长约1.4毫米。

华简管蓟马背面

华简管蓟马腹面

生活习性

1年发生约10代。1代历期20～32天，世代重叠。成虫存活58天左右，卵期4～8天，一龄8～15天，二龄8～15天，前蛹及蛹期历期3～6天。产卵前期3～7天。每头雌成虫平均产卵量为18～25粒。有趋花习性。

防治方法

参考红带蓟马。

07

第七章
直翅目害虫

（一）红褐斑腿蝗　　*Diabolocatantops pinguis*（Stål, 1861）

发生为害

红褐斑腿蝗属直翅目（Orthoptera）斑腿蝗科（Catantopidae）。在中国、泰国、印度、斯里兰卡、缅甸、印度尼西亚等腰果种植区发生为害。除为害腰果外，还为害水稻、甘蔗、小麦、棉花、油棕、玉米等。红褐斑腿蝗主要以成虫和若虫取食为害腰果叶片，造成叶片缺刻。

形态特征

成虫体呈黄褐色或褐色。前胸背板侧片无黑色斑纹，或有时具黑色小斑点。后胸前侧片具1条黄色斜纹。后足股节外侧呈黄色或黄褐色，具1～2个到达或不到达中部的黑褐色斑纹。体内侧红色、黄色或橙红色，具3个分开的黑色斑纹（有的个体其基部和中部的斑纹连成纵纹）；内下侧红色。后足胫节红色、黄色或橙红色。雄成虫体长25～27毫米，体型中等。头短于前胸背板，头顶略向前倾。复眼长卵形。触角丝状，通常不到达或刚到达前胸背板的后缘。前胸背板近圆柱状，中隆线低而细，3条横沟明显。前胸腹板突近圆柱状，直或微后倾，顶端钝圆。中胸腹板侧叶间的中隔在中部缩狭，中隔的长度为其最狭处的3～4倍。后胸腹板侧叶相互毗连。前翅发达，超过后足股节的端部，其超出部分近等于或不及前胸背板长的一半。尾须向上曲，基部宽，顶端略膨大，呈圆形。肛上板三角形，基部具纵沟。下生殖板锥形，顶端尖。雌成虫体较大，体长31～35毫米。后足股节较短粗。产卵瓣短，略弯曲，上产卵瓣的上外缘具若干个小齿。下生殖板长方形。

卵较直立或略弯曲，中部较粗，长4.0～5.6毫米，宽1.2～1.5毫米，土黄色或粉红色，卵壳厚而坚硬，表面粗糙。

红褐斑腿蝗若虫

红褐斑腿蝗成虫

红褐斑腿蝗交尾

生活习性

1年发生1代。雌成虫交尾后15～20天开始产卵。产卵多在10时至15时，阴雨天不产卵。蝗卵孵化多在9时至14时，10时至12时最多，每块卵从孵化到结束需5分钟左右，雨天不孵化。蝗蝻四龄后取食量显著增加，成虫期食量为蝗蝻的3～7倍。蝗蝻经6次蜕皮后羽化为成虫。一般以11时至15时蜕皮羽化较多，早晨和傍晚极少。夜间或雨天不蜕皮羽化。无风、潮湿闷热或阴雨转晴时蜕皮羽化较多。红褐斑腿蝗具扩散、迁移习性，低龄蝗蝻扩散迁移能力弱，扩散距离短，老龄蝗蝻扩散迁移能力强。

防治方法

农业防治：结合修剪，清除枯枝落叶和杂草，恶化成虫生境，可有效降低成虫存活率，抑制翌年种群数量增殖。于成虫产卵盛期和卵孵化前，对果园进行中耕，使土壤中的卵受到机械破坏或暴露地表干死，降低孵化率。

物理防治：可利用红褐斑腿蝗的趋化性、趋光性进行诱杀。也可利用激光辐射改变红褐斑腿蝗的活动性，使红褐斑腿蝗致畸或绝育。

生物防治：红褐斑腿蝗天敌有鸟、青蛙、蜘蛛、螳螂、甲虫、寄生蝇、寄生蜂等，应注意保护和利用。

化学防治：在蝗蝻为害关键期，选用0.3%印楝素乳油1 500 ~ 2 000倍液、4.5%高效氯氰菊酯乳油2 000 ~ 3 000倍液、2.5%溴氰菊酯乳油2 000 ~ 3 000倍液或5%吡虫啉乳油1 000 ~ 2 000倍液进行防治。

（二）棉蝗　*Chondracris rosea*（De Geer, 1773）

发生为害

棉蝗属直翅目（Orthoptera）斑腿蝗科（Catantopidae）。在中国、印度、缅甸、斯里兰卡、泰国、柬埔寨、越南、菲律宾等腰果种植区发生为害。除为害腰果外，还为害柿、油桐、蒲葵、芒果、菠萝、胡椒、剑麻、油茶、柑橘、橄榄、茉莉花、刺槐、柠檬桉、扁桃、龙眼、木麻黄、棉花、甘蔗、玉米等。棉蝗主要以成虫和若虫为害腰果叶片，造成叶片缺刻或产生孔洞，发生严重时可吃光叶片。

形态特征

棉蝗体色通常为青绿色或黄绿色，后翅基部玫瑰色，后足股节内侧黄色，后足胫节红色，胫节齿基部黄色，顶端黑色。雄成虫体长50 ~ 60毫米，体型颇粗大，具较密的长绒毛和粗大刻点。头大而短，几乎与前胸背板沟后区的长度相等。头顶宽短，顶端钝圆，无中隆线。复眼呈长卵形。触角丝状，细长，超过前胸背板的后缘，通常有24节。前胸背板前缘较平，后缘呈直角形。前、后翅均发达。前翅较宽，顶端宽圆。后翅略短于前翅，透明。尾须略向内曲，顶端尖锐。雌成虫体长68 ~ 95毫米，体型明显大于雄成虫。后胸腹板侧叶的后端分开较宽。下生殖板短圆锥形，顶端钝圆。产卵瓣粗短，上产卵瓣钩状，下产卵瓣的下外缘基部具较大的齿。

卵长椭圆形，中间稍弯，初产黄色，后棕褐色。卵块长圆柱形，卵粒不规则堆积于卵块的下面。

初孵若虫淡绿色，头特大。若虫6龄，极少数雌蝻7龄。老熟若虫青绿色，头、前胸大。复眼突出，卵圆形，前胸侧板3条横线明显。

生活习性

1年发生1代。成虫交尾高峰期在7月中下旬。交尾多在8时至17时进行，有多次交尾的习性，每次历时3 ~ 8小时不等。受外界骚扰时，并不立即离散，交尾后继续取食。产卵高峰期在7月下旬至8月中旬，多在每日11时至13时产卵。产卵时用产卵瓣掘土成穴，将腹部完全插入土中。产卵穴深70 ~ 100毫米，历时1小时左右，排出乳白色胶状物堆积在卵块上部。每头雌成虫一生产卵1 ~ 3块，先产的卵块卵粒多。成虫寿命一般为

棉蝗低龄若虫

棉蝗成虫正面

棉蝗成虫侧面

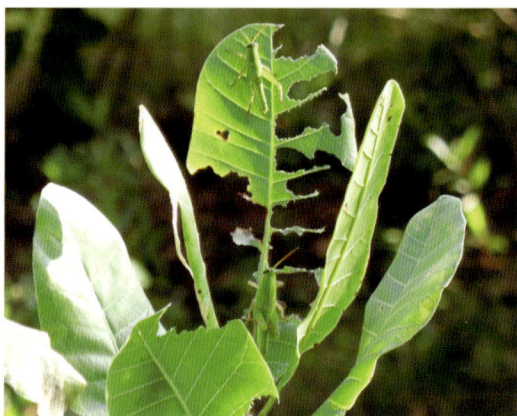
棉蝗若虫为害叶片

35～45天。二龄前的跳蝻食量小，只取食叶肉或小枝条的表皮，三龄以后食量逐渐增大，五龄后期至成虫交尾前食量最大，大发生时常将整个叶片和嫩枝食光。二龄前的跳蝻群聚性最强，三龄后逐渐上树为害，群聚性减弱，五至六龄后开始大量分散取食，成虫期扩散更广。

防治方法

参考红褐斑腿蝗。

（三）塔达刺胸蝗 *Cyrtacanthacris tatarica* (Linnaeus, 1758)

发生为害

塔达刺胸蝗属直翅目（Orthoptera）斑腿蝗科（Catantopidae）。在中国、泰国、柬埔寨、越南、印度、斯里兰卡、莫桑比克、马达加斯加等腰果种植区发生为害。除为害腰果外，还为害香蕉、甘蔗、高粱、棉花、水稻、小麦、花生、蓖麻、芝麻、烟草等。塔达刺胸蝗主要以成虫和若虫为害腰果叶片。

形态特征

成虫虫体黄褐色。复眼下方具1条不明显暗纵纹。沿前胸背板中隆线向后直达前翅具1条宽的黄色纵条纹。前胸背板背面具黄条纹，两侧近前缘和后缘各具2个黑色斑纹，前胸背板侧叶靠近下缘处具1个黑色长斑纹。前翅除散布黑色斑纹外，在靠近中部处具2个黑色斜斑纹。后足股节黄褐色，上侧具2个黑色斑纹，外侧上隆线近乎黑色。后足胫节黄褐色。

雄成虫体型大，体长40～42毫米。颜面垂直，颜面隆起全长明显，两侧近乎平行，中眼上下部明显凹陷。触角丝状，其顶端略超出前胸背板后缘。复眼卵形，其垂直直径为水平直径的1.5倍，并为眼下沟长的2倍。头侧窝不显。前胸背板前缘平直，后缘呈钝角突出，被3条横沟切断，沿中隆线略呈屋脊状隆起，后横沟位于中部，侧隆线缺失。前胸腹板突中部膨大，侧面略扁，自中部起明显向后弯曲，到达中胸腹板的前缘。前、后翅非常发达，前翅端部圆形，长达后足胫节中部。中胸腹板侧叶长大于宽，中隔长大于宽。后胸腹板侧叶在后端分开，不毗连。后足股节粗壮，其长约为最大宽度的4.5倍，上侧中隆线和外侧上隆线均具细齿。后足胫节上侧内缘具8个刺，具内端刺，外缘具6个刺，缺外端

塔达刺胸蝗成虫背面

塔达刺胸蝗成虫侧面

塔达刺胸蝗成虫为害叶片

刺。鼓膜器发达。肛上板近乎长三角形。尾须锥形，基部较宽，端部较细，略不到达肛上板部。下生殖板锥形，基部较粗，端部较细。

雌成虫体较雄成虫大而粗壮，体长50～56毫米。触角较短，刚到达前胸背板的后缘。复眼的垂直直径为水平直径的1.7倍，并为眼下沟长的1.4倍。后足股节长为最宽处的4.7倍。产卵瓣粗短，边缘较光滑，端部略呈钩状，其余特征与雄成虫相似。

生活习性

1年发生1代。

防治方法

参考红褐斑腿蝗。

（四）长额负蝗　*Atractomorpha lata*（Motschulsky, 1866）

发生为害

长额负蝗属直翅目（Orthoptera）锥头蝗科(Pyrgomorphidae)。在中国腰果种植区发生为害。除为害腰果外，还为害水稻、苍耳、红蓼以及豆类和麻类等。长额负蝗以成虫为害腰果叶片。

形态特征

雄成虫体长21～25毫米，雌成虫体长30.0～40.5毫米。雄成虫前翅长22～23毫米，雌成虫前翅长29.0～36.5毫米，体型较粗壮。体长为宽的5～8倍。虫体呈绿色、黄绿色或淡黄色。自复眼后下方沿前胸背板侧片的底缘略具淡红色纵条纹和淡色圆形颗粒，有时条纹可达中足的基部。头锥形，顶端较尖。颜面向后倾斜，和头顶组成锐角。颜面隆起较窄，具明显的纵沟。头顶颇向前突出，自复眼的前缘到头顶顶端的距离，为复眼直径的1.45～1.75倍。触角粗短，剑状，不到达或刚到达上唇的端部，基部与侧单眼的距离略大于触角柄节的宽度。复眼长卵形，垂直直径为

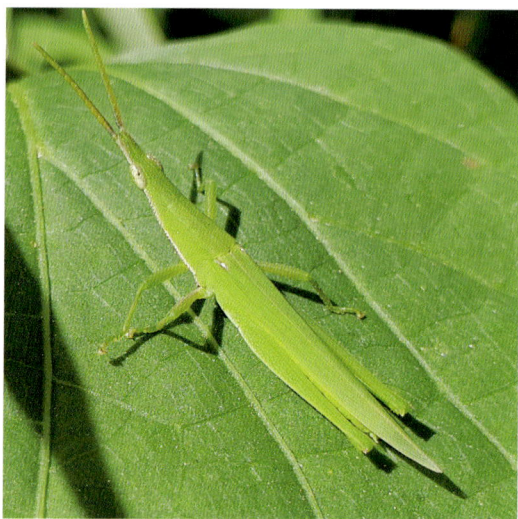

长额负蝗成虫

水平直径的1.5～1.7倍。前胸背板具低、细的中隆线和侧隆线，3条横沟都割断中隆线，

后横沟位于中部之后，沟前区的长度为沟后区长的1.4～1.6倍；前缘较直，后缘沿中隆线处具小的三角形凹口。前胸背板侧片的后缘域无膜，后缘凹入，后下角为锐角。前胸腹板突向后倾斜，长方形。前翅较长，后翅短于前翅。雄成虫肛上板呈狭长三角形，尾须呈圆锥形。雌成虫产卵瓣长，顶端略呈钩状，产卵瓣的上外缘具细齿。

生活习性

1年发生1代，成虫在土里产卵。

防治方法

参考红褐斑腿蝗。

（五）中华剑角蝗　*Acrida cinerea*（Thunberg, 1815）

发生为害

中华剑角蝗属直翅目（Orthoptera）剑角蝗科（Acrididae）。在中国腰果种植区发生为害。除为害腰果外，还为害玉米、高粱、小麦、马唐、狗牙根、狗尾草、芦苇、獐毛、白菜、萝卜、甘薯等。中华剑角蝗主要以成虫和若虫取食为害腰果叶片，造成叶片缺刻或出现孔洞，严重为害时吃光叶片。

形态特征

成虫虫体绿色或褐色。绿色个体在复眼后、前胸背板侧面上部、沿前翅肘脉域具淡红色纵条，褐色个体前翅中脉域具黑色纵条，中闰脉处具1列淡色短条纹。后翅淡绿色。后足股节和胫节绿色或褐色。

雄成虫体长30～47毫米，体中大型，头圆锥形。颜面极倾斜，颜面隆起极狭，全长具纵沟。头顶突出，顶圆，自复眼前缘到头顶顶端的长度等于或略短于复眼纵径。触角剑状。复眼长卵形。前胸背板宽平，具细小颗粒，侧隆线近直，在沟后区向外开张，后横沟位于背板中部稍后处，在侧隆线间变直，不向前呈弧形突出，侧片后缘较凹入，下部具有几个尖锐的结节，侧片后下角呈锐角，向后突出。中胸腹板侧叶间相隔长度大于最狭处的2.5～3.0倍。前翅发达，雄成虫前翅长25～36毫米，雌成虫前翅长47～65毫米，前翅顶尖锐，长度超过后足股节的顶端。雄成虫后足股节长20～22毫米，雌成虫后足股节长40～43毫米，后足股节上膝侧片顶端内侧刺长于外侧刺。跗节爪间中垫长于爪。鼓膜片内缘直，角圆形。下生殖板较粗，上缘直，上下缘组成45°角。

雌成虫体长58～81毫米，体大型，粗壮。头顶突出，顶圆，自复眼前缘到头顶顶端的长度等于或大于复眼的纵径。下生殖板后缘具3个突起，中突与侧突几乎等长。其余特征同雄成虫。

中华剑角蝗成虫背面

中华剑角蝗成虫侧面

生活习性

蝗蝻6龄，一至五龄各历期差异较小，均在13～15天，六龄历期较长，需18～19天。整个蝗蝻历期85～90天，羽化至交尾13～14天，交尾后15天左右产卵。产卵期约为30天。成虫历期一般约为60天。三龄前蝗蝻食量较小，四龄后显著增加。每次蜕皮和羽化后，停食约2小时，蜕皮和羽化前后均有暴食现象。成虫一般在8时至10时和16时至18时取食较多。成虫有多次交尾现象，每次交尾时间差异较大，最短几分钟，最长1.7小时。成虫一生可交尾7～12次。天气晴朗交尾最盛，阴天时交尾很少，雨天不交尾。每头雌成虫产卵1～4块，卵块长40～90毫米，每块卵有卵粒60～120粒，平均每头雌成虫产卵226粒。

防治方法

生物防治：中华剑角蝗天敌种类较多。卵期主要有中国雏蜂虻、寄生蜂和豆芫菁幼虫。蝻期与成虫期的天敌有蜘蛛类、蚂蚁类、螳螂类、蛙类和鸟类。应注意保护利用天敌，特别是对中国雏蜂虻、蜘蛛类、蛙类、鸟类的保护。

化学防治：可用0.3%印楝素乳油1 500～2 000倍液、4.5%高效氯氰菊酯乳油2 000～3 000倍液、2.5%溴氰菊酯乳油2 000～3 000倍液或5%吡虫啉乳油1 000～2 000倍液进行防治。

（六）巨拟叶螽 *Pseudophyllus titan* White, 1846

发生为害

巨拟叶螽属直翅目（Orthoptera）螽斯科（Tettigoniidae）。在中国腰果种植区发生为害。除为害腰果外，还为害榕树、无花果等。巨拟叶螽主要以成虫和若虫咬食腰果叶片。

形态特征

雄成虫体大型，体长约10厘米，粗壮。头甚短，头顶角形，基部隆起，末端略微弧形，超出触角窝内侧部分片状隆起，背面具1条纵沟。前胸背板具2条较深的横沟，横沟周围具小且明显的锥形突起，后横沟位于中部之前；前缘光滑，后缘具颗粒状突起，呈钝角形突出。侧片边缘略向外侧倾斜，锯齿状，高大于长，前缘基半部较直，端半部弧形，后缘近直，腹缘钝圆。前胸腹板无刺。中胸腹板横宽，前侧角具1个显著刺突。后胸腹板梯形，向端部趋狭，侧缘基部1/5处突出成刺。前翅前缘近弧形，短于后翅。雄成虫臀域中等宽，发声脉短于前胸背板。前足股节背面无刺，腹面内、外各具刺5枚。前足胫节具6枚内刺，7枚外刺；中足股节背面具3～4枚极小的刺，腹面具5～6枚外刺，4～5枚内刺，外侧刺大于内侧刺；中足胫节背面具3枚明显大刺，端部具1枚小刺，腹面具2～4枚外刺，5～6枚内刺；后足股节背面具11～12枚弯刺，腹面具9～10枚外刺，9～12枚内刺；后足胫节具8枚内刺，9～11枚外刺。肛上板三角形。尾须较粗壮，末端尖，具一小齿，左右相对，指向内侧。下生殖板长大于宽，基部宽，向端部趋狭，末端特化为杆状后突。腹突呈长椭圆形，稍长于下生殖板末端杆状后突。

巨拟叶螽若虫背面

巨拟叶螽若虫侧面

生活习性

1年发生约1代。不善跳跃，但善于飞行。若虫喜聚集取食嫩叶。成虫寿命约为110天。

防治方法

参考红褐斑腿蝗。

（七）双叶拟缘螽 *Holochlora bilobate*（Karny, 1926）

发生为害

双叶拟缘螽属直翅目（Orthoptera）螽斯科（Tettigoniidae）。在中国腰果种植区发生。除为害腰果外，还为害芒果、扁桃、荔枝、龙眼、番石榴、石榴、蒲桃、月季花、紫薇、木槿、小叶女贞、白兰等。双叶拟缘螽主要以成虫和若虫取食腰果嫩叶，还可将卵产在腰果枝条，造成机械损伤。

形态特征

雄成虫体长22～25毫米，雌成虫体长32～37毫米。成虫虫体绿色至淡绿色，触角深褐色，基部浅绿色，前翅绿色，足淡绿色。头短，头顶三角形突出，中央具纵沟。复眼卵圆形突出。触角细长。前胸背板前缘平直，后缘圆弧形突出，背面较平坦，背板中部具一V形横沟，侧隆线不明显；背侧板高度大于长度，圆弧形，后缘略突出。前翅明显短于后翅，其长度明显超过后足股节膝部，前缘脉甚明显，亚缘脉和径脉在基部略分开，

双叶拟缘螽成虫

接着较紧密地靠拢，在中部之后渐分开。径分脉在径脉中部分出，具分叉，分叉部分是不分叉部分长度的2倍，其后支不与中脉合并。前足胫节具明显背沟，内侧听器关闭，外侧开放；前足股节腹面内隆线具刺5个；中足股节腹面外隆线具刺3个；后足股节腹面外隆线具刺5个，内隆线具刺6个，内外侧的下膝侧片各具刺2个。雄成虫尾须呈圆锥形，顶端向内侧弯。下生殖板长度明显大于基部宽，从侧面观向上翘，从腹面观自中部深裂成两窄叶，刺突圆柱形，顶略尖。雌成虫下生殖板三角形，具中隆线，端部略平；产卵瓣宽阔，向上弯，基部黄褐色，具横隆褶，近端部黑褐色，背产卵瓣端部尖锐，上缘锯齿状，侧面近端部具5行黑锯齿，其中上侧2行齿较粗大，腹产卵瓣内外缘近端部各具1行黑锯齿。

若虫体草绿色，体型较粗短。触角细长，第一至二节浅红褐色，从第三节起至近端部各节，在各节间相接处具淡黄色环。足细长，后足股节膝部黑色。尾须锥形，大部密被细颗粒和长绒毛，近端部1/5处明显趋细。

生活习性

1年发生1代。双叶拟缘螽成虫多在20时至22时产块状卵。一般每头雌成虫产卵量为128 ～ 183粒，最高达228粒。成虫在夜间羽化，羽化后第二天晚上开始取食。成虫白天隐蔽，其活动、取食、交配、产卵均在黄昏至午夜进行。成虫羽化后30 ～ 35天开始交配，交配后15 ～ 25天开始产卵，产完卵后一般经8 ～ 16天陆续死亡，成虫寿命可达85 ～ 102天，最长达112天。成虫有一定的飞翔能力，可在各种寄主上转移为害或产卵。雌成虫无趋光性，而雄成虫则有弱趋光性。

防治方法

参考红褐斑腿蝗。

（八）日本条露螽 *Ducetia japonica* (Thunberg, 1815)

发生为害

日本条露螽属直翅目（Orthoptera）螽斯科（Tettigoniidae）。在中国腰果种植区发生为害。除为害腰果外，还为害桑、柑橘及豆类等。日本条露螽主要以成虫和若虫取食腰果叶片。

形态特征

成虫虫体绿色。前翅后缘带褐色。雄成虫体长16 ～ 21毫米，雌成虫体长19 ～ 23毫米。雄成虫前胸背板长3.1 ～ 4.7毫米，雌成虫前胸背板长3.5 ～ 5.6毫米。雄成虫前翅长22.5 ～ 32.0毫米，雌成虫前翅长24.0 ～ 33.5毫米。雄成虫后足股节长15.0 ～ 26.5毫米，雌成虫后足股节长20.0 ～ 33.5毫米，产卵瓣长5.2 ～ 6.5毫米。复眼卵圆形，突出。前胸背板缺侧隆线。侧片长大于高，肩凹不明显。前翅狭长，向

日本条露螽成虫

端部趋狭。径脉具4 ～ 6支近乎平行的后分支，径分脉不分叉。后翅长于前翅。前足基节具短刺；前足胫节背面具沟和距。内、外听器均为开放型。各足股节腹面均具刺，后足股节背面端部有时具1个小刺，膝叶具2个刺。雄成虫第十腹节背板后缘截形，肛上板三

角形。雄成虫尾须微内弯，端部1/3呈斧形，腹缘具隆脊。雄成虫下生殖板狭长，端部深裂呈两叶，裂叶毗连，从侧面看端半部向上弯曲。雌成虫尾须较短，圆锥形，下生殖板三角形，端部钝圆；产卵瓣侧扁，强向上弯曲，背缘和腹缘具钝的细齿。

生活习性

1年发生约2代。成虫可重复交配多次。卵产在腰果叶片、嫩梢上。

防治方法

参考红褐斑腿蝗。

（九）东方蝼蛄 *Gryllotalpa orientalis* Burmeister, 1838

发生为害

东方蝼蛄属直翅目（Orthoptera）蝼蛄科（Gryllotalpidae）。在中国、印度、印度尼西亚、菲律宾等腰果种植区发生为害。除为害腰果外，还为害柏树、榆树、槐、桑、梨、苹果、花生、甘蔗、小麦、大麦、燕麦、水稻、玉米、马铃薯和甜菜等。东方蝼蛄主要以成虫和若虫咬食腰果幼苗的根部和嫩茎，在表土层串成纵横交错的隧道，使苗根与土壤分离，影响幼苗生长，并导致死亡。

形态特征

雌成虫体长31～35毫米，雄成虫体长30～32毫米。体灰褐色，腹部色较浅，全身密布细毛。头圆锥形，暗黑色。触角丝状，黄褐色。复眼椭圆形，红褐色。单眼3个。前胸背板卵圆形，中间具1个暗红色长心脏形凹陷斑。前翅灰褐色，较短，仅达腹部中部。后翅扇形，较长，超过腹部末端。腹末具1对尾须。后足胫节背面内侧有4个距。

卵椭圆形，长约2.2毫米，宽1.5毫米左右。初产时乳白色，渐变为黄褐色，近孵化时呈暗紫色。

若虫8～9龄。初孵若虫乳白色，体长4毫米左右，蜕皮后淡黄褐色，复眼淡红色，头、胸及足为暗褐色至深褐色，腹部淡黄色。三龄后体色和成虫相似。老熟若虫体长27毫米左右，黄褐色。

生活习性

1年发生1代。卵多产于20～30厘米的表土层土室内，每室30～50粒。每头雌成虫可产卵33～250粒，卵期15～20天。初孵若虫有群集性，长大后分散活动。成虫昼伏

东方蝼蛄卵室

东方蝼蛄初孵若虫

东方蝼蛄若虫

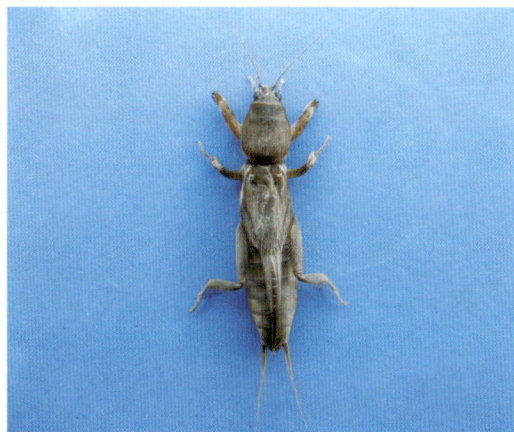

东方蝼蛄成虫

夜出，趋光性较强，一般阴天的白天，或灌水、下雨后活动最盛。

防治方法

物理防治：利用成虫较强趋光性，夜间进行灯光诱杀。

生物防治：喜鹊及黑枕黄鹂等食虫鸟类是蝼蛄的天敌，应注意保护和利用，招引益鸟栖息繁殖以消灭蝼蛄。

化学防治：4.5%高效氯氰菊酯乳油2 000 ～ 3 000倍液或50%辛硫磷乳油1 000 ～ 1 500倍液对东方蝼蛄有较好防效。也可将5千克豆饼或麦麸炒香，或5千克秕谷煮熟晾至半干，再用90%敌百虫原药150克兑水将毒饵拌潮，每亩*用毒饵1.5 ～ 2.5千克撒在腰果苗床上。

---

* 亩为非法定计量单位，1亩=1/15公顷。全书同。——编者注

（十）大蟋蟀 *Tarbinskiellus portentosus*（Lichtenstein, 1796）

发生为害

大蟋蟀属直翅目（Orthoptera）蟋蟀科（Gryllidae）。在中国、印度、马来西亚等腰果种植区发生为害。除为害腰果外，还为害柑橘、荔枝、龙眼、枇杷、桃、李、梅、柿、罗汉果、桉、橡胶、金鸡纳、木薯、玉米、花生等。大蟋蟀主要以成虫和若虫咬断腰果幼苗茎基部，造成严重缺苗现象。

形态特征

成虫体长40～45毫米，体呈黄褐色或暗褐色。头较前胸宽，触角丝状，较体稍长。前胸背板中央有一纵线，其两侧各有一横向圆锥形斑纹。后足腿节强大，胫节粗，具2排刺，每排有刺4～5个。雄成虫前翅纵脉粗，弯曲隆起；雌成虫纵脉较细，直且平滑。雌成虫产卵器管状，长5～8毫米。

卵圆筒形，稍弯曲，淡黄色，长4.6毫米左右。

若虫与成虫相似，色较浅。一龄体长5.4～6.1毫米。二龄体长6.5～10.1毫米，翅芽开始微露。三龄体长11.1～13.5毫米，翅芽略显，稍向下后方伸展，色稍加深。四龄体长12.0～21.2毫米，翅芽较显著，前翅芽乳头状，后翅芽略呈三角形。五龄体长17～29毫米，前翅芽略向后斜，后缘基部有显著凹陷。六龄体长28～33毫米，翅芽后伸于胸部背面，前翅芽略呈心脏形，伸达后胸，后翅芽呈三角形，伸达第二腹节。七龄

大蟋蟀田间土室口

大蟋蟀若虫

大蟋蟀雌成虫

大蟋蟀雄成虫

体长35～38毫米，两前翅芽左右相接，伸达第二腹节，后翅芽三角形，伸达第三腹节。

生活习性

1年发生1代。若虫期7～9个月。成虫寿命2～3个月，卵期20～25天。大蟋蟀为穴居性昆虫，昼伏夜出，性凶猛，能相互残杀。除初孵若虫外，成虫、若虫各自掘洞穴，一虫一洞独居，雌雄交尾时同居一穴。卵产于雌成虫居住的洞穴底部，一堆20～50粒。每头雌成虫可产卵150～200粒。初孵若虫常20～30头暂时群居于雌成虫穴中，取食母虫储备的碎叶等食物，稍大后即分散自行觅食，潜居于土块下或缝隙中，随后各自挖掘新穴独居。大蟋蟀常在洞口附近觅食，除就地为害腰果外，还将腰果幼苗嫩茎切断拖回洞穴啃食，或作为贮备。

防治方法

农业防治：在雨水多的季节，用锄头挖开洞口，常易找到且杀死虫体。

化学防治：用炒过的花生麸或米糠5千克，拌入用适量热水溶解的90％敌百虫原药50克，使饵料呈豆渣状，即成毒饵。选择闷热无雨的傍晚，在各个大蟋蟀洞穴口的松土堆上放1粒花生米大小的毒饵，当大蟋蟀一出洞取食即被诱杀，效果显著。用南瓜或菜叶切碎作饵料配制毒饵，可以获得同样效果。

第八章

其他害虫

（一）橘小实蝇 *Bactrocera dorsalis*（Hendel, 1912）

发生为害

橘小实蝇属双翅目（Diptera）实蝇科（Tephritidae）。在中国、印度、斯里兰卡、缅甸、泰国、老挝、越南、柬埔寨等腰果种植区发生为害。除为害腰果外，还为害番石榴、芒果、桃、香蕉、苹果、百香果、番荔枝、香橙、柑橘、柚、柠檬、杏、枇杷、柿、蒲桃、葡萄、鳄梨、石榴、无花果、黄皮、榴莲、西瓜、辣椒、番茄、番木瓜等。橘小实蝇主要以成虫吸食腰果果梨，但还未见成虫在腰果果梨内产卵且孵化出幼虫为害果梨的现象。

形态特征

成虫体长7～8毫米，体色以黑色至暗褐色为主，或黑色与黄色相间。头部黄色或黄褐色，中颜板具圆形黑色颜面斑；上侧额鬃1对，下侧额鬃2对，具内顶鬃、外顶鬃和颊鬃，单眼鬃细小或残缺。触角长于颜面，触角各节的长度分别约为0.2毫米、0.35毫米和0.9毫米，颜面长0.53毫米，触角末端圆钝。胸部背面大部黑色，但黄色的U形斑纹十分明显。中胸背板黑褐色或黑色带红褐色，缝后侧黄色条带伸至翅内鬃之后，肩胛、背侧胛完全黄色，前翅上鬃、后翅上鬃、翅内鬃和小盾鬃各1对，背中鬃残缺，肩板鬃和背侧鬃各2对。小盾片较扁平，黄色，基部具狭窄的暗色横条，具小盾端鬃1对；中背片黑色或中部浅黄色至橙褐色，两侧具暗色斑。翅前缘带褐色，伸至翅尖，较狭窄。臀条褐色，不达后缘。各足腿节不具暗色斑。腹部背板分离，呈黄色至橙褐色；第二腹背板的前缘有黑色狭短横条；第三至五节腹背板具黑褐色中纵条，该中纵条与第三腹背板褐色横带形成T形斑；第四腹背板的前侧缘常有黑色斑纹，第五腹背板具腺斑。雄成虫第三腹节具栉毛，第五腹节腹板后缘深凹。产卵器基节长1.30～1.35毫米，其长是第五腹背板长的

0.70～0.75倍，产卵管长1.4～1.6毫米，末端尖，不具齿，具亚端刚毛，刚毛长、短各2对，具2个骨化的受精囊。雄成虫背针突后叶短或残缺。

卵梭形且微弯，尾端较钝圆。初产时乳白色，后为浅黄色。长约1毫米，宽约0.1毫米。

幼虫蛆形，虫体黄白色。头部细，尾部粗，口咽沟黑色，共有11个体节，前气门具9～10个指状突。一龄幼虫体长1.2～1.3毫米，二龄2.5～5.8毫米，三龄7～11毫米。

蛹椭圆形，长约5毫米，宽约2.5毫米。初化蛹时淡黄色，后逐渐变成红褐色，前部有气门残留的突起，末节后气门稍收缩。

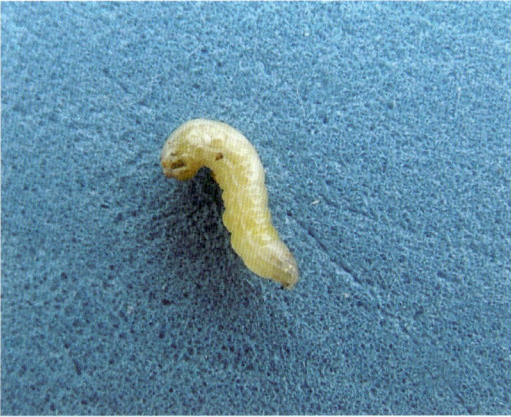

橘小实蝇幼虫

橘小实蝇蛹

橘小实蝇在黄色果梨上活动

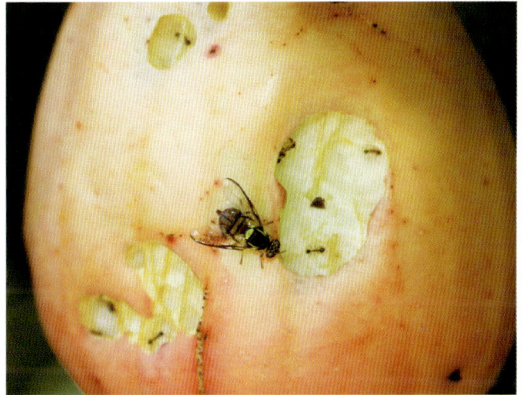

橘小实蝇在红色果梨上活动

生活习性

1年发生4～8代，世代重叠明显。成虫全天均可羽化，但以8时至9时羽化最多。成虫晴天喜在果园飞翔，阴雨天藏在叶背和杂草中。成虫飞行能力强，活动范围大，可进行长距离的飞行，寿命长，能在野外生活4～5个月，其活动、取食、产卵和交配多发生在11时以前或16时至黄昏，成虫羽化后需经历一段时间方能产卵，每头雌成虫产卵

200 ～ 400 粒，多的达 1 800 粒，卵分多次产出。成虫一生可交配多次。幼虫分 3 龄。老熟幼虫弹跳入土化蛹，入土深度通常为 3 ～ 7 厘米。卵期 1 ～ 6 天，幼虫期 6 ～ 20 天，蛹期 8 ～ 15 天。

防治方法

农业防治：冬、春季节在成虫羽化前，结合冬季清园，对果园及其附近的土壤翻耕 1 次，深度 15 ～ 20 厘米，以减少和杀死土中的幼虫及蛹。

物理防治：利用成虫喜欢吸食成熟果梨汁液的习性，采用黄色黏板诱捕成虫。

生物防治：对土壤喷施昆虫病原线虫，可对橘小实蝇的老熟幼虫或预蛹有较好的控制作用。也可利用老熟幼虫跳入表土化蛹的特性，在果园养鸡消灭表土中橘小实蝇蛹，对防治橘小实蝇可起到辅助作用。同时，目前已发现橘小实蝇的多种自然天敌，如茧蜂、跳小蜂及黄金蚜小蜂等以及蠼螋、隐翅虫和蚂蚁等，应注意保护和利用。也可用诱蝇醚（甲基丁香酚）性诱剂诱杀雄成虫，也可用多杀霉素饵剂诱杀。

化学防治：施药时间应在 9 时至 11 时和 16 时至 18 时成虫活跃期进行，10 ～ 15 天喷 1 次，连喷 3 ～ 4 次。可用 10% 氯氰菊酯乳油 1 500 ～ 2 000 倍液、2.5% 溴氰菊酯乳油 1 500 ～ 2 000 倍液、25% 马拉硫磷乳油 1 000 ～ 1 500 倍液、80% 敌敌畏乳油 1 000 ～ 1 500 倍液或 1.8% 阿维菌素乳油 1 000 ～ 1 500 倍液进行防治。

（二）瓜实蝇 *Bactrocera cucurbitae*（Coquillett, 1899）

发生为害

瓜实蝇属双翅目（Diptera）实蝇科（Tephritidae）。在中国、越南、柬埔寨、泰国、菲律宾、缅甸、斯里兰卡、印度尼西亚、坦桑尼亚、肯尼亚等腰果种植区发生为害。除为害腰果外，还为害番石榴、木瓜、番茄、西瓜、菠萝蜜、百香果、辣椒、桃、黄瓜、西葫芦、丝瓜、苦瓜、南瓜等。瓜实蝇主要以成虫吸食腰果果梨，但还未见有幼虫为害果梨的现象。

形态特征

成虫体型似蜂，黄褐色至红褐色，长 7 ～ 9 毫米，宽 3 ～ 4 毫米，翅长约 7 毫米，初羽化的成虫体色较淡。头部颜面斑黑色，卵圆形，具上侧额鬃 1 对，下侧额鬃 3 对或以上，具内顶鬃、外顶鬃和颊鬃，单眼鬃细小或残缺。触角明显长于颜面，末端圆钝。胸部中胸盾片黄褐色至红褐色，缝后中部黄色条较短，近线形，基部扩大不明显。缝后侧黄色条止于翅内鬃着生处或其之后处。肩胛、背侧板胛、横缝前两侧小斑、中侧板后部的 1/3、腹侧板上部的半圆形斑及背侧板均为黄色。前翅上鬃、小盾前鬃和翅内鬃存在，背中鬃均残缺。小盾片较扁平，黄色，基部具黑色狭长横带，具小盾鬃 1 对，少数个体 2

对。翅斑棕黄色至褐色，前缘带翅端扩成相当大的褐色斑。臀条较宽，伸至翅后缘。各足腿节不具暗色斑。腹部黄褐色。第二腹背板的前中部有褐色狭窄短带，第三腹背板的前部有褐色长横带，第四、五腹背板的前侧部具褐色斑纹，第三至五腹背板中央具黑色纵条，第五腹背板具腺斑。雄成虫第三腹节具栉毛，第五腹节腹板后缘浅凹。产卵器基节黄褐色至红褐色，长与第五腹背板相近。产卵管长约1.7毫米，末端尖锐，具刚毛4对，具2个骨化的受精囊。雄成虫背针突后叶长。

卵乳白色，细长，0.8～1.3毫米。

幼虫蛆状，初龄幼虫乳白色，老熟幼虫黄白色，长10～11毫米，前端尖，后端圆。口钩内缘中央处具一小尖刺突起。前气门指状突通常为15～18个，排列成一行。老熟幼虫的气门区与肛区间有一暗褐色短线，刮吸式口器，呼吸系统属两端气门。

蛹初为米黄色，后黄褐色，长约5毫米，圆筒形。

瓜实蝇幼虫

瓜实蝇幼虫和蛹

瓜实蝇雌成虫

瓜实蝇雄成虫

瓜实蝇在叶片上活动

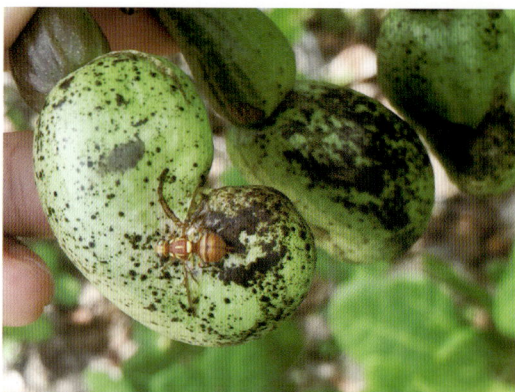

瓜实蝇在果实上活动

生活习性

1年发生6～8代，世代重叠。成虫白天活动，夏天中午高温烈日时，静伏于叶背，对糖、酒、醋及芳香物质有趋性。成虫寿命可长达7个月，羽化后需补充营养才能产卵。雌成虫每次产卵几粒至十余粒，每头雌成虫可产数十粒至百余粒。老熟幼虫钻入表土层2～5厘米处化蛹。在夏季，卵期2～3天，幼虫期14天左右，蛹期7天。

防治方法

参考橘小实蝇。

（三）伯氏线果蝇 *Zaprionus bogoriensis* (Mainx, 1958)

发生为害

伯氏线果蝇属双翅目（Diptera）果蝇科（Drosophilidae）。在中国腰果种植区发生为害。伯氏线果蝇主要以成虫取食为害濒临腐烂的腰果果梨，尚未发现其在腰果果梨内产卵为害。

形态特征

成虫复眼红色。头部橘色，具3条白色纵向条纹，中间条纹末端分叉。中胸背板棕褐色，具5条连续的纵向条纹，两侧的条纹较清晰，中间3条条纹较淡。小盾片具3条纵向条纹，两侧的条纹连续且较清晰，中间的1条条纹不连续，由中部断开。腹部黄色，带有褐色横纹。卵的前面有1对细长丝状触角。幼虫蛆状，乳白色。蛹体长约4.2毫米，红褐色。

生活习性

1年发生10余代。成虫为舐吸式口器，主要以水果汁液为食，对发酵果汁和糖醋液等

伯氏线果蝇为害红色果梨

伯氏线果蝇为害黄色果梨

有较强的趋性。成虫飞翔距离较短，多在背阴和弱光处活动。

防治方法

农业防治：腰果果梨成熟后应及时采收，避免晚收，及时清理落果、裂果、病虫果及其他残次果。

物理防治：在成虫发生期，利用糖醋液等诱杀伯氏线果蝇成虫。根据伯氏线果蝇趋性，用黑板和绿板进行伯氏线果蝇成虫的监测及防控。

生物防治：伯氏线果蝇的天敌有蚂蚁、步甲、小花蝽、隐翅虫、环腹瘿蜂、锤角细蜂、茧蜂等，应注意保护和利用，也可利用球孢白僵菌、金龟子绿僵菌及其他昆虫病原微生物进行控制。

化学防治：使用1.8%阿维菌素乳油1 000～1 500倍液、2.5%高效氯氟氰菊酯乳油2 000～3 000倍液、60克/升乙基多杀菌素悬浮剂1 500～2 000倍液或30%噻虫胺悬浮剂1 500～2 000倍液进行防治。

（四）指角蝇　*Stypocladius* sp.

发生为害

指角蝇属双翅目（Diptera）指角蝇科（Neriidae）。在中国腰果种植区发生为害。除为害腰果外，还可为害火龙果等。指角蝇主要以成虫吸食为害腰果果梨和树干。

形态特征

成虫体狭长，头宽大于前胸。触角短，共3节，末节基部具白色芒，前伸。复眼大红色，头、胸、腹背板黑色，体侧面及腹面黄白色。各脚黑色，前脚基节粗长。

指角蝇成虫

指角蝇为害幼果

指角蝇为害成熟果梨

指角蝇为害树干

生活习性

成虫喜阴暗潮湿环境，具群居性，遇到状况就快速地爬行到树干的另一边，停栖时身体倾斜，行动敏捷。

防治方法

参考橘小实蝇。

（五）黑翅土白蚁 *Odontotermes formosanus*（Shiraki, 1909）

发生为害

黑翅土白蚁属蜚蠊目（Blattodea）白蚁科（Termitidae）。在中国腰果种植区发生为害。除为害腰果外，还为害橡胶、可可、柑橘、芒果、荔枝等。黑翅土白蚁常在腰果植株树干上修筑泥被，在其内取食腰果树皮和木质部，形成缺刻或环剥状伤口，导致树势衰弱。

形态特征

兵蚁体长5.4～6.0毫米。头部长大于宽，略呈卵圆形，暗深黄色。上颚黑褐色，基部稍带赤色，端部向内方弯曲。左上颚内侧中央具一齿，右上颚无齿。触角15～17节，第二节长度相当于第三节与第四节之和。前胸背板由上方看形如元宝状，明显地小于头部。腹部淡黄色，椭圆形。

有翅成虫体长27.0～29.5毫米，翅展45～50毫米。头、胸、腹部背面黑褐色，腹面为棕黄色。翅暗褐色。全身被细毛。头圆形。触角19节，第二节长于第三、四、五节中任何一节。前胸背板似半月形，中央有一"十"字形淡色纹，纹的两侧前方各有一椭圆形的淡色点，纹的后方中央有带分枝的淡色点。前翅鳞大于后翅鳞。

工蚁体长4.6～4.9毫米。头部淡黄色，胸、腹部灰白色。头球形。触角17节，第二节长于第三节。胸细，前胸背板马鞍形。

卵乳白色，长椭圆形，长径约0.8毫米，短径约0.4毫米。

黑翅土白蚁为害枝条

黑翅土白蚁为害植株

生活习性

黑翅土白蚁栖息在生有杂草的地下。日间降雨时繁殖蚁飞翔出土，出土前先由兵蚁、工蚁建筑到地表的孔道，待繁殖蚁羽化出土完毕后，兵、工蚁退入孔内并封闭孔口。繁殖蚁出土后低飞，后又高飞，经过一段时间高飞后即自行下落、脱翅，在地面迅速爬行。雄成虫追逐雌成虫约15分钟，雌成虫打穴入土，雄成虫亦紧随入内、建巢，雄雌安居其中产卵繁殖。蚁巢多在离地表20～1 000毫米的土中。每巢所在形成大洞，由主巢和哺育巢组成，1个主巢为蚁王、蚁后所栖息，而哺育巢数个，各巢间有隧道联络，末端又与取食植物相连。在腰果植株树干上出现的泥被或泥线即为工蚁所作，工蚁在其内取食腰果植株皮部。

防治方法

农业防治：建立腰果苗圃时，清除田间的树木残桩和枝干，特别是定植穴中的木质纤维组织。施用的有机肥要腐熟。发现蚁巢进行人工挖除。

化学防治：定植前在植穴内施入5%辛硫磷颗粒剂200克，或每穴用50%辛硫磷乳油20毫升与基肥充分混合，可防止黑翅土白蚁对新植腰果苗木的为害。对于受害腰果植株，可用50%辛硫磷乳油500倍液、10%吡虫啉悬浮剂100倍液或5%联苯菊酯悬浮剂100倍液喷洒树干和蚁路。

（六）台湾土白蚁 *Coptotermes formosanus* Shiraki, 1909

发生为害

台湾土白蚁属蜚蠊目（Blattodea）鼻白蚁科（Rhinotermitidae）。在中国腰果种植区发生为害。除为害腰果外，还为害其他各类林木、桥梁、建筑物等。台湾土白蚁为害腰果时，主要在树干内筑巢，导致腰果植株生长衰弱，甚至枯死。

形态特征

兵蚁体长5.34 ~ 5.86毫米。头及触角浅黄色，卵圆形，腹部乳白色。头部椭圆形，上颚镰刀形，前部弯向中线。左上颚基部有一深凹刻，其前方另有4个小突起，愈向前愈小。颚面其他部分光滑无齿。上唇近于舌形。触角14 ~ 16节。前胸背板平坦，比头狭窄，前缘及后缘中央有缺刻。

有翅成虫体长7.8 ~ 8.0毫米，翅长11 ~ 12毫米。头背面深黄色。胸、腹部背面黄褐色，腹部腹面黄色。翅为淡黄色。复眼近于圆形，单眼椭圆形，触角20节。前胸背板

台湾土白蚁

台湾土白蚁为害植株

前宽后狭，前、后缘向内凹。前翅鳞大于后翅鳞，翅面密布细小短毛。

工蚁体长5.0～5.4毫米。头淡黄色，胸、腹部乳白色或白色。头后部呈圆形，而前部呈方形。后唇基短，微隆起。触角15节。前胸背板前缘略翘起。腹部长，略宽于头，被疏毛。

卵长径约0.6毫米，短径约0.4毫米，乳白色，椭圆形。

生活习性

台湾土白蚁当年羽化，当年分飞。分飞初期巢中有翅成虫全部羽化，有少数分飞孔被工蚁打开，但洞口不大，少量有翅成虫作试探性飞行，发生分飞巢群数量不多，野外也不普遍，只是少量分飞。分飞高峰期巢外分飞孔几乎被工蚁全部打开，洞口大，气象条件合适时有翅成虫蜂拥而出，争先恐后往外飞翔。发生分飞的巢群也比较普遍，但飞到一定程度，尚未飞完，工蚁又纷纷开始堵洞，待下次再打开再分飞。分飞高峰期过后的一段时间，几天至十余天尚未飞完的少数成虫作最后分飞，飞出数量很少。雌雄配对营建新居后即进行交配，一般交配后1个星期产卵，1个月左右卵开始孵化。

防治方法

参考黑翅土白蚁。

（七）红黑细长蚁　*Tetraponera rufonigra*（Jerdon, 1851）

发生为害

红黑细长蚁属膜翅目（Hymenoptera）蚁科（Formicidae）。在中国、越南、柬埔寨、泰国、缅甸、马来西亚、印度尼西亚、印度、斯里兰卡等腰果种植区发生为害。红黑细长蚁主要为害腰果林木。

形态特征

工蚁体长10.5～13.0毫米，雌蚁体长13～14毫米。工蚁头、腹柄的第二腹柄结和腹部均为黑色。上颚、触角、胸部和第二腹柄结略带红色，其颜色从浅橙红色或橙黄色到深砖红色。足黑褐色，略带橙红色。唇基和触角橙红色。腹部被一层微白色软毛。头、足、腹柄的第二节和腹部光亮，刻点细密。胸的刻点细密，无光泽。头矩形，长稍大于宽，前面比后面稍窄；头后部宽钝圆，近横形。颊平直，前端明显呈角状。上颚具数量不等的粗条纹，约呈宽线条状，其内缘与外缘近平行，咀嚼边具5至6个锐齿。唇基窄横形，中央隆起，并稍延伸，使其前缘呈双层波状。触角脊竖式，平行，在触角脊间有一纵长深沟。触角短粗。复眼侧生于头上半部靠近额部处。有单眼。胸部细长，前胸背板宽，其前侧角具齿，在其后缘中间有一小的纵长小瘤，前、中胸背板缝向前呈弓形。中胸背板小，扁平，与其横形的后缘形成半卵圆形，在中、后胸背板缝处的凹缘宽而深。后胸背板长，比前胸和中胸背板加起来还要长些，卵圆形，其后部末端倾斜。足中长，粗。腹柄细长，第一腹柄结卵圆形，前面有长柄，后面有斜面，第二腹柄结圆锥形，前面有短柄，后面缢缩。腹部略小，卵圆形，尾端尖，螫刺伸出。

雌蚁与工蚁相似，但个体较粗大些，并有较短的后胸背板，中胸背板和小盾片加在一起比后胸背板长得多。翅透明，带微褐色光泽。腹柄的第二腹柄结杯形。

红黑细长蚁

生活习性

喜欢筑巢于树木中或石缝里。攻击性较强，善于团结作战，当发现猎物时会好几只或者更多一起围攻，捕杀凶狠迅速，具有较为强力的螫针。人若被刺到会产生剧痛感并且伤处红肿。

防治方法

参考黑翅土白蚁。

（八）朱砂叶螨 *Tetranychus urticae* Koch, 1836

发生为害

朱砂叶螨属绒螨目（Trombidiformes）叶螨科（Tetranychidae）。在全世界腰果种植区均有为害。除为害腰果外，还为害棉花、黄麻、苎麻、烟草、玉米、豆类、芝麻、茄、辣椒、木槿、月季花、向日葵、桑、木薯、柑橘等。朱砂叶螨主要在腰果叶片下表面或嫩梢刺吸汁液，初期叶面出现零星褪绿斑点，严重时遍布白色小点，叶面变为灰白色，全叶干枯脱落。

形态特征

雌螨体长0.48～0.55毫米，宽约0.32毫米。体椭圆形，体色常随寄主而异，其基本色调为锈红色或深红色，颚体黄色。躯体两侧有黑斑2对，须肢端感器长约为宽的2倍。背感器梭形，与须肢端感器约等长。口针鞘前端圆钝，中央无凹陷，气门沟末端呈U形弯曲，肤纹突三角形至半圆形。

雄螨体长约0.35毫米，宽约0.19毫米，头胸部前端近圆形，腹部末端稍尖，体色比雌成虫淡。第一对足跗节有2对刚毛，彼此远离，各足爪间突裂成3对针状刺，爪变成2对粘毛，位于爪间突的两侧。须肢端感器长约为宽的3倍。背感器比端感器稍短。阳具弯向背面，形成端锤，其近侧突起尖利或稍圆，远侧突起尖利，长度约相等。端锤背缘形成一钝角，形状大小在个体间常有差异。

卵圆球形，直径约0.13毫米，初产时无色透明，渐变淡黄色，孵化前微红色。

幼螨体半球形，长0.15～0.20毫米，宽0.10～0.13毫米，体色为浅黄色或黄绿色。足3对。腹毛5对。基毛、前基间毛和中基间毛各1对，肛毛和肛后毛各2对。若螨体椭圆形。足4对，行动敏捷。前若螨体长0.20～0.28毫米，宽0.13～0.17毫米，背毛数同雌螨。肛毛及肛后毛各2对。后若螨体长0.32～0.35毫米，宽0.20～0.21毫米，具生殖毛1对。

朱砂叶螨

朱砂叶螨为害叶片

生 活 习 性

1年发生20代以上，发育历期可分为卵期、幼螨期、前若螨期、后若螨期、成螨期5个发育阶段。高温干燥有利于朱砂叶螨发生为害。朱砂叶螨以两性生殖为主，也可未交配雌螨，营产雄孤雌生殖。雌螨一生多交配1次，少数可多次交配。最后一次蜕皮变成螨时即行交配，雄螨可多次交配，交配后1～3天产卵，多散产在叶片背面，每只雌螨日平均产卵6～8粒，一生可产卵113～165粒。雌雄比例约为5：1，产卵期1个月左右。雄螨寿命短，一般交配后即死亡。卵历期3～9天，幼螨若螨期4～10天，完成1代需时7～17天。

防 治 方 法

农业防治：结合田间管理，收获后清除杂草及枯枝落叶，减少螨源。合理施肥，增强树势，提高抗螨害能力。

生物防治：朱砂叶螨常见天敌有拟长毛钝绥螨、食卵赤螨、塔六点蓟马、横纹蓟马、深点食螨瓢、小花蝽、七星瓢虫、龟纹瓢虫、异色瓢虫、十三星瓢虫、三色长蝽、大草蛉、中华草蛉、丽草蛉、草间小黑蛛、三突花蛛等，应注意保护和利用。

化学防治：可用1.8%阿维菌素乳油2 000 ~ 3 000倍液、15%哒螨灵乳油2 000 ~ 2 500倍液或0.2 ~ 0.3波美度石硫合剂等进行防治。

（九）同型巴蜗牛 *Bradybaena similaris* (Férussac, 1822)

发生为害

同型巴蜗牛属柄眼目（Stylommatophora）坚齿螺科（Camaenidae）。在中国腰果种植区发生为害。除为害腰果外，还为害柑橘、白菜、青菜、甘蓝、萝卜、月季花等。同型巴蜗牛主要为害腰果嫩梢和叶片，造成叶片缺刻或出现孔洞。

形态特征

成虫雌雄同型，同型巴蜗牛螺壳扁球形，高约12毫米，直径约14.1毫米，黄褐色，壳上有褐色花纹，螺层5层，有的达9层，螺口马蹄形。体灰白色，柔软，头部触角2对，前触角1对较短，有嗅觉功能，后触角1对较粗长，顶端有眼，头部下方有口器，腹部两侧有扁平的足。

卵球形，白色，直径0.8 ~ 1.4毫米，初产时乳白色，后期淡黄色，外壳石灰质，有光泽。

幼螺体较小，形同成螺，壳薄，半透明，淡黄色，常多个集结在一起。

同型巴蜗牛为害嫩叶

生活习性

1年发生约3代。高温干燥或不良气候时，躯体缩入螺壳，分泌白色蜡质膜封闭螺口，黏在枝、叶上，等待天气适宜再恢复活动。成虫多在晴天傍晚至清晨取食。卵产于植物根际疏松的土壤缝隙或枯枝、石块下，每个成螺可产卵30 ~ 235粒。

防治方法

农业防治：控制土壤中的水分，及时开沟排除积水，降低土壤湿度，创造不利于同型巴蜗牛繁殖的环境。清除果园四周、水沟边的杂草，去除地表茂盛的植被、植物残体、石头等杂物，消灭同型巴蜗牛的栖息场所。春末夏初勤松土或翻地，使同型巴蜗牛成螺和卵块暴露于土壤表面，在日光下曝晒死亡。坚持于每天日出前或阴天活动时，在土壤表面和叶上捕捉，其群体数量大幅度减少后可改为每周1次，集中处理捕捉的蜗牛。

化学防治：于蜗牛盛发期，选用6%四聚乙醛颗粒剂、70%杀螺胺可湿性粉剂或30%茶皂素水剂进行防治。

（十）非洲大蜗牛　*Lissachatina fulica*（Bowdich, 1822）

发生为害

非洲大蜗牛属柄眼目（Stylommatophora）玛瑙螺科（Achatinidae）。在中国腰果种植区发生为害。除为害腰果外，还为害黄瓜、西瓜、木瓜、橡胶、可可、仙人掌、面包树、柑橘、菠萝、香蕉、番薯、花生、菜豆等。非洲大蜗牛主要取食为害掉落地面的腰果果梨。

形态特征

成螺贝壳大型，壳质稍厚，具有光泽，呈长卵圆形。壳高约130毫米，宽约54毫米。有6～8个螺层，各螺层增长缓慢，螺旋部呈圆锥形，体部螺层膨大，其高度约为壳高的3/4。壳顶尖，缝合线深，壳面为黄色或深黄色，带焦褐色雾状花纹，胚壳一般呈玉白色，其他各螺层有断续的棕色条纹，生长线粗而明显。壳内为淡紫色或蓝白色。体部螺层上的螺纹不明显，各螺层的螺纹与生长线交错。壳口呈卵圆形，口缘完整，外唇薄而锋利，易碎，内唇贴覆于体螺层上，形成S形的蓝白色胼胝部。轴缘外折，无脐孔。螺体足部肌肉发达，背面呈现暗棕黑色。螺体色泽变化大，一般为黑褐色。

非洲大蜗牛为害果梨

卵长4.5～6.5毫米，宽4～5毫米，呈圆形或椭圆形，有石灰质的外壳，色泽为乳白色或淡黄色。

幼螺贝壳个体较小，壳质薄，易碎，形态特征与成螺贝壳基本一致。

生活习性

非洲大蜗牛喜栖息于阴暗潮湿的环境。繁殖力强，生长5个月可交配产卵，一次交配后，可在数月间产若干批受精卵。每批100～400粒，1年内产卵达1200粒，一生可产卵6000余粒。

防治方法

参考同型巴蜗牛。

（十一）砖红厚甲马陆 *Trigoniulus corallinus* (Eydoux & Souleyet, 1842)

发生为害

砖红厚甲马陆属山蚰目（Spirobolida）厚甲马陆科（Pachybolidae）。在中国腰果种植区发生为害。除为害腰果外，还害仙客来、瓜叶菊、铁线蕨、文竹等。砖红厚甲马陆主要取食为害腰果嫩叶和嫩梢。

形态特征

体圆柱形，长4～6厘米，全身砖红色。足红色，尾部圆滑无明显尖翘。

生活习性

白天有群聚的行为，常成群躲藏于土中，晚上则分散于地面活动爬行。遇到干扰时身体会卷起来，并分泌具有刺激性气味的液体。

防治方法

农业防治：及时清除田间杂草和枯枝败叶可减少砖红厚甲马陆的发生。

化学防治：可用20%异丙威乳油1000～1500倍液、48%毒死蜱乳油1000～1500倍液或2.5%高效氯氟氰菊酯水乳剂1500～2000倍液等进行防治。

砖红厚甲马陆为害叶片

第九章
腰果仁仓储害虫

（一）米蛾 *Corcyra cephalonica* (Stainton, 1866)

发生为害

米蛾属鳞翅目（Lepidoptera）螟蛾科（Pyralidae）。除为害腰果仁外，还为害大米、小麦、玉米、小米、花生、芝麻、可可、豇豆、肉豆蔻等。米蛾主要以幼虫取食为害腰果仁。

形态特征

雌成虫体长12～15毫米，翅展12～24毫米。雄成虫体长9～12毫米，翅展14～18毫米。成虫体淡黄色至灰黄色。头顶具前伸的锥状鳞片丛。触角丝状，浅灰褐色，基节有暗灰褐色鳞片。触角约为前翅长的1/2。复眼紫黑色。下颚须极小，下唇须3节，雌成虫下唇须较长，为触角长度的2/5～1/2，前伸或下垂。雄成虫下唇须短，为触角长度的1/5～1/4，上弯几乎伸达复眼上缘。前翅近长椭圆形，外缘圆形，灰褐色，散生黑褐色鳞片，尤以翅的前半部、翅端及翅基较多，往往沿翅脉纵列成不明显条纹，外缘具黑褐色鳞片斑数个。后翅淡黄色或灰黄色，比前翅宽阔。

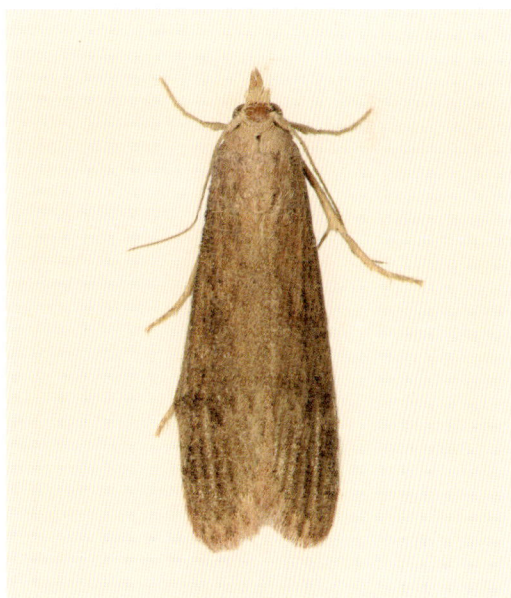

米蛾成虫

卵长0.50～0.75毫米，卵圆形，一端略尖。初产卵乳白色，孵化时卵为淡黄色。卵表面有细密不规则的网状纹和透明的胶质。

初孵幼虫头部橙黄色，胸腹部乳白色。老熟幼虫体长约15毫米。头部赤褐色。前胸背板与臀板黑褐色。腹部灰黄色、白色或灰白色。气门椭圆形，气门片黑褐色。腹部背面及大部分腹部的刚毛基部均有黑褐色毛片，第一至第七腹节的毛片较不显著。

雌蛹长8～11毫米，雄蛹长7～10毫米。体表光滑无毛，纺锤形，黄褐色至淡褐色，复眼部分暗褐色至黑褐色。触角伸达第四腹节前缘或近后缘，中足及翅伸达第四腹节后缘。腹部背面可见8节，第四节特宽。腹末两侧各有一黑褐色三角形尖突，无尾钩。

生活习性

1年发生约7代，每代38～93天。每头雌成虫可产卵约150粒，卵单产。成虫喜欢在夜间活动，白天静息。交配后1～2天即产卵。成虫寿命短，7～10天。卵期4～6天。幼虫8龄，幼虫期44～55天。蛹期10～14天。

防治方法

腰果仁入库前，要做好仓房的清理、检查、整修、空仓杀虫等工作，清除隐藏的米蛾等害虫，防止为害入库腰果仁。

保持仓库的清洁卫生，仓库门窗要严密，并安装防虫纱窗纱门，防止害虫飞进在腰果仁产卵为害。减少进入仓库的次数和门窗打开的时间，减少和避免外界高温影响与虫害感染。

加工好的腰果仁要干燥，应尽快用铁罐或塑料袋密封保存，避免长时间暴露。发现腰果仁受米蛾等害虫为害后，应尽快隔离，进行销毁处理，避免害虫转移为害。

（二）粉斑螟 *Cadra cautella*（Walker，1863）

发生为害

粉斑螟属鳞翅目（Lepidoptera）螟蛾科（Pyralidae）。除为害腰果仁外，还为害椰干、大米、小米、小麦、大豆、高粱、花生、可可、棉花等。粉斑螟主要以幼虫蛀食为害腰果仁。

形态特征

成虫体长6～7毫米。雌成虫翅展12～20毫米，雄成虫翅展11.0～17.5毫米。虫体灰褐色。复眼深黑褐色至黑色，表面通常有灰白色网状纹。下唇须发达，弯向前上方几乎伸达头顶。头及胸部灰黑色。腹部灰白色。前翅狭长，灰黑色，上有黑色鳞片及斑点，近翅基1/3处有U形纹，近外缘有W形黑色条纹，横过翅面。后翅灰白色。翅外缘有绿毛。

雄成虫抱握器从侧面观近长椭圆形，其内侧近中部有一齿状突，其齿端向尾后，颚形突为抱握器长度的2/5，爪形突不分裂。雌成虫产卵器的产卵瓣呈钳状，交配节矩形，后棒与前棒几乎等长，交配囊为颈粗长而底部近圆形的瓶状，囊内底部有2～4个骨化的小交配刺，囊壁上有排列成行的无数骨化的小刻点，阴道中有1束细长纤维长丝。

卵球形，直径约0.5毫米，乳白色，略有光泽，表面粗糙，有微小刻点。

幼虫老熟时体长12～14毫米。头部赤褐色，单眼每侧6个。腹部乳白色至灰白色，中部略粗，两端较细。雄成虫第五腹节背中央有1个淡紫色斑。气门圆形或近圆形。气门片、前胸盾、臀板及毛片灰褐色至淡黑褐色。腹足趾钩双序环形，短趾钩约为长趾钩长度的1/4，两者交替排列。

粉斑螟成虫

蛹体长约7.5毫米，宽约2毫米，较粗短，淡黄褐色至褐色。复眼部分呈褐色至黑褐色，前、中足端部通常呈褐色至黑褐色。腹面淡黄褐色至黄褐色，背面淡褐色至褐色，末端色泽较深。由前胸至第四腹节较宽大，两侧近平行，余下各节逐渐细小，末节圆锥形，末端背面着生6个尾钩，横列呈弧形，当中4个较接近，相对的腹面两侧各有尾钩1个。

生活习性

1年发生4～5代。雌成虫产卵较多。在温度20℃条件下，完成1代约需60天，在25℃仅需40多天。成虫交配后1～2天产卵。成虫寿命可达15天左右。刚孵化的幼虫以成虫尸体及腰果仁碎屑为食，之后则将吐丝连缀粉屑及腰果仁筑成巢，幼虫匿伏在巢中取食为害腰果。老熟幼虫吐丝结茧，并在茧内化蛹。

防治方法

参考米蛾。

（三）印度谷螟　*Plodia interpunctella* (Hübner, 1813)

发生为害

印度谷螟属鳞翅目（Lepidoptera）螟蛾科（Pyralidae）。除为害腰果仁外，还为害豆类、干蔬菜、干果类、枣、中药材、糖类、昆虫标本、小麦、食用菌及枸杞和菊花等。印度谷螟主要以幼虫吐丝结网，将取食后的腰果仁连缀成团并藏于其中为害。

形态特征

成虫体长6～9毫米，翅展13～18毫米，体密布灰褐色至赤褐色鳞片。头顶两复眼间具一向前方突出的鳞片锥体。下唇须发达，伸向前方。复眼黑色。前翅长三角形，基部2/5赭白色至淡赭色，内横线较宽，不规则，外侧锈色至红褐色；翅中域暗褐色，亚端线略弯曲，与翅外缘平行，淡铅灰色。后翅三角形，淡暗褐色，有闪光，翅脉及翅端颜色深。雄成虫抱握器近椭圆形，在其内侧近端部有1个形似鸟喙的尖齿突，囊形突为抱握器长的1/2，爪形突不分裂呈爪状，阳茎粗壮似长炮弹形。雌成虫产卵器的交配节近似矩形，产卵瓣三角形，后棒与前棒几乎相等；交配囊为不规则的袋形，囊中有4个并列在一起的骨化交配刺，交配孔及阴道骨化部分呈倒T形瓶塞状。

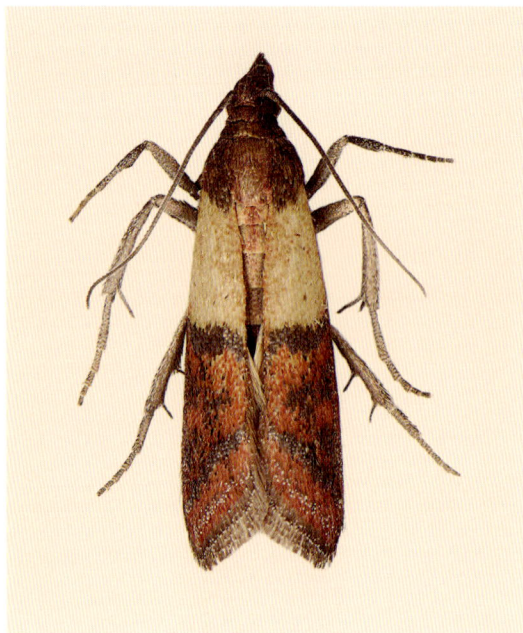

印度谷螟成虫

卵椭圆形，黄白色，长约0.4毫米，一端具乳头状突起，卵面具细刻纹。

老熟幼虫体长10～18毫米。头部黄褐色至红褐色。腹部乳白色至灰白色，有的稍带粉红色或淡绿色，中部较粗，两端较细。气门圆形，较小且大小几乎相等。气门片褐色。前胸盾淡黄褐色。臀板颜色比前胸背板色略淡。

蛹长5.7～7.2毫米，宽1.6～2.1毫米，赤褐色。腹部通常略弯向背面。腹面淡黄褐色或橙黄色，前翅部分常带黄绿色，复眼部分黑色。前足伸至第一腹节后缘，后足及前翅伸近第四腹节后缘。喙不至第四腹节后缘。后足露出。触角端内弯。腹端具8对钩刺。

生活习性

1年发生4～6代。羽化为成虫后即交尾产卵，卵多产在腰果仁表面或包装物缝隙之中，每头雌成虫产卵39～275粒，卵期约10天，幼虫期22～35天，部分滞育幼虫能存活2年。幼虫吐丝量特别多，喜在腰果仁表面吐丝成网或将腰果仁粒缀结成块，匿伏其中，并排出大量带有臭味的红色粪便，被害腰果仁极易发霉变质。幼虫老熟后爬到被害腰果仁表面或墙缝处结茧化蛹，蛹期14～21天。印度谷螟完成1个世代需40～60天。

防治方法

参考米蛾。

（四）麦蛾 *Sitotroga cerealella* (Olivier, 1789)

发生为害

麦蛾属鳞翅目（Lepidoptera）麦蛾科（Gelechiidae）。除为害腰果仁外，还为害小麦、玉米、稻谷、高粱、棉花、荞麦、黑胡椒、鹰嘴豆、豇豆及各种食用菌等。麦蛾主要以幼虫蛀食腰果仁。

形态特征

成虫体长4～6毫米，翅展8～16毫米。虫体淡黄色或黄褐色，有光泽。头顶无丛毛。复眼圆形，黑色。触角细长，多节呈丝状，较前翅短。有喙，下唇须3节，向上弯曲，超过头顶，第二节披有粗圆鳞片，腹面粗糙，末节长于第二节，细长而尖且弯曲。前翅竹叶状，翅端较尖，翅面灰黄色，通常在翅端部及翅中横线处各有1个黑色鳞片组成的小黑点。后翅菜刀形，翅端较突出。前翅在近翅中室中部的位置向内凹入，翅面银灰色，缘毛均较长，尤以后缘毛更长，其长度约为后翅宽度的2倍。

外生殖器的抱握器似桃形，顶端有一向外侧延伸较长而尖的弯钩突。爪形突呈二裂状，囊形突较抱握器短。阳茎棒状，基部收缩，较细。雌成虫交配节呈矩形，后棒较前棒长1倍，交配囊为细长颈瓶形，骨化的交配孔呈菱形，囊内底部有2个分离的长椭圆形交配刺。

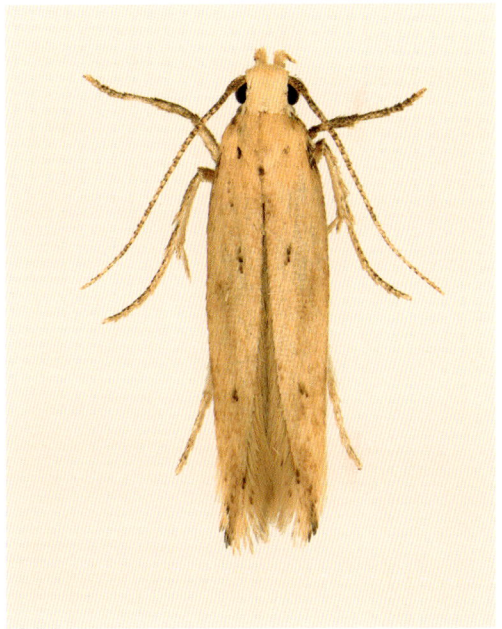

麦蛾成虫

卵扁椭圆形，长0.5～0.6毫米，一端较细且平截，表面具纵横凹凸的条纹，初产时乳白色，后变浅红色。

初孵幼虫浅红色，二龄后变浅黄白色，老熟时乳白色。老熟幼虫体长6.5～8.0毫米，除头部为淡黄色外，其余均为乳白色。头部小，胸部较肥大，向后逐渐收缩，胸足发达，腹足退化，呈肉突状，其上仅有2～3个退化的趾钩。前胸气门群3根毛排列成三角形。幼虫体上的刚毛均细小且色白，不易看清，幼虫腹足退化但有退化后的趾钩 2 ~ 3 个。

蛹长 4 ~ 6 毫米，黄褐色，较细。翅狭长，伸达第六腹节。蜕裂线从前胸前缘伸达后胸后缘。腹末圆而小，疏生灰白色微毛，两侧及背面各有 1 个褐色刺状突。

生活习性

1 年发生 6 ~ 12 代。老熟幼虫将羽化孔凿好后，结一白色薄茧，在其中化蛹至羽化脱出。卵期为 5 ~ 7 天，幼虫期 15 ~ 21 天，蛹期 5 天，完成 1 代需时 25 ~ 33 天。成虫喜在清晨羽化，羽化后马上交尾，成虫寿命 13 天左右，交尾后 24 小时产卵。卵少数散产，多数集产，每块卵数粒至数十粒。每头雌成虫产卵 86 ~ 94 粒，多者达 389 粒。孵化的幼虫一般从腰果仁胚部侵入腰果仁内蛀食，进而为害腰果仁。成虫善飞，对温度适应性较强。

防治方法

参考米蛾。

（五）米象　*Sitophilus oryzae* Hustache, 1930

发生为害

米象属鞘翅目（Coleoptera）隐颏象科（Dryophthoridae）。除为害腰果仁外，还为害玉米、大米、小麦、高粱、面粉和其他各种谷物。米象主要以幼虫在腰果仁内为害，腰果仁被米象咬食后产生大量破碎粒和碎屑。而且米象排泄的大量虫粪可增加仓储果仁的环境湿度，引起螨类和霉菌的发生，从而造成更大的损失。

形态特征

成虫体长 2.4 ~ 2.9 毫米，宽 0.9 ~ 1.5 毫米，体卵圆形，红褐至沥青色，无光泽或略具光泽。头部刻点较明显。额前端扁平。喙基部较粗。触角着生于头基部 1/4 ~ 1/3 处，顶端圆形。前胸长宽约相等，基部宽，向前缩窄，背面密布圆形刻点。小盾片心形，有宽纵沟。鞘翅肩明显，两侧平行；行纹略宽于行间，行纹刻点上各具 1 根直立鳞毛。每鞘翅基部和翅坡各有 1 个椭圆形黄褐色至红褐色斑。腿节棒状，胫节刻点与毛排成纵列，端部有钩。雄成虫阳茎背面无纵沟。雌成虫 Y 形骨片两臂钝圆。

卵长椭圆形，长 0.65 ~ 0.70 毫米，宽 0.28 ~ 0.29 毫米，乳白色，半透明，中部略宽，下端圆大，上端逐渐狭小并有一帽状的圆形卵盖。

幼虫老熟时体长 2.5 ~ 3.0 毫米。头壳短卵形，头顶区较宽。内隆脊直，且两端等粗，近于线状。唇基侧突较小，前端略尖。上唇基近基部至近端处骨化程度深，呈折扇形。

前蛹长约3毫米，呈狭长卵圆形。头部色泽与幼虫头部相似。腹部略弯向腹面，无足。蛹长3.5～4.0毫米，椭圆形，初时乳白色，随后变褐色。头部圆形，喙细长，沿腹面向下伸达中足基节。前胸背板上有小突起8对，其上各生有1根褐色刚毛。鞘翅伸至第五腹节后缘，后翅自鞘翅尖端间外伸至第五腹节后缘。腹末有肉刺1对。

米象成虫

生活习性

1年4～7代。一般卵期3～16天，幼虫期13～28天，前蛹期1～2天，蛹期4～12天，成虫期54～311天。成虫多在清晨羽化，羽化后1～2日交配，交配多在夜间进行。每头雌成虫一生产卵380～576粒。雌成虫寿命平均97天，雄成虫寿命平均113天。成虫善飞，喜潮湿及黑暗，有假死性。幼虫在果仁内孵化后，即在果仁皮下咬食，形成逐渐深入果仁内部的隧道，同时排出大量白色粪块堵塞后路。幼虫多在夜间蜕皮，共4龄，四龄后化为前蛹，前蛹再蜕皮1次化为蛹，前蛹及蛹均在果仁内，不食不动。

防治方法

参考米蛾。

（六）玉米象 *Sitophilus zeamais* Motschulsky, 1855

发生为害

玉米象属鞘翅目（Coleoptera）隐颏象科（Dryophthoridae）。除为害腰果仁外，还为害枣、玉米、小麦、高粱、荞麦及豆类等。玉米象主要以成虫啃食腰果仁，或以幼虫蛀食腰果仁，严重时将腰果仁蛀空，无法食用，失去商品价值。

形态特征

成虫体长3.0～4.2毫米，宽1.0～1.7毫米，雄成虫略小，体圆柱形，红褐色或黑褐色，有强烈光泽。头部额区向前延长成喙，雄成虫喙较短，雌成虫喙较细长。触角膝状，8节，第三节比第四节长，末端节膨大。前胸背板前狭后宽，有圆形刻点，沿中线刻点数多于20个。鞘翅长形，后缘细而尖圆，两鞘翅约有13条纵刻点行；鞘翅基部、端部各有1个橙黄色或黑褐色椭圆形斑纹。后翅膜质、透明、发达。雄成虫外生殖器阳茎细长略扁，背面中央有1条纵脊，两侧有2条纵沟。雌成虫外生殖器的Y形骨片两臂较狭长，略向内弯。足3对，前足粗大，后、中足次之。

卵长椭圆形，长约0.65毫米，宽约0.28毫米，乳白色。

幼虫体长4.5～6.0毫米，肥胖，乳白色。头黄色，脊背隆起，柔软多皱纹，腹面较平。

蛹椭圆形，体长3.5～4.0毫米。

玉米象成虫

生活习性

1年发生6～7代。雌成虫产卵时，啃食腰果仁形成卵窝，将卵产于其中，后分泌黏液封口。卵期6～16天。幼虫孵化后蛀入腰果仁内，幼虫期约30天，蛹期7～16天。成虫有假死习性，稍有触动即翻身装死，片刻恢复活动。成虫喜阴暗和温暖潮湿的环境，怕光。成虫产卵力较强，每头雌成虫一生可产卵约500粒。玉米象的耐饥力和耐寒力都很强。

防治方法

参考米蛾。

（七）锯谷盗　*Oryzaephilus surinamensis*（Linnaeus, 1758）

发生为害

锯谷盗属鞘翅目（Coleoptera）锯谷盗科（Silvanidae）。除为害腰果仁外，还为害大米、玉米等。锯谷盗主要以成虫和幼虫啃食破碎腰果仁或粉屑。

形态特征

成虫体长2.0～3.5毫米，扁椭圆形，深褐色，无光泽，体上密被黄褐色的细毛。头部三角形，基部收缩。复眼黑色突出，圆形。触角棍棒状，11节，第九、十节的宽度大于长度，背面观第九、十节的基角圆滑。前胸背板长大于宽，长方形，背面有3条明显的纵脊，中脊直，两侧脊和中脊稍呈弧形，侧缘各具锯齿突6个。鞘翅长，盖住腹部末端，两侧近平行，表面各有刻点行10条，且有相距较远的4条纵脊。雄成虫后足腿节腹面近端部有一小刺突。

卵长0.7～0.9毫米，宽约0.25毫米，椭圆形，乳白色，表面光滑。

幼虫体长3～4毫米，除头部和各体节背面骨化区颜色较深外，其余部位呈灰白色。体呈扁长形，后半部肥大，近末端数节又逐渐缩小。触角3节与头部等长，第一节最短，第二节次之，第三节最长，约为第二节长度的2倍。前、中、后胸背面左右各有1个近方形暗褐色斑。腹部各节背面中央横列1个椭圆形或半圆形黄褐色斑，在第二至七腹节背面深色斑的后缘各具刚毛4根，末节呈平圆形，无臀叉、臀刺。腹末腹面也无伪足状突起。

蛹长2.5～3.0毫米，乳白色，无毛。复眼黑褐色。前胸背板近方形，侧缘各有细长条状突6个。鞘翅伸至腹面第四节后缘。腹部两侧各有细长条状突6个，腹末有1个半圆形瘤状突，末端有褐色小肉刺1对。

锯谷盗成虫

生活习性

1年发生约5代。成虫活泼，喜群聚，善飞，但不常飞，爬行急速，耐寒力及抗药性均较强。雌成虫通常把卵产在腰果缝隙处或腰果仁碎屑中，散产或块产，每头雌成虫产卵量为数10粒至300粒。幼虫行动活泼，有假死性，通常4龄，少数为3龄或5龄。

防治方法

参考米蛾。

（八）大眼锯谷盗　*Oryzaephilus mercator* (Fauvel, 1889)

发生为害

大眼锯谷盗属鞘翅目（Coleoptera）锯谷盗科（Silvanidae）。除为害腰果仁外，还为害枣、核桃、花生、大豆等。大眼锯谷盗主要以成虫和幼虫啃食腰果仁碎粒或粉屑。

形态特征

成虫体长约3毫米，体扁平，深褐色，着生黄褐色绒毛，身上布小刻点。头前部窄长，后端宽于前端。复眼大，其后方突出，突出部分较小。触角11节，棒状，触角第九、十节的宽远大于长，背面观，第九、十节的基角近直角。前胸背板长大于宽，两侧圆，每侧有6个锯齿状突起，两侧脊与中脊近于平行。背面中部与两侧具3条纵脊，表面密生刻点和绒毛。鞘翅长，两侧近平行，后端圆，鞘翅各有4条纵脊，刻点行间具有粒状刻点和绒毛。

雄成虫后足腿节下方有1个尖齿。雄成虫外生殖器阳基侧突外缘的刚毛极细小，内缘仅近端部具细小刚毛3～4根。雄成虫外生殖器中叶内囊内无锯齿状构造，中孔两侧各环绕有弯曲骨化杆状物约16个。

幼虫体长约2毫米，乳白色，触角3节。腹部第二至七节背面深色的斑纹后缘具长刚毛8根。

大眼锯谷盗成虫

生活习性

1年发生约5代。幼虫蜕皮3次，少数个体蜕皮2次或4次。雌成虫产卵期为3～8天，一般为5天。每头雌成虫可产卵150～200粒，卵的孵化率达95％以上。

防治方法

参考米蛾。

（九）米扁虫 *Ahasverus advena*（Walt, 1832）

发生为害

米扁虫属鞘翅目（Coleoptera）锯谷盗科（Silvanidae）。除为害腰果仁外，还为害玉米、可可、黄麻、棉花、枣、棕榈仁、大米、烟叶、槟榔、花生仁、麦片、干果类等。米扁虫主要以成虫和幼虫取食腰果仁。

形态特征

成虫体长1.5～2.4毫米，长卵形，背面稍隆起，黄褐色至褐色，有时头和前胸背板比鞘翅色稍深，密生黄褐色细毛，有光泽。头部近三角形，复眼圆而突出。两复眼间距离为复眼横直径的4.8～6.2倍，距离小于头长的1/2。触角11节，棍棒状，棒头有3节。前胸背板明显横形，宽约为侧缘长（除前角外）的2倍。侧缘弱弧形，前角显著突出呈1个钝圆大齿突，自大齿突至后角之间着生多量微齿。鞘翅长略大于宽的1.5倍，缘边极窄；刻点行间除第一行间具1纵列刚毛外，其他行间各具3纵列刚毛；末端圆形，盖及腹末。足的跗节第三节显著扩展呈叶状。

幼虫长约3毫米，灰白色，细长，后端略宽。头及胸部呈褐色，前胸呈方形，约长于中、后胸之和。全体散布稀毛。

米扁虫成虫

生活习性

1年发生数代，在适宜生活条件下，每代需时20～25天。成虫和幼虫常发生于含水量偏高的腰果仁中。成虫行动十分活泼，在夏季夜间常飞向灯光处活动。成虫寿命长达半年至1年多之久。

防治方法

参考米蛾。

（十）大谷盗　*Tenebroides mauritanicus* (Linnaeus, 1758)

发生为害

大谷盗属鞘翅目（Coleoptera）谷盗科（Trogossitidae）。除为害腰果仁外，还为害禾谷类、豆类、油料等。大谷盗主要以幼虫与成虫蛀食为害腰果仁胚部，还可破坏腰果仁包装物，导致其他储粮害虫入侵。

形态特征

成虫体长6.5～10.0毫米，扁长椭圆形，深褐色至漆黑色，具光泽。头略呈三角形，前伸，与前胸背板几乎等长。复眼小，圆形黑色。额稍凹。上唇和下唇前缘两侧具黄褐色毛。上颚发达。触角11节，棍棒状，末端3节向一侧扩展，呈锯齿状。前胸背板宽大于长，前胸和翅脉之间呈颈状连接。鞘翅长是宽的2倍，每一鞘翅上具7条纵刻点行。小盾片呈半圆形，较小。腹部腹面共5节，赤褐色，各节后缘黑褐色。

卵长1.5～2.0毫米，宽约0.25毫米，椭圆形，一端略膨大，乳白色。

老熟幼虫体长18～21毫米，长扁平形，体灰白色。头部近方形，大而扁，黑褐色，上颚大而外露。触角短小。冠缝几乎全部消失。前胸背板黑褐色，中央分开。中后胸背板各具黑褐色圆斑1对。足淡褐色。腹部后半部粗大，尾端具黑褐色钳状臀叉1对。臀板黑褐色。

蛹长8～9毫米，扁平形，乳白色至黄白色，近纺锤形。头部及前胸背板散生黄褐色长毛。鞘翅细长，伸达腹部第五节。腹部各节两侧各有1个小突起，各着生褐色细毛2根。末节狭小，近方形，末端有1对褐色小肉刺。

大谷盗成虫

生活习性

1年发生2～3代。成虫寿命长达1～2年，每头雌成虫产卵500～1 000粒，产卵期2～14个月，卵单产或成块。成虫、幼虫性情凶猛，经常自相残杀或捕食其他仓内害虫，喜在阴暗处活动。幼虫和成虫耐饥力、抗寒性强。幼虫一般4～6龄，少数7～8龄，老熟后蛀入木板内、腰果仁间或包装物折缝处化蛹。

防治方法

参考米蛾。

（十一）赤拟谷盗 *Tribolium castaneum*（Herbst, 1797）

发生为害

赤拟谷盗属鞘翅目（Coleoptera）拟步甲科（Tenebrionidae）。除为害腰果仁外，还为害各种食用菌及玉米、小麦等。赤拟谷盗主要以成虫取食为害腰果仁，成虫还可通过臭腺分泌臭液，严重为害时可使腰果仁产生霉腥味。

形态特征

成虫体长2.3～4.4毫米，宽0.93～1.60毫米，扁平长椭圆形。体呈赤褐色至褐色，有光泽。体上密布小刻点，背面光滑，具光泽。头扁阔，前缘及侧前缘极扁，侧前缘在复眼上方无隆脊。复眼黑色，两复眼腹面距离约与复眼的横径等长。上唇背面密生金黄色微毛。触角棍棒状，11节，端部3节显著膨大。前胸背板呈矩形，前缘角略下倾，前缘无缘线，后缘具完整、明显的缘线。小盾片小，略呈矩形。鞘翅伸达腹末，与前胸背板等宽，上具10条纵行刻点，表面有直立微毛。第四节至第八节间室中有一至数间室呈显著隆脊状，极少成虫全部间室均扁平或近于扁平。

卵长约0.6毫米，宽约0.4毫米，长椭圆形，乳白色，表面粗糙无光泽。

幼虫体长7～8毫米，长圆筒形，体壁略扁平，显著骨化。骨化部分淡黄色或黄白色，头部背面两侧缘向前方略收缩。触角3节，其长度约为头部长度的1/2。腹末背面具深色向上翘的臀叉，其尖端自基部向端部逐渐缩小而成，腹面具1对伪足状突起。气门圆形，第一对气门位于前胸与中胸之间。

赤拟谷盗成虫

蛹长约4毫米，宽约1.3毫米，体淡黄白色。头部扁圆形。复眼黑褐色，围于触角基部，呈三角形。口器褐色。前胸背密生粒状突，近前缘处尤多，上生褐色细毛。鞘翅伸至腹部第五节。腹部第一至七腹节两侧各着生一侧突，腹末有褐色肉刺1对。

▌生活习性

1年发生4～5代。雄成虫寿命547天，雌成虫226天。成虫羽化后1～3天开始交配，交配后3～8天开始产卵。卵产在仓库缝隙处，卵粒上附有粉末碎屑，每头雌成虫产卵327～956粒。成虫、幼虫抗饥力均很强。成虫喜黑暗，不喜飞行，有群集性及假死性，身上有臭腺，能分泌臭液。幼虫通常5～8龄，可因食物不适宜而增加至12龄，喜潜伏黑暗处。

▌防治方法

参考米蛾。

（十二）杂拟谷盗　*Tribolium confusum* Jaquelin du Val, 1868

▌发生为害

杂拟谷盗属鞘翅目（Coleoptera）拟步甲科（Tenebrionidae）。除为害腰果仁外，还可为害小麦、玉米、高粱等。杂拟谷盗主要以成虫和幼虫啃食腰果仁，并通过臭腺分泌臭液污染腰果仁，影响食用价值。

形态特征

成虫体长约4毫米，黑褐色至红褐色，长椭圆形。触角11节，末3节显著膨大呈锤状。复眼黑色，眼内侧有一弯形隆脊。前胸背板密被刻点，两侧缘及后缘有明显的缘线。鞘翅有10行纵刻点及黄色微毛，第一至七行间有纵隆脊。体腹面有细刻点及黄色微毛。雄成虫前足腿节腹面有一卵形窝。

卵白色，表面光滑有黏性物质。

幼虫体长约8毫米，黄白色，有稀疏黄毛。头壳及各体节背板黄褐色，体后半部色略深。腹端尾突1对，赤褐色，尾突从基部向上逐渐尖削而弯向上方。

生活习性

1年发生约6代。成虫不善于飞翔，有假死习性，能分泌臭液，故被害腰果仁带臭味。成虫寿命长，雄成虫能存活500天，雌成虫200余天。雌成虫产卵量平均达300多粒，最多可达900余粒。卵常黏着粉末碎屑，不易发现。杂拟谷盗喜高温高湿。

杂拟谷盗成虫

防治方法

参考米蛾。

（十三）长头谷盗 *Latheticus oryzae* Waterhouse, 1880

发生为害

长头谷盗属鞘翅目（Coleoptera）拟步甲科（Tenebrionidae）。除为害腰果仁外，还为害禾谷类作物，为后期性仓虫。长头谷盗主要以成虫啃食为害腰果仁。

形态特征

成虫体长2.5～3.0毫米，体黄褐色至褐色。头部甚长，约为前胸背板长度的5/6，疏生白色细毛。复眼圆形，黑色。触角棍棒状，10节，甚短，约与前胸背板等长，末端5节扁平膨大，末节近方形。头部前缘及前侧缘扁。前胸背板近梯形，无毛，有光泽，密布小刻点；前缘较后缘宽，侧缘向外微弯，后缘角呈直角，前、后缘均有一横列白色细毛。小盾片半圆形，末端尖。鞘翅光滑无毛，有光泽，基角近方形，各有纵点纹7条。

老熟幼虫体长约5毫米，扁圆筒形。上颚背侧面与白齿相对处显著隆起，着生数根刚毛。上唇中部具6根显著刚毛。下颚须第三节几乎等长于第一、二节长度总和。触角第一节长度约为宽度的2倍。从背面或侧面看第九腹节，臀叉显著伸出体末；臀叉长度为宽度的3～4倍，状如细长尖刺。爪上无刚毛。

生活习性

1年发生4～5代，每代需时43～59天。成虫羽化后1～3天交配，交配后5～10天开始产卵。雌成虫一生产卵约为330粒。未交配的雌成虫所产的卵不能孵化。成虫和幼虫耐饥力强。成虫喜黑暗，不善飞行，常聚集在一起，有群集性和假死性。幼虫通常有5～9龄；喜潜伏于黑暗场所及腰果仁碎屑中。

防治方法

参考米蛾。

长头谷盗成虫

（十四）细角谷盗　*Gnathocerus maxillosus* (Fabricius, 1801)

发生为害

细角谷盗属鞘翅目（Coleoptera）拟步甲科（Tenebrionidae）。除为害腰果仁外，还可为害水稻、小麦、玉米、花生、南瓜等。细角谷盗主要以成虫和幼虫取食为害腰果仁。

形态特征

成虫体长3～4毫米，长椭圆形，红褐色并具光泽。触角细长，第二至五节圆柱形，自第六节开始逐渐扩展呈宽扁状，末节为宽卵圆形。雄成虫上颚非常发达，象牙状，内缘无细锯齿，由基部向端部逐渐变细。前胸背板近正方形，中部之前最宽，前缘较平直，两侧稍突出，侧缘由最宽处向前、向后均弧形收缩，基部较平直并具饰边，前角锐角形突出，后角近直角形。鞘翅长卵形，鞘翅基部较前胸背板基部略宽，中部之后最宽，两侧较平行，具显著的饰边；鞘翅盘区强烈隆起，具清晰的刻点行，刻点稠密粗大。

生活习性

1年发生约1代。世代重叠。每头雌成虫产卵约为100粒，卵常散产于腰果仁表面。老熟幼虫分泌黏液将腰果仁碎屑黏合在一起营造蛹室化蛹。

防治方法

参考米蛾。

细角谷盗成虫

（十五）亚扁粉盗 *Palorus subdepressus*（Wollaston, 1864）

发生为害

亚扁粉盗属鞘翅目（Coleoptera）拟步甲科（Tenebrionidae）。除为害腰果仁外，还为害花生、椰子及谷类等。亚扁粉盗主要以成虫啃食为害腰果仁。

形态特征

成虫体长3～5毫米，略扁平，赤褐色，有光泽。复眼直径小于、等于或稍大于颊的长度。额唇基沟全部明显。背面观，颊前缘突出，略超越唇基，颊两侧的膨大部分向后延伸到复眼上方，并掩盖部分复眼基部。头、前胸背板的刻点小而密，前胸两侧的刻点较稀。鞘翅刻点行小而密，行间有刻点1列，部分个体内侧的行间有2行不规则刻点。

幼虫赤褐色，第九腹节骨化部分的宽为长的1.5倍，淡色背线不明显或全缺，侧缘自基部至臀突基部显著凹入；臀突状如1对粗刺。

亚扁粉盗成虫

生活习性

1年发生约3代。成虫有明显的趋光性。幼虫期30～100天，完成1代需35～116天。每头雌成虫可产卵100多粒，成虫寿命可达5个月以上。

防治方法

参考米蛾。

（十六）黑菌虫　*Alphitobius diaperinus*（Panzer, 1797）

发生为害

黑菌虫属鞘翅目（Coleoptera）拟步甲科（Tenebrionidae）。除为害腰果仁外，还为害大米、玉米、面粉、花生、豆饼、棉花、黄麻、木香、中药材、枣、可可、绿豆、芝麻、豆蔻、槟榔等。黑菌虫主要以成虫和幼虫取食为害腰果仁。

形态特征

成虫体长5.5～7.0毫米，宽2.5～3.2毫米，椭圆形，黑色，密布小刻点，有光泽。复眼被头部向后延伸的颊分割，所剩留的最窄部分等于3～4个小眼面之宽，从背面观复眼背区占头部宽度的1/6～1/5。触角11节，自第五节开始向内侧方向逐渐扩展为锯齿状。前胸背板稍扁，两侧缘从中部到基部近乎直线，而到前角缩窄略近弧形，背面中央刻点小而稀疏。鞘翅盖及腹末末端刻点行的凹陷沟深而明显。前足胫节端部显著向外侧扩张，中足腹板在中足间的V形脊光滑而发亮，两后足之间第一腹板突出部分无边隆线。

老熟幼虫体长11～13毫米，长圆筒形。触角3节，第二节最长，第一节次之，第三节最短。体壁高度骨化，光滑，各节均为黑褐色，各

黑菌虫成虫

节前半段颜色较深，背中线从前胸背板直通达第五、六腹节。腹末正面具伪足状突起1对，腹末背面具一臀刺，在臀刺前方两侧着生许多粗刺，每侧6根以上。每腹节腹板两侧各具褐色长刚毛4根以上，且无规则地排列。在每腹板后缘中央，均具1块黑褐色长方形骨化区。

生活习性

1年发生约3代。黑菌虫的成虫和幼虫喜群居，阴暗潮湿的环境有利于该虫发生为害。成虫有群栖性、趋光性、假死性、同类残杀性，能飞善爬，耐饥力11～24天。成虫寿命在高温潮湿条件下可达1年，一般为2～3个月。幼虫有假死性、肉食性、群栖性及趋光性，耐饥力3～9天，一般为6天。

防治方法

参考米蛾。

（十七）小菌虫　*Alphitobius laevigatus* (Fabricius, 1781)

发生为害

小菌虫属鞘翅目（Coleoptera）拟步甲科（Tenebrionidae）。除为害腰果仁外，还为害大米、玉米、小麦、花生、可可、槟榔、椰子等。小菌虫主要以成虫和幼虫取食为害腰果仁。

形态特征

成虫体长4.5～6.0毫米，长椭圆形，黑色略具光泽。头的前缘扁，复眼完全被侧边分开，凹线浅。触角11节，第五节末端内侧不突出。前胸背板较宽，密布刻点，两侧圆，前角向前倾斜，前缘呈弧形凹陷，基部缩窄；后角呈直角，基部两侧各有1个小窝。鞘翅有较细密刻点，刻点行数条，末端略凹。腹面略布小刻点。前足胫节末端较宽。

幼虫体长12毫米左右，略扁，圆筒形，背面淡褐色，侧单眼2对。体壁骨化部呈黄褐色，背中线从前胸背板直通达腹末，每腹节腹板两侧各具2根褐色长刚毛，且排成1列。

小菌虫成虫

生活习性

1年发生约3代。小菌虫的成虫和幼虫喜群居，阴暗潮湿的环境有利于小菌虫发生为害。成虫寿命1年以上，有假死性及群栖性，喜生活在潮湿腐败环境中。

防治方法

参考米蛾。

（十八）锈赤扁谷盗　*Cryptolestes ferrugineus*（Stephens, 1831）

发生为害

锈赤扁谷盗属鞘翅目（Coleoptera）扁谷盗科（Laemophloeidae）。除为害腰果仁外，还可为害油料及各种中药材等。锈赤扁谷盗主要以成虫和幼虫取食为害腰果仁。

形态特征

成虫体长1.7～2.3毫米，赤褐色，扁平，具光泽。头部及前胸背板的刻点稀少；头略呈三角形，雄成虫上颚腹面近基部有钝齿。触角念珠状，除第一节外，雄成虫第八节小，第九至十一节稍大，与其余各节相差不显著，雄成虫触角略长于雌成虫。前胸背板宽大于长，两侧缘前端约1/3处最宽，向后端缩窄，近基部稍放宽。鞘翅基部大于前胸背板后缘，两侧略平行，后端钝圆。第七腹节骨片基部窄而呈卵圆形，第八腹节骨片基部较端部宽，第九腹节骨片的表皮内突。

幼虫体长3.5～4.5毫米，扁而长，乳白色，尾突褐色，尾突尖部略向内弯。丝腺位于前胸腹面侧缘，其末端刚毛长而直。

锈赤扁谷盗雌成虫　　　　　　　　　　锈赤扁谷盗雄成虫

生活习性

1年发生约6代。雌成虫产卵于腰果仁缝隙或破损处、粉屑中。每头雌成虫日产卵2～3粒，卵期3～4天，蛹期约4天，而由卵发育至成虫羽化需20～23天。成虫平均寿命6～7个月，个别可达1年。成虫活泼，善飞，夜间喜飞往灯光处活动。

防治方法

参考米蛾。

（十九）长角扁谷盗 *Cryptolestes pusillus* (Schénherr, 1817)

发生为害

长角扁谷盗属鞘翅目（Coleoptera）扁谷盗科（Laemophloeidae）。除为害腰果仁外，还可为害小麦、玉米、水稻等。长角扁谷盗主要以成虫和幼虫取食为害腰果仁。

形态特征

雄成虫体长1.38～1.91毫米，雌成虫体长1.40～1.92毫米。黄褐色至赤褐色，体扁而短小，光泽不显著。头部两亚侧脊由后横脊相连接。雄成虫触角丝状，末3节两侧近于平行。雌成虫触角串珠状，其长度不到体长的1/2，各小节较短小。前胸背板横长方形，宽明显大于长，但雄成虫后缘明显较前缘窄。鞘翅长为宽的1.5倍，第一、第二间室各有细毛4纵列。雄成虫第七腹节骨片基部较宽，呈宽圆形，第八腹节骨片基部略宽于端部，

长角扁谷盗雌成虫

长角扁谷盗雄成虫

第九腹节骨片的表皮内突呈倒Y形，柄部略细长。阳茎在端部后方显著收缩，端部两侧角呈宽圆形。

幼虫体长3～4毫米，头部淡褐色，第八腹节后半部及臀叉深褐色，其余为乳白色。前胸丝腺末端游离，完全位于腹面，从背面不可见。臀叉尖端略向外弯，两尖端间距大于臀叉长度。腹末环形骨片中央开口而不完整。

生活习性

1年发生约6代。羽化成虫在茧中静止一至数日，再开始活动交配。成虫寿命最长可达504天。幼虫通常4龄，可取食腰果仁碎粒及粉屑，老熟时通常以丝缀腰果仁碎屑做成白色薄茧在其中化蛹。成虫善于飞翔。

防治方法

参考米蛾。

（二十）谷斑皮蠹 *Trogoderma granarium* Everts, 1898

发生为害

谷斑皮蠹属鞘翅目（Coleoptera）皮蠹科（Dermestidae）。除为害腰果仁外，还为害小麦、大麦、燕麦、黑麦、高粱、玉米、水稻、花生等。谷斑皮蠹主要以幼虫蛀食为害腰果仁。

形态特征

雄成虫体长1.8～3.0毫米，宽0.95～1.70毫米。雌成虫体长约2.81毫米，宽约1.64毫米。体呈椭圆形，两侧近于平行，密被褐色细毛。头和前胸背板近黑色，鞘翅一般呈单一的红褐色，有光泽。额头的上方有一黄褐色中单眼，复眼内缘略突。触角棍棒状，11节，雄成虫触角棒5节，末节长圆锥形，长近于宽的2倍，而略等于第九和第十两节之和，端部尖或钝。雌成虫触角棒一般4节，部分3节，末节圆锥形，长略大于宽，端部钝圆。雌、雄成虫触角窝均很浅，后缘刀刃状隆脊很短。前胸腹板略呈三角形，其突起无中隆线，近端部有瘤状隆起。鞘翅略宽于前胸，鞘翅上有模糊的红褐色环状的亚基带、波状的亚中

谷斑皮蠹雄成虫

带及亚端带，或无此带。这些带主要被覆倒伏的鳞片状白毛，其余部分被覆倒伏的鳞片状褐色或黑色毛。雌成虫交配囊成对骨片非常细小，齿稀少。

卵圆筒形，长约0.7毫米，宽约0.25毫米。一端圆，另一端较尖，有数根刺，初产时乳白色，后渐变淡黄色。

老熟幼虫体长约5.3毫米，宽约1.5毫米，纺锤形，各节背面骨化部分红褐色，节间为淡黄色。头部每侧各有单眼6个，触角3节，第一和第二节约等长，第一节刚毛着生在周围，唯外侧1/4的部分无刚毛。老熟幼虫触角第二节背面一般有刚毛1根。内上唇端感觉环内有乳头突4个，有时这4个乳突分成2或3组，各围以小环。除头部外，背面明显可见12节，腹部第八节背面无前脊沟或仅以间断的线表示其存在。身体两侧着生长短不一的黄色刚毛。

雄蛹长约3毫米，雌蛹长约5毫米。末龄幼虫化蛹时自头部后缘到腹部第五节或第六节沿背中线纵裂，蛹仍留在末龄幼虫未蜕下的蜕皮内。

生活习性

1年发生约6代。成虫羽化后24小时即可交尾，一般只在夜间交配。雌成虫一生只要交配1次，即可将全部卵排出。每头雌成虫平均产卵不超过90粒。卵散产在腰果仁上，或成块产于腰果仁之间。成虫不取食，有翅但不能飞。幼虫常聚集为害，耐饥能力极强，对高温或低温均有很强的抵抗能力。

防治方法

参考米蛾。

（二十一）白腹皮蠹 *Dermestes maculatus* DeGeer, 1774

发生为害

白腹皮蠹属鞘翅目（Coleoptera）皮蠹科（Dermestidae）。除为害腰果仁外，还为害大米、玉米、油料等。白腹皮蠹主要以成虫和幼虫取食为害腰果仁。

形态特征

成虫体长5.5～10.0毫米，雌成虫个体略大，长椭圆形，黑褐色至黑色。触角色略淡，呈赤褐色。头部下口式，额上方无中单眼。触角锤状，11节，末端3节膨大呈锤头状。前胸背板密布细小刻点；两侧与端缘密被白色或黄白色毛，由此构成1条白色或黄白色环状毛带，在侧缘部分的毛带较端缘的毛带略宽；中部着生黑色毛，杂生稀疏的白色毛或黄褐色毛。前胸背板两侧自后缘至端缘愈加强烈向下折，致使从背面观几乎看不到任何的侧缘，两侧边细，呈均匀弧形；后缘无边，或仅在小盾片之前有不明显的边，两端有宽而颇深的波纹。鞘翅长形，盖及腹末，每鞘翅内缘末端显著突出呈刺状，末端边缘具许多小而尖的锯齿，翅面密布细小刻点，密被黑色毛，间杂有稀疏的白色毛或淡黄褐色毛，仅基部处具白色及黄褐色的不规则毛斑。腹面大部分密被白色毛，唯前胸前背折缘后部1/4～1/3及中胸腹板侧缘被黑色毛或黄褐色毛，后胸前侧片侧缘中部有1个椭圆形黑色毛斑，腹部第一至五节腹板两侧的前角各有1个黑色毛斑，第五腹板中央自端缘至末端还具一"板斧"状的黑色毛斑，此黑斑与两侧前角黑斑之间全被白色毛覆盖。雄成虫腹部第四节腹板中央有一圆形浅窝，窝内簇生长而直立的褐色刚毛。

白腹皮蠹成虫

幼虫体长10～15毫米，背面隆起，腹面略为平坦，自胸部至腹末逐渐缩小，末端近于截形，因此体略呈圆锥形。胸、腹部各节骨化部分褐色至黑褐色，背线宽阔，淡黄褐色或淡黄白色，但不完整，断续而不相衔接，终于第九腹节。头部大，黑褐色，两侧各具单眼6个，排列成环状。额上横列1对小突起。触角3节。第一对气门位于中胸前缘。第九腹节背面着生1对臀叉，侧面观其末端向前上方弯，基部较粗，然后自基部突然变细，至端部渐渐收缩成尖，且致使其后缘呈不规则的弯曲状。足褐色，胫节末端的上部具1根长刚毛，下部具1根粗刺。

生活习性

1年发生约6代。幼虫食量大，发育完成后离开食物寻找化蛹场所。成虫寿命60～90天，善于飞翔。雌成虫产卵约850粒，卵期3天，幼虫期30天，蛹期7天。

防治方法

参考米蛾。

(二十二) 钩纹皮蠹　　*Dermestes ater* DeGeer, 1774

发生为害

钩纹皮蠹属鞘翅目（Coleoptera）皮蠹科（Dermestidae）。除为害腰果仁外，还为害豆类、中药材等。钩纹皮蠹主要以成虫和幼虫取食为害腰果仁。

形态特征

成虫体长7～9毫米，宽约3毫米；长椭圆形，黑色至褐色，有光泽；背面密生黄褐色长毛。触角赤褐色，共11节，棒状节颜色淡。鞘翅毛浅黑色。腹部毛为黄褐色。各节腹板有4个褐色斑纹，末端腹板中间2个斑纹相连接。前胸背板两侧略倾斜，末端与基部的边细，布有刻点，中区刻点大，圆且深，两侧刻点略小。鞘翅刻点不成行。前胸腹板中间有明显的纵凹。雄成虫第三与第四腹板中间有1个大而浅的窝，窝中着生长直黄褐色刚毛束，雌成虫无刚毛束着生。

卵长椭圆形，长约2毫米，宽约0.5毫米。刚出生的卵淡黄白色，卵壳透明状，表面较粗糙，有光泽。随着胚胎发育，卵的颜色由浅变深，卵壳的表面渐渐出现环状纹，且颜色越来越深，在孵化前可以清楚地观察到卵壳表面出现12条环状纹。

幼虫7龄。一龄幼虫最小，长1.8～2.5毫米，宽0.5～0.7毫米，七龄幼虫最大，长12.0～14.6毫米，宽2.9～3.4毫米。触角3节。单眼每侧6个。3对胸足，无腹足。虫体共14个体节，属于蛃型幼虫。幼虫背部密生褐色刚毛，背板两侧的骨化区簇生长短不一的刚毛，腹面的刚毛短而细。体躯胸节最宽，头部次之，从第一腹节开始渐渐变细。背面稍隆起，腹面较扁平。背板骨化区颜色较深，为黄褐色或黑褐色，节间膜区为淡黄色。腹面为黄白色。背中线为宽而显著的橙黄色线。

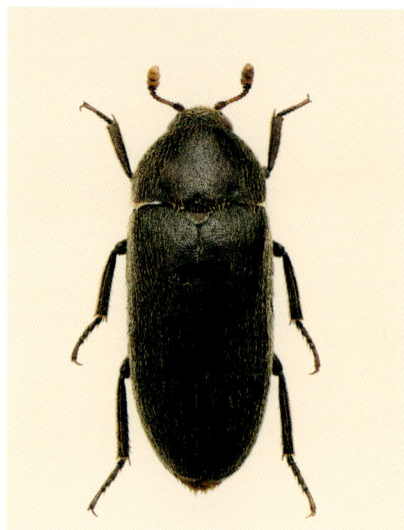

钩纹皮蠹成虫

蛹为离蛹，淡黄白色，扁纺锤形，长8～10毫米，宽2～3毫米。蛹体着生黄褐色细毛，且腹节两侧各有1簇黄褐色细毛，末节有黄褐色毛丛，背面有赤褐色棘状突1对。雌蛹腹部末端有3个明显的突起，围成倒T形；而雄蛹腹部末端则形成T形。

▶ 生活习性

卵2～3天孵化。蛹期约7天。幼虫爬行速度快，食性杂。雌成虫产卵可持续2～4个月或更长，平均产卵250粒，多者可达400粒。

▶ 防治方法

参考米蛾。

（二十三）谷蠹 *Rhyzopertha dominica* (Fabricius, 1792)

▶ 发生为害

谷蠹属鞘翅目（Coleoptera）长蠹科（Bostrichidae）。除为害腰果仁外，还为害水稻、小麦、玉米、高粱等。谷蠹主要以成虫和幼虫钻蛀为害腰果仁，被害腰果仁往往被完全蛀空，引起霉变，也能在腰果仁外壳取食为害，喜取食为害腰果仁胚部。

形态特征

成虫体长2～3毫米，宽0.6～1.0毫米，细长圆筒形；体深褐色，具光泽。复眼圆形，黑色。头部大，隐蔽在前胸下。触角暗黄褐色，10节，第一至二节近等长，第三至七节细小，末端3节内侧膨大，呈三角形片状。前胸背板中部隆起，前半部生4排似鱼鳞倒生的短齿。鞘翅细长圆筒形，末端向后下方斜削，两侧缘平行且包围腹侧，各有数条纵点纹。足粗短。

卵长0.4～0.6毫米，长椭圆形，乳白色，一端较大，一端略尖而微弯。

末龄幼虫体长2.5～3.3毫米，蛴螬形，体初为乳白色，后变成浅棕色。头部小，呈三角形，黄褐色。口器黑褐色，上颚无齿。无眼。触角短小，共4节。胸部各节具圆形不明显较小气门，胸足3对。

谷蠹成虫

蛹长2.5～3.0毫米，头下弯，前胸背板圆形，复眼、口器、触角、翅均为褐色，其余乳白色。前胸背及腹侧着生黄褐色细毛。腹部可见7节。鞘翅伸达第四腹节，后翅由鞘翅外伸至第五腹节。自第五腹节以后各节略弯向腹面。腹末狭小，着生1对分节的小刺突，雌蛹为3节，雄蛹为2节。

生活习性

1年发生约5代。初孵幼虫钻入腰果仁中蛀食，直到羽化成虫。谷蠹抗热抗旱性强。1代历期43～91天，卵期11～13天，幼虫期28～67天，蛹期3～4天，成虫寿命1年。成虫喜食果仁胚部，粪便极多，飞行力强。成虫羽化后约10天开始交配产卵，每头雌成虫产卵200～500粒。卵单产或2～3粒连产。幼虫一般4龄，偶尔5～6龄，老熟后即在腰果仁内或粉屑中化蛹。

防治方法

参考米蛾。

(二十四) 竹长蠹　*Dinoderus minutus* (Fabricius, 1775)

发生为害

竹长蠹属鞘翅目（Coleoptera）长蠹科（Bostrichidae）。除为害腰果仁外，还为害水稻、竹制品及竹建筑物。竹长蠹主要以成虫和幼虫钻蛀取食为害腰果仁。

形态特征

竹长蠹成虫

体长约3毫米，圆筒形，红褐色至黑褐色。头被前胸背板覆盖。触角10节，其中棒节3节。前胸背板隆起，近基部较宽，基部中间有2个小的圆形窝；前半部具1个同心半圆齿状突起，齿较宽；后半部颗粒状，侧部具刻点，被黄色短毛。小盾片横矩形。鞘翅具明显刻点行，着生淡黄褐色绒毛，末端斜区的毛较粗。腹面密布浅刻点，被倒伏的黄毛。足第一跗节不长于第二跗节。

卵长筒形，乳白色，半透明，长约0.9毫米，宽约0.15毫米。

幼虫乳白色，口器赤褐色，胸部粗大。虫体弯曲，触角3节。上颚仅具一端齿。前胸气门卵形。前、中足比后足粗大。老熟幼虫长约4毫米。胸足3对，末端（胫节）有较多明显黄褐色粗毛。

蛹近纺锤形，乳白色，长约3.0毫米。

生活习性

1年发生约5代。成虫喜阴暗而畏强光，多在16时至20时飞翔、交配。幼虫和成虫均可蛀食为害，但以幼虫蛀食为重。

防治方法

参考米蛾。

（二十五）烟草甲　　*Lasioderma serricorne* Fabricius, 1792

发生为害

烟草甲属鞘翅目（Coleoptera）窃蠹科（Anobiidae）。除为害腰果仁外，还为害茶、烟草、谷物、豆类、干果等。烟草甲主要以幼虫蛀食为害腰果仁。

形态特征

雌成虫体长约3毫米，雄成虫体长约2.5毫米。体呈宽椭圆形，背面隆起，有光泽，黄褐色至赤褐色，密生黄褐色细毛。头部宽大，隐蔽于前胸背板下方。复眼大，圆形，黑色。触角位于复眼正前方，11节，第四至十节锯齿状，通常隐藏在头部腹面的圆形触角窝内。前胸背板后缘与鞘翅基部等宽且密接，鞘翅上密布无规则的微小刻点和细毛。鞘翅侧缘隐蔽在腹部两侧，末端圆形。足短小。

卵长0.4～0.5毫米，长椭圆形，浅黄白色，表面光滑，一端有若干微小突起。

老熟幼虫体长约4毫米，呈C形或蛴螬形，淡黄白色，密生金黄色细长毛。头部黄褐色，胴部白色至浅黄白色，密生黄细毛，各节多皱纹。该幼虫从体色上看有2种类型，除乳白色外，还有1种体色近黑色。

蛹长约3毫米，宽约1.5毫米，椭圆形，乳白色。复眼黑色。头隐于腹面。前胸背板后缘角突向两侧。雄蛹腹末圆锥形；雌蛹腹末有1对刺突。

烟草甲成虫

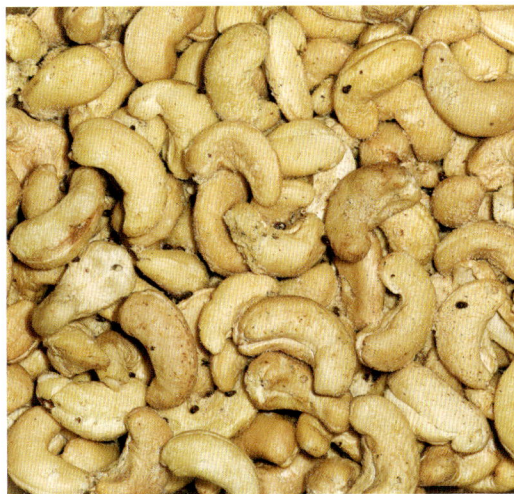

烟草甲为害腰果仁

生活习性

1年发生7～8代。完成1代需44～70天，卵期6～10天，幼虫期30～50天，蛹期8～10天。成虫羽化后静伏3～5日才交配产卵。雌成虫寿命20～40天，雄成虫寿命10～20天。每头雌成虫产卵50～95粒。初孵幼虫喜黑暗，较活泼。老熟后在缝隙处分泌物质缀连腰果仁碎屑，结白色坚韧薄茧在其中化蛹，部分幼虫不作茧也能化蛹。成虫有趋光性，羽化后在茧中静止数日以待性成熟再活动交配。卵单产于腰果仁碎屑或缝隙中，黄昏时产卵最盛。成虫有假死性，善飞，喜黑暗。在白天或光线强烈时，成虫通常潜伏在缝隙等黑暗场所不活动，在阴暗或高温潮湿时则四处飞翔。

防治方法

参考米蛾。

（二十六）药材甲 *Stegobium paniceum* (Linnaeus, 1758)

发生为害

药材甲属鞘翅目（Coleoptera）窃蠹科（Anobiidae）。除为害腰果仁外，还可为害中药材等。药材甲主要以幼虫蛀食为害腰果仁。

形态特征

成虫体长2～3毫米。体黄褐色至深赤褐色，呈长椭圆形。触角11节，末端3节膨大、松散。前胸背板明显隆起，后缘略比鞘翅基部宽，后缘中部有1条纵隆脊，两侧后角钝圆，前缘圆形，表面布有小颗粒，着生灰色绒毛，两侧绒毛较密。鞘翅有明显的刻点行，被灰黄色毛。

老熟幼虫体长约3.5毫米，乳白色，蛴螬形。头淡褐色，体被直立的黄色细毛。后胸略具微刺，腹部除第十节外其余各节都具微刺。肛前骨片不明显或全缺。

药材甲成虫

生活习性

1年发生约5代。幼虫期为35～40天。成虫羽化后2天开始产卵，每头雌成虫平均产卵60粒。卵集中产于腰果仁，尤喜产于皱褶及裂缝部位。

防治方法

参考米蛾。

（二十七）脊胸露尾甲 *Carpophilus dimidiatus* (Fabricius, 1792)

发生为害

脊胸露尾甲属鞘翅目（Coleoptera）露尾甲科（Nitidulidae）。除为害腰果仁外，还为害枣、葡萄、枸杞、水稻等。脊胸露尾甲主要以成虫和幼虫取食为害腰果仁。

形态特征

成虫体长2.5～3.5毫米，宽1.2～1.5毫米，倒卵形且两侧几乎平行，背面略隆起，密被倒伏状至半直立状的黄褐色至黑色细毛，全身暗褐色，有光泽。头部宽大，复眼圆形，黑色。上颚端齿粗短而圆钝。触角锤状，共11节，第三节明显长于第二节，末端8节扁平膨大呈球状。前胸背板宽大于长，近基部1/3处最宽，两侧缘呈微弧形，中部均匀隆起，后缘较端缘宽，与鞘翅基部等宽。前胸腹板两侧与前背折缘均密布粗刻点，刻点间光滑有光泽。中胸腹板均匀隆起，无中纵隆脊与斜隆线。小盾片五角形。两鞘翅的宽度大于其长度，末端平截。腹末2节背板外露。中足基节窝后缘纹自基节窝后缘外侧的1/3处向后分离，其末端约终于后胸前侧片前部1/3处，腋区小。雄成虫具腹板6个，第五腹板后缘中部呈极深的凹弧形，第六腹板椭圆形。雄成虫阳茎侧突，其内侧中部有一明显的隆起。

脊胸露尾甲雌成虫

老熟幼虫体长5～6毫米，扁长形，除头部与腹末背面骨化区为黄褐色以及臀叉深褐色外，其余呈乳白色。头部触角短于头长，下颚叶端部的刚毛长而尖，不呈栉齿状。臀叉着生在腹末背板骨化区，其前方有1对小突起，基部间狭圆，尖端突然收缩。第一对气门位于前胸与中胸之间。

生活习性

1年发生5～6代。卵期4～5天，幼虫期40～47天，蛹期6～7天，完成1代需时50～59天。卵散产于腰果仁粒缝隙中，每头雌成虫产卵175～225粒。幼虫孵化后先侵食腰果仁外表皮，稍长大后，即蛀入腰果仁内部造成不规则隧道。幼虫行动敏捷，有群居性。成虫可生活长达1年多，具假死性、趋光性及群居性，飞翔力极强。

防治方法

参考米蛾。

（二十八）隆胸露尾甲　*Carpophilus obsoletus* Erichson, 1843

发生为害

隆胸露尾甲属鞘翅目（Coleoptera）露尾甲科（Nitidulidae）。除为害腰果仁外，还为害干稻、小麦、花生等。隆胸露尾甲主要以成虫和幼虫取食为害腰果仁。

形态特征

成虫体长2.3～4.5毫米，宽1.06～1.60毫米。体长倒卵形，长为宽的2～3倍，两侧近平行，背面隆起，疏生倒伏状金黄色细毛；体表皮发亮，暗棕褐色至黑褐色。鞘翅肩部及前胸背板两侧颜色略淡，呈红色。触角第二节稍长于第三节。前胸背板宽大于长，侧面观端部较基部薄。前胸基间腹突扁平或狭而略隆起，无明显隆线。中胸腹板有1条完整中纵隆脊和2条弧形侧隆脊。后胸腹板中足基节窝后缘隆线与基节窝几乎相平行，仅侧端略向后弯，腋区极小。

隆胸露尾甲成虫

生活习性

1年发生约6代。成虫善飞，生性活泼。雌成虫喜潜入腰果仁中产卵，幼虫孵化后在其中取食，幼虫期约10天。老熟幼虫离开被害的腰果仁寻找适宜化蛹场所，或者直接在腰果仁中化蛹。

防治方法

参考米蛾。

（二十九）赤足郭公虫 *Necrobia rufipes* (Fabricius, 1781)

发生为害

赤足郭公虫属鞘翅目（Coleoptera）郭公虫科（Cleridae）。除为害腰果仁外，还为害椰子、花生、玉米、燕麦、可可等。赤足郭公虫的幼虫蛀食为害腰果仁，也可只为害腰果仁表面；成虫仅为害腰果仁表面。

形态特征

成虫体长3.7～7.0毫米，宽约2.4毫米，身体略微扁平，卵形，有蓝绿色金属光泽，背面疏生直立的暗褐色刚毛。头部短，朝向下方，稍向前倾斜，表面密布小刻点。复眼黑色，位于头基部两侧。触角棍棒状，11节，基部三至五节赤褐色，其余各节均为褐色，有的第五至八节呈暗褐色，各节均疏生刚毛，位于复眼前方。前胸背板宽大于长，中部最宽，前缘近于平截状，后缘向后方突出，具细缘隆线，两侧缘具颗粒状细缘隆线，前胸背板表面密布小刻点，并生有直立细毛。鞘翅基部宽于前胸背板，中部之后最宽，两侧自基部至中部逐渐放宽，从中部之后近鞘翅末端呈钝圆形，表面布有刻点行9条，行间密布小刻点，密生较直立的黑色毛。足赤褐色，前足基节窝后方呈不完全封闭式，具跗节5节。

老熟幼虫体长9～10毫米，体宽约2毫米，细长，近圆筒形，两侧略平行，腹部第五至七节略宽。体除头部、前胸背板、臀板与臀叉呈褐色，以及其余各节背面具暗紫色斑以外，其余部位几乎近于白色。头部较胸部小，扁平，

赤足郭公虫成虫

两侧近于平行，中干蜕裂线明显。触角3节，每侧具单眼5个。腹部背面每节各有皱纹2条，第九腹节圆形，有一几乎扁平的骨化板，长有2个尖而向斜外方弯的臀叉。

生活习性

1年发生4～6代。雌成虫成块产卵，每块多至30粒，一生可产卵2 000余粒。卵通常产在腰果仁内。卵孵化期约为8天。幼虫3龄，老熟幼虫寻找干燥隐蔽的场所作茧、化蛹。蛹期约为6天。成虫爬行极为迅速，善飞。雌、雄成虫寿命均长达1年左右。

防治方法

参考米蛾。

参考文献
REFERENCE

艾鹏鹏,杨瑞,张民照,等,2014.桃蛀螟各虫态形态学特征观察.北京农学院学报,29(3): 53-55.

白学慧,吴贵宏,邵维治,等,2020.云南咖啡害虫柑橘臀纹粉蚧发生初报.热带农业科学,40(11): 90-94.

白学慧,吴贵宏,邵维治,等,2017.云南咖啡害虫双条拂粉蚧发生初报.热带农业科学,37(5): 35-37.

蔡国贵,林源,林际朗,1992.大钩翅尺蛾生物学特性及防治的研究.南京林业大学学报(自然科学版),16(3): 51-56.

蔡明段,彭成绩,2020.新编柑橘病虫害诊断与防治图鉴.广东:广东科技出版社.

陈炳旭,2017.荔枝龙眼害虫识别与防治图册.北京:中国农业出版社.

陈刚,郑建国,贺清华,2015.浅析家白蚁的形态特征、营巢特点、生活习性及防治措施.农业灾害研究,5(12): 10-12.

陈君,程惠珍,1993.芒果蚜生物学观察及其天敌调查.中药材,16(7): 3-5.

陈雷,滕华容,2020.薄壳山核桃缀叶丛螟发生规律及防治措施.果树资源学报,1(4): 47-48,54.

陈顺立,李文恭,罗沛韬,等,1992.蕾鹿蛾生物学特性及防治.昆虫知识,29(4): 209-211.

陈顺立,李友恭,黄昌尧,1989.双线盗毒蛾的初步研究.福建林学院学报,9(1): 1-9.

陈顺立,李友恭,林邦超,1990.棉古毒蛾生物学特性与防治的研究.福建林学院学报,10(2): 130-136.

邓金奇,朱小明,韩鹏,等,2021.中国瓜实蝇研究进展.植物检疫,35(4): 1-7.

段波,周明,李加智,等,2005.西双版纳橡胶介壳虫种类鉴定及其防治.热带农业科技,28(2): 1-3.

高正良,2012.烟粉虱的为害与防治.农业灾害研究,2(4): 92-94.

宫庆涛,朱腾飞,武海斌,等,2018.桃蛀螟的生物学特性及防控方法.落叶果树,50(4): 41-44.

桂炳中,2005.红脊长蝽的防治技术.森林保护,7: 30.

胡奇,罗永明,1999.中国四种角盲蝽的识别.昆虫知识,36(3): 169-171.

黄静芬,1983.咖啡豆象为害大蒜头的初步观察.南京农业大学学报(3): 46-52.

黄旭正,1994.八点灰灯蛾及其防治方法.广西植保(3): 14.

雷玉兰,林仲桂,2010.夹竹桃天蛾的生物学特性.昆虫知识,47(5): 918-922.

李明远,2006.玉米螟的识别与防治.中国蔬菜,8: 49-50.

李万明,2018.凹缘菱纹叶蝉生物学特性观察.陕西农业科学,64(3): 37-40.

梁李宏,张中润,2007.海南腰果病虫害及其防治.热带作物学报,28(1): 76-79.

梁李宏, 张中润, 2007. 腰果病虫害. 北京: 中国农业出版社.

卢芙萍, 王树昌, 2019. 海南桑树害虫识别及其防治图谱. 北京: 中国农业科学技术出版社.

陆温, 金杏宝, 2000. 双叶拟缘蝽的生物学特性研究. 广西农业生物科学, 19(2): 89-93.

罗洁, 韩佩瑾, 胡奇, 等, 2015. 斯氏珀蝽生物学特性的初步研究. 天津师范大学学报(自然科学版), 35(3): 55-57.

罗永明, 金启安, 1985. 海南岛两种角盲蝽记述. 热带作物学报, 6(2): 119-128.

罗永明, 金启安, 1986. 腰果云翅斑螟的初步研究. 热带作物学报, 7(2): 99-105.

罗永明, 金启安, 1991. 海南岛腰果角盲蝽的研究. 昆虫学报, 34(1): 60-67.

罗志钢, 2016. 银珠主要害虫小白纹毒蛾形态特征和生活习性观察. 热带林业, 44(2): 47-48.

孟泽洪, 李帅, 杨文, 等, 2020. 茶园中的"蚊子"——茶角盲蝽. 中国茶叶, 42(5): 17-20.

宁玲, 2005. 小叶榕榕管蓟马的发生及防治. 热带农业科技, 28(4): 39-40.

裴峰, 孙兴全, 叶黎红, 等, 2008. 樟翠尺蛾的发生规律及其防治研究. 安徽农学通报, 14(22): 98-99.

祁诚进, 张可群, 刘贤铭, 等, 1999. 无忧花茸毒蛾的生物学习性. 昆虫知识, 36(5): 288-292.

司升云, 李芒, 杜凤珍, 2017. 甜菜白带野螟的识别与防治. 长江蔬菜, 1: 49-50.

司徒英贤, 1983. 芒果天蛾 Compsogene panopus (Cramer) 的初步研究. 云南热作科技, 2: 53-54.

孙庆田, 孟昭军, 2001. 为害蔬菜的朱砂叶螨生物学特性研究. 吉林农业大学学报, 32(2): 24-25, 30.

汤国谦, 邓雪华, 华展义, 等, 2020. 薇甘菊上新发现的一种天敌——亚铜平龟蝽. 环境昆虫学报, 42(5): 1105-1111.

陶玫, 陈国华, 杨本立, 2004. 云南昆明地区糠片盾蚧的天敌昆虫种类初报. 昆虫知识, 41(2): 161-163.

王彩花, 陶玫, 陈国华, 等, 2006. 伪角蜡蚧的生物学特性研究. 西南农业学报, 19(2): 239-242.

王进强, 许丽月, 贺熙勇, 等, 2017. 紫络蛾蜡蝉——危害澳洲坚果树的重要害虫. 中国森林病虫, 36(4): 8-10.

王雄, 刘强, 2002. 濒危植物沙冬青新害虫——灰斑古毒蛾的研究. 内蒙古师范大学学报(自然科学汉文版), 31(4): 374-378.

吴志远, 1990. 线茸毒蛾的生物学和防治. 昆虫知识, 27(2): 107-110.

徐公天, 2003. 园林植物病虫害防治原色图谱. 北京: 中国农业出版社.

杨明泗, 刘红梅, 刘福胜, 等, 1997. 大蓑蛾发生规律及防治技术研究. 中国农学通报, 13(4): 29-30.

伊文博, 卜文俊, 2017. 中国三种稻缘蝽名称订正(半翅目: 蛛缘蝽科). 环境昆虫学报, 39(2): 460-463.

于永浩, 曾涛, 韦德卫, 等, 2006. 广西蔗区蔗根土天牛危害状况及防治策略探讨. 广西农业科学, 37(5): 545-547.

张广学, 钟铁森, 1983. 中国经济昆虫志: 半翅目蚜虫类(一). 北京: 科学出版社.

张金文, 何学友, 陈军金, 等, 2003. 漆蓝卷象生物学特性的研究. 林业科学, 39(1): 91-97.

张新, 孙晓玲, 肖强, 2018. 茶园白色污染制造者——碧蛾蜡蝉和青蛾蜡蝉. 中国茶叶, 40(12): 12-13.

张中润, 梁李宏, Americo Uaciquete, 2013. 莫桑比克腰果病虫害. 北京: 中国农业出版社.

章士美, 1985. 中国经济昆虫志: 半翅目(一). 北京: 科学出版社.

赵丹阳, 秦长生, 刘春燕, 等, 2020. 樟树有害生物鉴定与防治图鉴. 广东: 广东科技出版社.

赵冬香, 卢芙萍, 2008. 海南岛芒果害虫无公害防治原色图谱. 北京: 中国农业出版社.

周又生, 尹忠华, 罗贵林, 等, 2000. 石榴麻皮蝽蟓发生规律及其防治研究. 西南农业大学学报, 22(3): 234-236.

朱国庆, 徐祖进, 陈星文, 等, 1999. 喙副黛缘蝽初步研究. 华东昆虫学报, 8(2): 4-5.

Kanhar K A, Sahito H A, Kanher F M, et al., 2016. Damage percent and Biological Parameters of Leaf Miner *Acrocercops syngramma* (Meyrick) on different Mango Varieties. Journal of Entomology and Zoology Studies, 4(4): 541-546.

Stonedahl G M, 1991. The oriental species of *Helopeltis* (Heteroptera: Miridae): A review of economic literature and guide to identification. Bulletin of entomological research, 81: 465-490.